高职高专计算机系列规划教材

全国高职高专计算机立体化系列规划教材

SQL Server 2005 应用教程

主　编　梁庆枫　颜　虹

参　编　焦计划　吴俊钿

北京大学出版社
PEKING UNIVERSITY PRESS

内 容 简 介

本书详细讲解了数据库的原理，系统介绍了基于 SQL Server 2005 的数据库技术的实现及操作步骤。本书共 10 章，既包含了数据库系统的基本知识，SQL Server 2005 的安装与数据库的管理与维护，还包括数据的查询与更新、索引、视图、触发器、存储过程及数据完整性等内容。本书以建立一个博客系统为线索，用生动的情景引出学习内容，由浅到深，一步步地实现了较为完整的博客系统。另外，第 10 章还提供了一个完整的 Web 应用程序开发实例。书中对于每个知识点的讲解都给出了清晰的、可操作性强的实例。

通过本书的教学，使学生了解数据库技术的原理，并能熟练运用 SQL Server 2005 管理数据库的同时，懂得如何利用 ADO.NET 技术构建动态网站，为学生完成毕业设计和参与企业项目开发打下良好的基础。

本书内容充实，实例丰富，讲解清晰，非常适合初学者迅速掌握数据库技术的精髓，也可作为高职高专计算机专业的教材，及开发动态网站专业人员的参考书。

图书在版编目(CIP)数据

SQL Server 2005 应用教程/梁庆枫，颜虹主编. —北京：北京大学出版社，2010.8

(全国高职高专计算机立体化系列规划教材)

ISBN 978-7-301-17605-4

Ⅰ. ①S…　Ⅱ. ①梁…②颜…　Ⅲ. ①关系数据库—数据库管理系统，SQL Server 2005—高等学校：技术学校—教材　Ⅳ. ①TP311.138

中国版本图书馆 CIP 数据核字(2010)第 149692 号

书　　　名：SQL Server 2005 应用教程
著作责任者：梁庆枫　颜　虹　主编
责 任 编 辑：李彦红
标 准 书 号：ISBN 978-7-301-17605-4/TP・1123
出　版　者：北京大学出版社
地　　　址：北京市海淀区成府路 205 号　100871
网　　　址：http://www.pup.cn　http://www.pup6.com
电　　　话：邮购部 62752015　发行部 62750672　编辑部 62750667　出版部 62754962
电 子 邮 箱：pup_6@163.com
印　刷　者：三河市欣欣印刷有限公司
发　行　者：北京大学出版社
经　销　者：新华书店
787 毫米×1092 毫米　16 开本　13.5 印张　309 千字
2010 年 8 月第 1 版　2012 年 10 月第 2 次印刷
定　　　价：25.00 元

前　言

本书针对网络数据库技术课程的特点，结合职业技术教育体系学生的实际情况，借鉴各类IT 教育培训机构的先进教学模式，通过模块化、案例教学的模式来编写，希望通过本书的教学，使学生能了解数据库技术的原理和作用，熟练使用 SQL Server 2005 数据库管理系统，掌握 SQL 语句语法，懂得利用数据库技术构建动态网站，运用 ADO.NET 技术操作数据库。

本书内容面向实际应用，教学目标是力求学生对网络数据库技术的掌握达到用人单位不需培训即可直接上岗的要求，因此内容上减少一些纯理论的知识，增加实例训练。同时，本书内容突出操作技能的培养，将一些不能直接指导技能提高的理论教学内容适当删减，并归纳总结为知识点，便于学生快速掌握与理解。本书将数据库的应用、管理和使用数据库开发应用软件作为课程的重点。

本书主要介绍网络数据库技术的相关基础知识，讲述利用当前较为流行的 SQL Server 2005 数据管理库软件进行管理，以及 SQL 结构化查询语句的应用，利用 ASP.NET(C#)技术构建动态网站，最后讲述一个基于 SQL Server 2005 数据库建立应用系统的完整实例。本书主要分 3 篇：基础篇(第 1 章)、实训篇(第 2～8 章)、案例篇(第 9、10 章)，共 10 章，包括数据库的基础知识、利用 SQL Server 2005 构建与管理数据库、SQL 语言的掌握、SQL Server 2005 的安全管理和网络数据库的编程。内容编排循序渐进，由浅入深，学生容易接受。本书内容以开发一个“个人博客系统”为主线，贯穿全书对每一子项目进行讲解，前后知识连贯，学生容易理解。

本书案例丰富，除示例数据库以外，还通过“学生管理”、“销售管理”、“商品管理”、等多个数据库对学生进行训练，使得学生在接触不同类型数据库的同时，迅速掌握操作技能。内容上以任务模拟的方式组织各章节，每章都有“情景”、“本章小结”、“巩固练习”等部分，而每小节中包含“任务内容”、“任务目标”、“操作演示”等部分。通过这样的组织方式，摆脱以往长篇理论的枯燥，使学生更容易掌握和理解知识。

为了配合本书的教学，方便老师讲课，提出如下建议。

(1) 本书理论性和实践性兼重(第 1 章以理论为主，第 2～8 章以开发一个系统为流程进行讲解，第 9 章以一个完整的案例进行再讲解，第 10 章是学生实践拓展案例)。

(2) 上机课是重要的学习与实践环节，课后“强化训练”、“巩固练习”可作为重要补充。

(3) 本书适合机房教学，学生人手一台计算机(能运行 Windows 2000/XP/2003 操作系统和.NET SDK Framework 2.0 版本以及 SQL Server 2000/2005 数据库管理系统)。机房最好设置电脑投影设备或多媒体教学系统，以便于教师操作演示。

本书由梁庆枫、颜虹主编，编写分工为：梁庆枫编写第 1、3、4、9 章，颜虹编写 2、5、6、7 章，焦计划编写第 8、10 章，吴俊钿为教材的编写提供了相应的素材。

由于编者水平有限，书中难免会有疏漏或不当之处，恳请读者批评指正。

编　者

2010 年 6 月

目 录

第 1 章　数据库基础知识

情景：

你知道银行里客户的信息、账户、金额以及银行的交易记录是如何存放的吗？你知道学校里每位学生的档案信息、课程信息、成绩信息是如何进行管理的吗？当你每月查询手机的通信费用、通话记录以及电话卡余额的时候，你知道这些信息是如何存储与维护的吗？……所有这些都是数据库技术的充分体现。

再如，当你访问一个在线书店，浏览一本书或一个音乐集的时候，其实你访问的是存储在某个数据库中的数据。当你确认了一个网上订购，其实你的订单也被保存在某个数据库中。今天，数据库的使用几乎是所有企业的组成部分，包括银行业、航空业、电信业、金融业、制造业、销售业等。

因此，尽管一些网站页面或用户界面隐藏了访问数据库的细节，甚至大多数人没有意识到他们正在和一个数据库打交道，然而今天访问数据库已经成为几乎每一个人生活中的基本组成部分。

1.1　任务一：认识数据库管理系统

【任务目标】

- 掌握数据库、数据库管理系统和数据库系统的概念
- 了解数据库管理技术发展经历的几个阶段
- 理解实体、实体集以及实体间的联系
- 认识常用的 3 种逻辑数据模型并能区分

1.1.1　数据库系统的基本概念

1. 数据库(DataBase，DB)

所谓数据库就是存放数据的地方，是需要长期存放在计算机内的、有组织的、可共享的数据集合。例如图书馆数据库，它存放的是某图书馆内所有藏书的各种信息，包括书名、作者、

出版社、ISBN 编号、价格等，并且对书按不同的类别进行分类。

2. 数据库管理系统(DataBase Management System，DBMS)

既然数据库能存放数据，那么数据库是如何科学地组织数据，如何高效地获取和维护数据呢？为此，人们开发了一个称为数据库管理系统的软件。

数据库管理系统指数据库系统中对数据进行管理的软件系统，是数据库系统的核心组成部分，用户对数据库的一切操作，包括定义、查询、更新以及各种控制，都是通过数据库管理系统进行的

在不引起混淆的情况下，人们常常将数据库管理系统称为数据库。例如，平常所说的 Access、SQL Server、Oracle 和 MySQL 等数据库，都属于数据库管理系统的范围。

3. 数据库系统(DataBase System，DBS)

由计算机硬件、数据库、数据库管理系统、应用系统和用户构成的计算机系统称为数据库系统。

拓展知识

数据库管理技术经历了 3 个发展阶段：人工管理、文件系统和数据库系统。目前我们所处的是第三阶段。

1) 人工管理阶段

起于 20 世纪 50 年代中期以前，当时计算机主要用于科学计算，计算机上没有专门管理数据的软件，应用程序与数据之间的关系如图 1.1 所示。

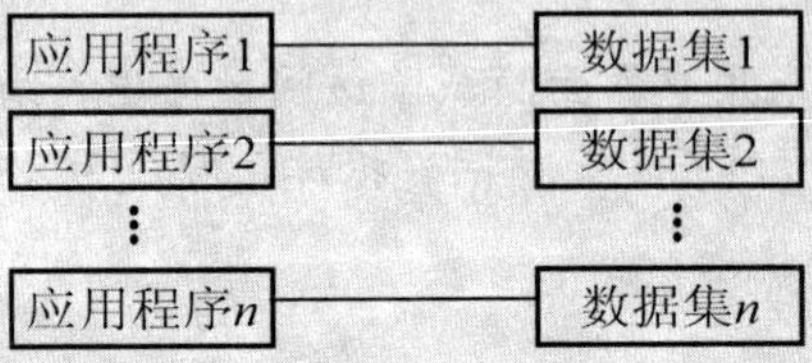

图 1.1　人工管理阶段的关系图

此阶段的缺点：应用程序和数据之间的依赖性太强，不独立；数据集与数据集之间有许多重复，造成数据冗余。

2) 文件系统阶段

起于 20 世纪 50 年代后期到 60 年代中期，在文件系统中，按一定的规则将数据组织成为一个文件，应用程序通过文件系统对文件中的数据进行存取和加工，关系如图 1.2 所示。

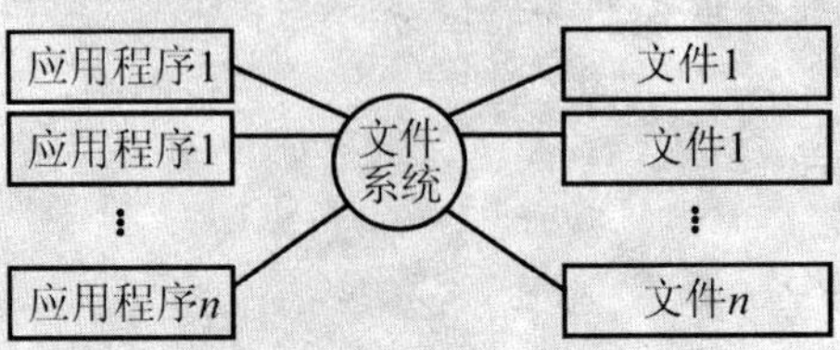

图 1.2　文件系统阶段的关系图

缺点：不同的应用程序很难共享同一数据的文件，数据独立性仍然较差，数据冗余较大。

3) 数据库系统阶段

起于 20 世纪 70 年代，在应用程序和数据库之间由一个新的数据管理软件 DBMS 进行管理。

数据库系统中数据库对数据的存储是按照同一结构进行的，不同的应用程序都可以直接操作这些数据，也就是说应用程序具有高度的独立性，关系如图 1.3 所示。

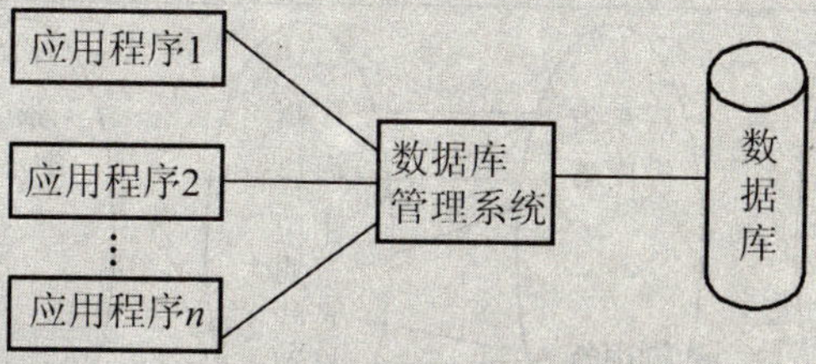

图 1.3　数据库系统阶段的关系图

1.1.2　数据模型

由于计算机不可能直接处理现实世界中事物之间的联系，所以必须用不同的数据结构来表示数据之间的联系，即为数据模型。

1. 概念数据模型：实体—关系模型

实体是现实世界中描述客观事物的概念，可以是具体的事物，如一间房、一辆车；也可以是抽象事物，如一个小品、一条短信、一种颜色。同一类实体的所有实例就构成该对象的实体集。实体集是实体的集合，而实例是实体集中的某个特例，如图 1.4 所示。

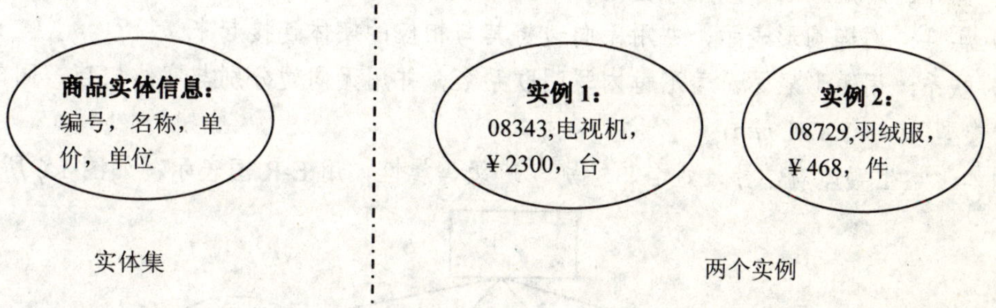

图 1.4　实体集与实例的示例

两个实体型间的联系有以下几种。

1) 一对一联系(1:1)

实体集 *A* 中的一个实体至多与实体集 *B* 中的一个实体相对应，反之亦然，则称实体集 *A* 与实体集 *B* 为一对一的联系。记作 1:1。

如：班级与班长、观众与座位、病人与床位。

2) 一对多联系(1:*n*)

实体集 *A* 中的一个实体与实体集 *B* 中的多个实体相对应，反之，实体集 *B* 中的一个实体

至多与实体集 A 中的一个实体相对应。记作 1:n。

如：班级与学生、公司与职员、省与市。

3) 多对多(m:n)

实体集 A 中的一个实体与实体集 B 中的多个实体相对应，反之，实体集 B 中的一个实体与实体集 A 中的多个实体相对应。记作 m:n。

如：教师与学生、学生与课程、工厂与产品。

实体间 3 种联系如图 1.5 所示

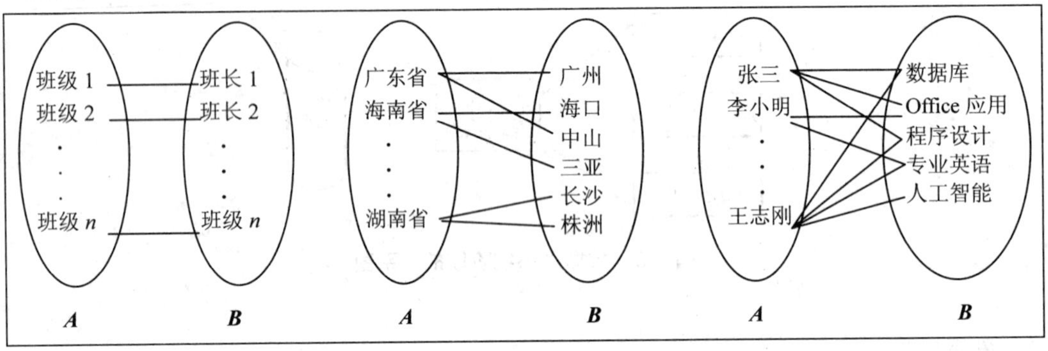

图 1.5 实体间的联系

拓展知识

实体—关系模型可用 E-R 图来表示。

(1) E-R 图提供了表示实体、属性和联系的方法。

① 实体：用矩形表示，矩形框内写明实体名。

② 属性：用椭圆形表示，并用无向边将其与相应的实体连接起来。

③ 联系：用菱形表示，菱形框内写明联系名，并用无向边分别与实体相连，同时注明联系的类型(1:1、1:n 或 m:n)

例如：学生实体有学号、姓名、性别、班级等属性，用 E-R 图表示，如图 1.6 所示。

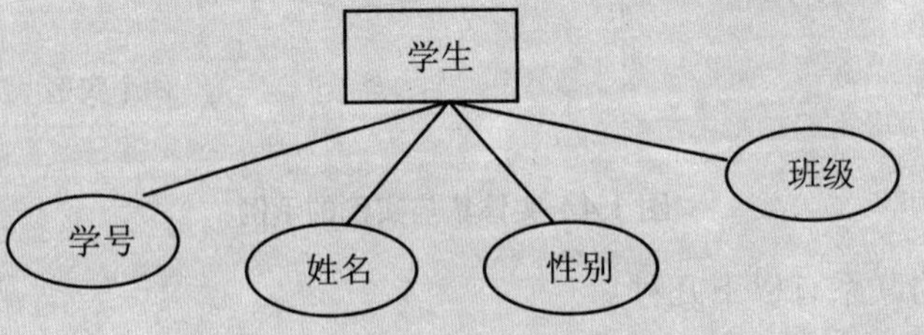

图 1.6 学生实体

(2) E-R 图也可以表示多个实体的联系。

例如：学生借阅图书的 E-R 图如图 1.7 所示。

实体—关系方法是抽象和描述现实世界的有力工具，它用 E-R 图表示的概念模型独立于具体的 DBMS 所支持的数据模型，是各种数据模型的共同基础。

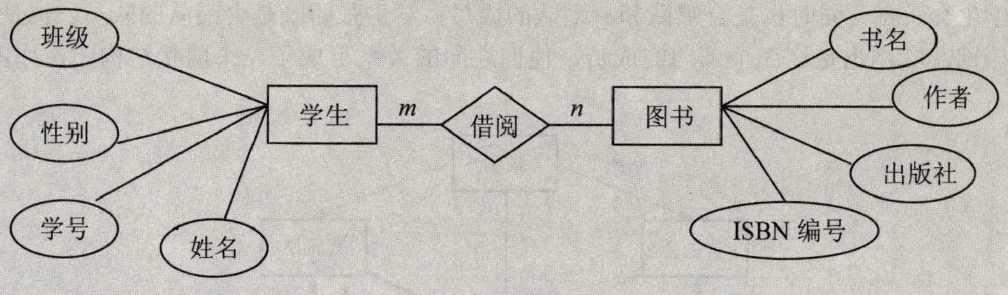

图 1.7　学生借阅图书关系

思考：试设计一个博客数据库，对于数据库，保存每一位博客的用户信息，包括：用户名、密码、性别、邮箱地址及登录时间。对于用户发表的文章，保存有：文章 ID、用户名、文章标题、内容。对于每篇文章的评论表，保存有：文章 ID、用户名、评论人名称。对于开博用户发表的文章，可允许多人评论，并保存发表文章的时间和评论文章的时间。

要求：画出博客数据库的 E-R 图。

2. 逻辑数据模型

目前比较流行的逻辑数据模型有 3 种：层次模型、网状模型和关系模型。

1) 层次模型

这是一种树型结构，它的组织结构图像一棵树，如图 1.8 所示。公司就是树根(根节点)，各部门和员工就是树枝(树节点)。

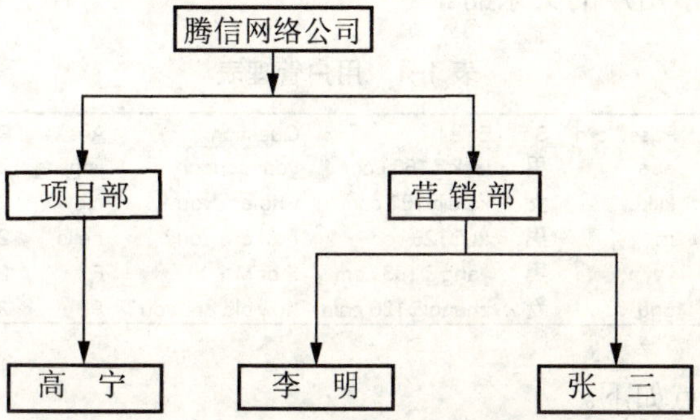

图 1.8　腾信网络公司结构图

由此可见，层次模型的优点是数据结构类似金字塔，不同层次之间的联系性直接而简单；缺点是由于数据纵向发展，横向关系难以建立。

思考：在层次模型中，如何查询某一员工的信息？

提示：只能从根节点开始查询，如查询员工张三，只能先从腾信网络公司查，再查营销部，才可找到。

2) 网状模型

通过网络结构来表示数据间的联系。在这种存储结构中，数据记录将组成网中的节点，而记录和记录之间的关系组成节点之间的连线，从而构成一个复杂的网状结构。例如，学生李玲属于学生会干部，同时也是合唱队和舞蹈队的成员；学生张明既是合唱队的队员，也是学生会的干部，叶刚也是这 3 个部门的成员，他们之间的关系形成了一个网状结构图，如图 1.9 所示。

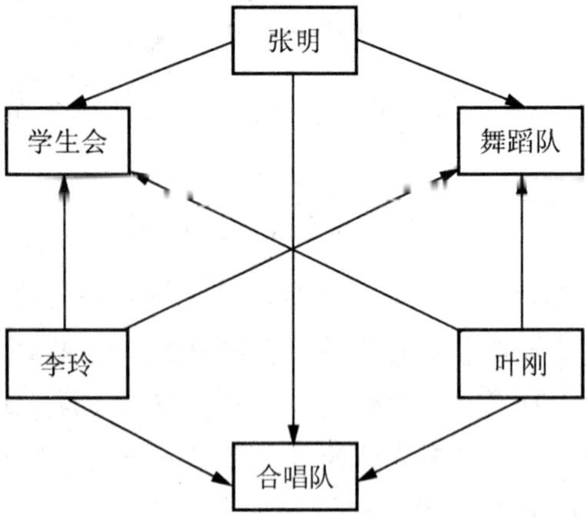

图 1.9　学生组织关系图

优点：网状结构很容易反映实体之间的关联；缺点：关联错综复杂，关系的维护非常困难。

3) 关系模型

利用二维表格表示数据间的联系，把二维表格看作一个关系，每一行称为一条记录，每一列称为一个字段。这种存储结构的数据模型是目前市场上使用最广泛的数据模型，使用这种模型的数据库管理系统很多，例如：Access、SQL Server、Oracle、DB2 等。表 1-1 所示的用户管理表是以二维表格表示用户的关系的。

表 1-1　用户管理表

UserID	UserName	PassWord	Sex	Email	Question	Answer	RegTime
2	jack	aaa	男	jack@163.com	your school	jingjing	2007-02-04 00:00:00
3	kate	kkk	女	kate@163.com	who are you ?	me	2008-04-30 00:00:00
1	Tom	ttt	男	ttt@126.com	how are you?	hello	2007-12-03 00:00:00
5	yang	yyy	男	yang@163.com	F or M ?	F	2006-06-04 00:00:00
4	zhang	ggg	女	zhang@126.com	how old are you?	90	2008-05-03 00:00:00

关系模型最大的特点如下。

(1) 每一列不可再分。

(2) 每一列的名字必须是唯一的。

(3) 表中不能有完全相同的行。

(4) 行的顺序与列的顺序不影响表格中所表示的信息的含义。

拓展知识

数据模型分为两种类型。

一种是独立于任何计算机系统实现的、面向数据库用户的实现世界的模型，如实体—关系模型(E-R 模型)，这类模型完全不涉及信息在计算机系统中的表示，只是用来描述某个特定组织所关心的信息结构，因而又被称为“概念数据模型”。在概念数据模型中最常用的除了E-R模型外，还有扩充的E-R模型、面向对象模型及谓词模型。

另一类数据模型则是直接面向数据库中数据逻辑结构的、用户从数据库所看到的模型，例如上面所提到的关系、网状模型、层次模型。这类模型既要面向用户，又要面向系统，主要用于数据库管理系统(DBMS)的实现，一般又称为“逻辑数据模型”或“结构数据模型”。

强化训练

一、填空题

1．数据库就是存放数据的地方，是需要长期存放在计算机内的、__________、__________的数据集合。

2．数据库管理系统指数据库系统中对数据进行管理的__________，是数据库系统的__________，用户对数据库的一切操作，包括定义、查询、更新以及各种控制，都是通过数据库管理系统进行的。

3．由__________、__________、__________、__________和用户构成的计算机系统称为数据库系统。

4．实体之间的联系类型有3种，分别为__________、__________和__________。

5．若实体A和B是1对多的联系，实体B和C是1对多的联系，则实体A和C是__________对__________的联系。

6．顾客购物的订单和订单明细之间是__________对__________的联系。

7．层次模型是一个__________结构，关系模型是一个__________结构。

二．简答题

1．简述数据库、数据库管理系统、数据库系统的概念。

2．常用的3种数据模型各有什么特点？

1.2　任务二：认识关系数据库

【任务目标】

- 掌握关系数据库中常用的术语
- 掌握利用关系模式表示某关系的方法
- 理解关系数据库中候选码、主码和外码的概念
- 了解关系完整性规则
- 理解传统的关系运算和专门的关系运算
- 了解关系范式的概念

平时大家接触得最多的应该是各种应用程序，但应用程序实际上只是处理数据的程序，它的数据信息是从某个数据源得到的，这个数据源就是数据库(DataBase，DB)。数据库好像是一个数据仓库，存放着与应用程序相关的一些基础数据，且这些数据通常以二维表的形式存放，

表与表之间互相关联，这种存放数据的模型就是关系模型，以关系模型创建的数据库称为关系数据库。

图 1.10 就是一个按表的方式组织的学生数据库。其中有 3 个表，分别为学生表、课程表和选课表。以后的任务中，将经常会用到此数据库里的数据。

学生数据库

学生表

学号	姓名	性别	专业
1001	王明	男	计算机
1002	张江	男	通信
1005	叶凡	男	通信
2002	沈艳	女	电子
2003	张鲁	男	电子
2005	刘芹	女	电子
3001	赵红	女	电气
3002	张明	男	计算机
4002	王玲	女	计算机
4006	刘川	男	通信

课程表

课程号	课程名	学分
B001	数据库	6
B002	互联网	6
C001	C++	4
C004	操作系统	5
E002	电子技术	3
E003	课程设计	5
X003	信号原理	3
X005	软件工程	4

选课表

学号	课程号	成绩
1001	B001	80
1002	B001	67
1005	C001	78
2003	X003	89
3002	X005	90
4002	X003	78
1002	E002	67
1001	X005	77
2002	C004	82
2003	E003	80
3002	C001	90
4006	C004	75
4002	B002	85

图 1.10　学生数据库

1.2.1　关系模型

1. 基本术语

在关系模型中，常用的基本术语见表 1-2。

表 1-2　基本术语

名称	定义	说明
关系	一个由行和列组成的二维表格	学生表、课程表和选课表都是一个关系
元组	表中的一行即为一个元组	一条记录也就是一个元组
属性	表中一列即为一个属性	学生表中的学号、姓名、性别等
码	能唯一确定表中一个元组的属性	学生表中的学号
域	属性的取值范围	如成绩在 0~100 之间，性别为男或女
分量	元组中的一个属性值	如学生表中第一个元组有四个分量，分别为："1001"，"王明"，"男"，"计算机"

2. 关系模式

为了形象化地表示一个关系，不是每一次都画一张表，所以引入关系模式来表示关系。

关系模式表示为：关系名(属性 1，属性 2，…，属性 n)

用英文表示为：$R(A_1, A_2, \cdots, A_n)$或 $R(U)$。其中 R 是关系名，A_i 表示 R 中的一个属性名，U 表示属性的集合。若某一属性或属性组为主码，用下划线表示。

【操作演示】学生关系可描述为：学生(<u>学号</u>，姓名，性别，专业)

商品信息关系可描述为：商品信息(<u>商品编号</u>，商品名称，单价，单位，供应商名称)

3. 码

在关系数据库中，码是一个非常重要的概念，其中最主要的概念有以下 3 个，见表 1-3。

表 1-3　码的定义与说明

名称	定义	数量	说明
候选码	能唯一标识关系中元组的属性或属性集，则称该属性或属性集为候选键(Candidate Key)，也称候选码	1 个或多个	学生情况表中的学号、身份证号都是候选码，因为它们能唯一标识关系中任一元组(学号或身份证号是不重复的)
主码	在多个候选码中选择一个作为查询、插入或删除元组的操作变量，被选用的候选码称为主关系键(Primary Key)，或称主码	1 个	学生情况表中有两个候选码：学号和身份证号，可以选择其中一个作为主码
外码	如果关系 R_2 的一个或一组属性 X 不是 R_2 的主码，而是另一关系 R_1 的主码，则该属性或属性组 X 称为关系 R_2 的外部关系键或外码(Foreign Key)，并称关系 R_2 为参照关系(Referencing Relation)，关系 R_1 为被参照关系(Referenced Relation)	1 个或多个	课程号在课程表中是主码，但在选课表中是外码

4. 关系模型的数据完整性规则

完整性规则是为了保证关系(表)中数据的正确、一致、有效性的规则，防止数据被破坏。在关系模型中存在 3 类完整性约束：实体完整性、参照完整性和用户定义完整性。

1) 实体完整性规则

此规则要求在关系中，主码的值不能为空，如果主码的值为空，那么主码就起不了唯一标识元组的作用了。

例如，在学生关系：学生表(<u>学号</u>，姓名，性别，专业)中，学号不能为空值。如果学号取空值，说明存在不可标识的实体，无法与其他实体区分，与之前主码的描述相矛盾，因此这个规则称为实体完整性规则。

2) 参照完整性规则

例如，有以下两个关系：课程表(<u>课程号</u>，课程名，学分)和选课表(<u>学号，课程号，</u>成绩)。

在这两个关系中，如果学生没有选课，则在选课表中，课程号和成绩均取空值。如果学生有选课，则所选的课程号必须为课程表中存在的课程号，学生不可能选一门课程，在课程表中是不存在的。这就是参照完整性规则。

在这两表关系中，课程表的主码是课程号，而选课表的主码是学号和课程号的组合。所以学号、课程号在选课表中是外码。

简单地说，参照完整性规则就是外码的值必须参照主码的取值，要么取空值，要么必须在主码的取值范围以内。

3) 用户定义完整性规则

在某些情况下，虽然对属性定义了数据类型，但仍不能满足用户的需求，这时，用户可以针对具体的数据约束，设置完整性。

例如：选修课成绩限制在 0～100 之间，这就是用户根据情况所确定的数据约束。所以这种规则就称为用户定义完整性规则。

1.2.2 关系代数

1. 传统的集合运算

(1) 并：设有两个关系 R 和 S 具有相同的关系模式，两关系的并运算的结果为属于 R 或属于 S 的元组集合。

记作 $R\cup S$

【操作演示】R 和 S 分别为爱好足球和爱好篮球的学生关系，R 与 S 并运算后结果为：爱好篮球或爱好足球的所有学生，如图 1.11 所示。

R

姓名	性别	爱好
张三	男	足球
李明	男	足球
叶红	女	足球
黄红	女	足球

S

姓名	性别	爱好
张三	男	篮球
梁少	男	篮球
黄红	女	篮球

R∪S

姓名	性别	爱好
张三	男	足球
李明	男	足球
叶红	女	足球
黄红	女	足球
张三	男	篮球
梁少	男	篮球
黄红	女	篮球

图 1.11　并运算

(2) 交：设有两个关系 R 和 S 具有相同的关系模式，两关系的交运算为既属于 R 又属于 S 的元组集合。

记作：$R\cap S$

【操作演示】R 和 S 分别为爱好足球和爱好篮球的学生关系，R 与 S 交运算后结果为：既爱好篮球又爱好足球的学生，如图 1.12 所示。

R

姓名	性别	爱好
张三	男	足球
李明	男	足球
叶红	女	足球
黄红	女	足球

S

姓名	性别	爱好
张三	男	篮球
梁少	男	篮球
黄红	女	篮球

R∩S

姓名	性别	爱好
张三	男	足球
张三	男	篮球
黄红	女	足球
黄红	女	篮球

图 1.12　交运算

(3) 差：设有两个关系 R 和 S 具有相同的关系模式，两关系的差运算有两种情况。

R-S：属于 R 但不属于 S 的元组集合。

S-R：属于 S 但不属于 R 的元组集合。

【操作演示】R 关系为爱好足球的学生，S 关系为爱好篮球的学生，R-S 结果为：爱好足球但不爱好篮球的学生，如图 1.13 所示。

(4) 广义笛卡儿积：设关系 R 和 S 元组分别为 n 和 m。定义 R 和 S 的笛卡儿积是一个$(n+m)$元的元组集合，每个元组的前 n 个分量来自 R 的一个元组，后 m 个分量来自 S 的一个元组，记为 $R\times S$。

R

姓名	性别	爱好
张三	男	足球
李明	男	足球
叶红	女	足球
黄红	女	足球

S

姓名	性别	爱好
张三	男	篮球
梁少	男	篮球
黄红	女	篮球

R− S

姓名	性别	爱好
李明	男	足球
叶红	女	足球

图 1.13　差运算

【操作演示】设有两个关系 R 和 S，它们笛卡儿积的结果如图 1.14 所示。

R

A	*B*	*C*
10	20	35
34	15	75
26	12	54

S

D	*E*
23	87
19	40

$R \times S$

R.A	*R.B*	*R.C*	*S.D*	*S.E*
10	20	35	23	87
10	20	35	19	40
34	15	75	23	87
34	15	75	19	40
26	12	54	23	87
26	12	54	19	40

图 1.14　广义笛卡儿积

拓展知识

(1) 在笛卡儿积运算中，如果 R 和 S 中有相同的属性名，可在属性名前加关系名作为限定，以示区别。如 R 关系中的 A 属性，则可表示 $R.A$。

(2) 若 R 关系有 K_1 个元组，S 关系有 K_2 个元组，则 R 和 S 的广义笛卡儿积有 $K_1 \times K_2$ 个元组。

2. 专门的关系运算

专门的关系运算既可以从关系的水平方向进行，也可以从关系的垂直方向进行，包括选择、投影、连接和除 4 种运算，本书只介绍前 3 种运算。

1) 选择

根据某些条件对关系做水平分割，即选取符合条件的元组组成新的关系。

【操作演示】从 R 关系中选择男同学的记录，组成 S 关系，如图 1.15 所示。

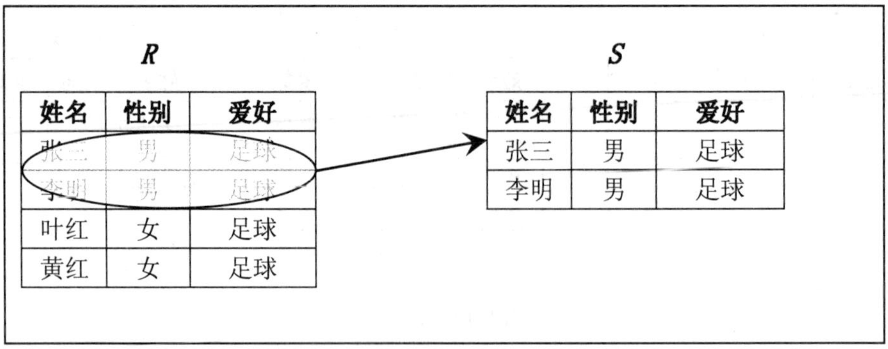

图 1.15　选择运算

2) 投影

从关系中选择若干属性列组成新的关系。

【操作演示】从 R 关系中选择姓名和性别两个属性列组成 S 关系，如图 1.16 所示。

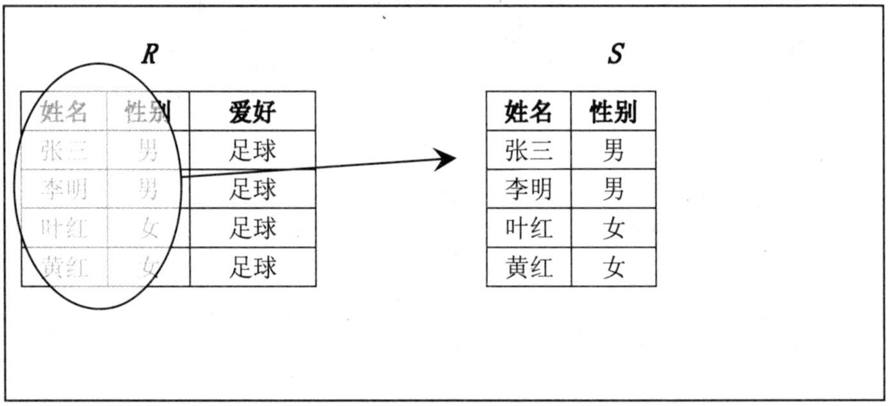

图 1.16　投影运算

3) 连接

从两个关系 R 和 S 的笛卡儿积中选择满足条件的元组组成新的关系。

在连接运算中，如果要求两个关系中进行比较的分量必须是相同的属性组，且在结果集中去掉重复属性列，这种连接叫自然连接，记为 $R\infty S$。

【操作演示】R 和 S 关系中相同的属性是姓名和性别，且去掉性别重复列，如图 1.17 所示。

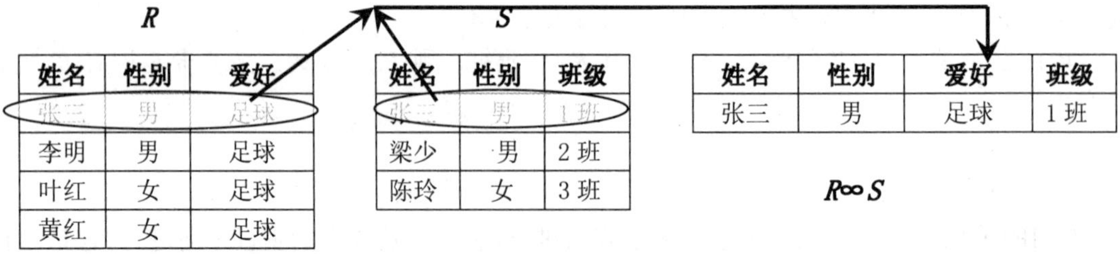

图 1.17　连接运算

1.2.3　关系范式

为了建立冗余较小、结构合理的数据库，构造数据库时必须遵循一定的规则，在关系数据库中这种规则就是范式。关系数据库的关系必须满足一定的要求，即满足不同的范式。目前共有 6 种范式：第一范式(1NF)、第二范式(2NF)、第三范式(3NF)、BC 范式(BCNF)、第四范式(4NF)和第五范式(5NF)。

满足最低要求的是第一范式，在第一范式的基础上进一步满足更多要求的是第二范式，一级比一级有更高的要求，以此类推，一般数据库要求满足到第三范式，所以本节只介绍到第三范式。它们的关系如图 1.18 所示。

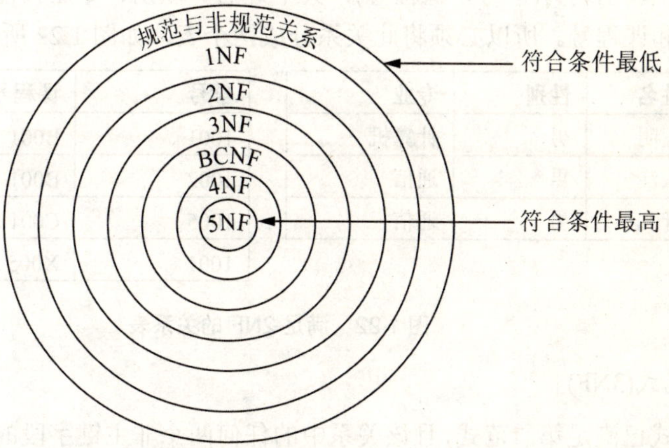

图 1.18　各范式关系

1. 第一范式(1NF)

第一范式是最基本的范式。如果关系模式中的所有属性都是不可再分的，则称此模式符合第一范式。

【操作演示】有一学生情况关系，如图 1.19 所示。

姓名	性别	班级	联系电话
张明	男	1 班	13454690037
李红	女	2 班	(010)84342355

联系电话属性是否可再分？

图 1.19　学生情况关系

如果想确切分清所有学生的固定电话、手机等，则必须将联系电话属性进行分割，结果如图 1.20 所示。

姓名	性别	班级	手机号码	固定电话
张明	男	1 班	13454690037	(020)35309624
李红	女	2 班	13690234353	(010)84342355

图 1.20　满足 1NF 的关系表

2. 第二范式(2NF)

第二范式是在第一范式的基础上建立起来的，满足第二范式必须先满足第一范式，且该关系中任何一个非主关键字的值都依赖于主关键字，则该关系满足第二范式。

【操作演示】有一学生关系表，如图 1.21 所示。

学号	姓名	性别	专业	课程号	成绩
1001	王明	男	计算机	B001	80
1002	张江	男	通信	B001	67
1005	叶凡	男	通信	C001	78
1001	王明	男	计算机	X005	77

图 1.21　学生关系表

在此关系中，主码为(学号，课程号)，其中姓名、性别、专业属性都依赖于学号，成绩属性依赖于学号和课程号。所以必须将此关系分成两个表，如图 1.22 所示。

学号	姓名	性别	专业
1001	王明	男	计算机
1002	张江	男	通信
1005	叶凡	男	通信

学号	课程号	成绩
1001	B001	80
1002	B001	67
1005	C001	78
1001	X005	77

图 1.22　满足 2NF 的关系表

3. 第三范式(3NF)

如关系模式已满足第二范式，且该关系中的任何两个非主键字段的值之间不存在函数依赖关系，那么该关系满足第三范式。

【操作演示】有一商品表，如图 1.23 所示。

商品编号	商品名称	单价	数量	总价值
1001	主机	250	20	5000
1002	CPU	900	10	9000

“总价值”是“单价”和“数量”之积，因此这两个字段存在依赖关系，不符合 3NF。

图 1.23 不满足 3NF 的关系表

为了能满足第三范式，应该将“总价值”字段去掉。

强化训练

一、填空题

1．若一个关系为 *R*(学号，姓名，性别，年龄)，则__________可以作为该关系的主码，姓名、性别和年龄为该关系的__________属性。

2．专门的关系运算通常有__________、__________、__________和__________4 种运算。

3．在参照和被参照的关系中，每个外码值或者为__________，或者等于某个__________值。

4．关系数据库中的每个关系必须最低达到__________范式，该范式中的每个属性都是__________的。

5．若一个关系的任何属性都不部分依赖和传递依赖于任何候选码，则称该关系达到__________范式。

二、简答题

1．定义并理解下列概念，说明它们间的联系与区别：①笛卡儿积、关系、元组、属性；②主码、候选码、外码；③关系模式、关系、关系数据库。

2．关系数据库的完整性规则有哪些？

3．工厂生产的每种产品由不同的零件组成，有的零件可用于不同的产品。这些零件由不同的原材料制成，不同的零件所用的材料可以相同。一个仓库存放多种产品，一种产品存放在一个仓库中。零件按所属的不同产品分别放在仓库中，原材料按照类别放在若干仓库中(不跨仓库存放)。用 E-R 图画出关于此产品、零件、材料、仓库的概念模型，并注明联系类型。

本章小结

本章有两个任务：数据库管理系统的认识以及关系数据库的认识，通过完成以上两个任务，学生必须掌握数据库系统的基本概念，包括数据模型、关系数据库等基本概念；同时还需掌握关系模型的基本术语，数据完整性：实体完整性规则、参照完整性规则和用户自定义完整性规则，以及关系模型的数据操作，包括传统的集合运算和专门的关系运算。

另外，本章还讨论了关系模式规范化，介绍了范式的基本概念，简单讲解了关系模式规范化的过程。

巩固练习

一、选择题

1．DBS 是采用了数据库技术的计算机系统，DBS 是一个集合体，包含数据库、计算机硬件、软件和(　　)。

A．系统分析员　　B．程序员
C．数据库管理员　　D．操作员

2．下列 4 项中，不属于数据库系统特点的是(　　)。

A．数据共享　　B．数据完整性
C．数据冗余度高　　D．数据独立性高

3．下面的选项不是关系数据库基本特征的是(　　)。

A．不同的列应有不同的数据类型　　B．不同的列应有不同的列名
C．与行的次序无关　　D．与列的次序无关

4．一个关系只有一个(　　)。

A．候选码　　B．外码　　C．超码　　D．主码

5．关系模型中，一个码是(　　)。

A．可以由多个任意属性组成
B．至多由一个属性组成

C．由一个属性或多个属性组合，它能唯一标识一列

D．由一个属性或多个属性组合，它能唯一标识一行

6．现有一个关系：借阅(书号，书名，库存数，读者号，借期，还期)，假如同一本书允许一个读者多次借阅，但不能同时对一种书借多本，则该关系模式的主码是(　　)。

A．书号　　B．读者号

C．书号+读者号　　D．书号+读者号+借期

7．关系数据库管理系统应能实现的专门关系运算包括(　　)。

A．排序、索引、统计　　B．选择、投影、连接

C．关联、更新、排序　　D．显示、打印、制表

8．关系代数中的连接操作是由(　　)操作组合而成的。

A．选择和投影　　B．选择和笛卡儿积

C．投影、选择、笛卡儿积　　D．投影和笛卡儿积

二、应用题

1．一个图书管理系统中有如下信息。图书：书号、书名、数量、位置；借书人：借书证号、姓名、单位；出版社：出版社名、邮编、地址、电话、E-mail。其中约定：任何人可以借多种书，任何一种书可以被多个人借，借书和还书时，要登记相应的借书日期和还书日期；一个出版社可以出版多种书籍，同一本书仅为一个出版社所出版，出版社名具有唯一性。

根据以上情况，完成如下设计：①设计系统的 E-R 图；②将 E-R 图转换为关系模式；③指出转换后的每个关系模式的关系键。

2．什么是自然连接？设图(a)和图(b)分别为关系 R 和关系 S，自然连接 $R \infty S$ 的结果是什么？

R

A	*B*	*C*
a_1	b_1	5
a_1	b_2	6
a_2	b_3	8
a_2	b_4	12

(a)

S

B	*E*
b_1	3
b_2	7
b_3	10
b_3	2
b_5	2

(b)

第 2 章 搭建网络数据库平台

情景：

小段是某公司的网络程序开发员，工作已经 3 年了。小张是某高职院校的在职学生，攻读计算机专业。两人是邻居，从小到大是好朋友，经常交流一些电脑知识。话说一天，小段与小张在网上聊天。

小张说：“哟，大哥，徐静蕾的博客文集出版了，很畅销呢！”

“是呀。她的博客当时在新浪网的博客上超过千万点击量，被众多网民追逐热捧呢！”

“要是我能拥有自己的博客就好了！”小张羡慕地说。

“呵呵，这一点也不难呀！现在有不少的网站，如新浪、网易等都可以在上面开自己的博客。不过，我觉得自己开发一个博客系统，也挺有意思的。尤其你是计算机专业的学生，在开发的过程中可以学到不少知识呢。”小段说。

“是吗？自己开发，难吗？”小张担心地说。

“不是太难，只要有恒心，一定能成功！我可以教你。”

“哦，太好啦！师傅您好，徒弟有礼了。”小张高兴地说。

“那好，我们今天先从如何搭建数据库平台开始吧！”

2.1 任务一：配置 IIS 服务器

【任务目标】

- 掌握在 Windows 平台下 IIS 服务的设置方法
- 能根据需要创建虚拟站点或虚拟目录
- 掌握网站访问属性的设置方法

2.1.1 IIS 的安装与配置

1. IIS 的概念

IIS(Internet Information Server)就是一个 Internet 信息服务器，用于管理和发布 Web 应用，使用户能够在互联网上浏览网站。

2. 主目录的概念

每个 Web 站点必须有一个主目录。一般建立 Web 站点时，需要指定包含要发布网站文件的文件夹，这个文件夹叫主目录。将要发布的站点文件按组织好的目录存放，然后将 Web 服务器指向此目录。主目录可以是磁盘上实际存在的目录，也可以是虚拟目录。

主目录是站点访问的起始点、包含主页或索引文件。映射到站点的域名等。虚拟目录是物理上未包含在主目录中的目录，但客户浏览器可以认为其是包含在主目录中的目录。

3. IIS 的安装

IIS 在服务器版本的操作系统如 Windows 2003、Windows 2008 上会被默认安装，但如果使用 Windows XP Pro 操作系统的话，就要手动安装。安装 IIS 的操作步骤如下。

(1) 选择【程序】|【控制面板】命令，然后选择【添加或删除程序】命令，再选择【添加/删除 window 组件】选项，选中【Internet 信息服务(IIS)】复选框，如图 2.1 所示。

图 2.1　选中 IIS 组件

(2) 单击【下一步】按钮，选择安装程序所在的路径，即可进行安装，如图 2.2 所示。

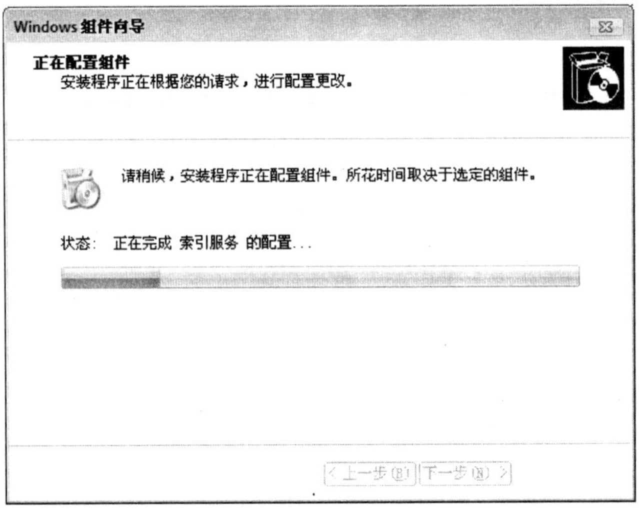

图 2.2　安装过程

(3) 打开控制面板的【管理工具】|【Internet 信息服务】|【默认网站】，如图 2.3 所示。

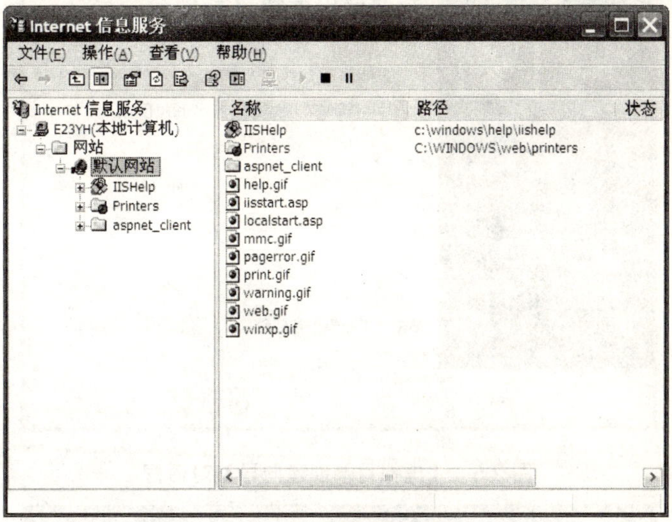

图 2.3 IIS 窗口

2.1.2 设置虚拟目录

做好的网站文件夹一般不替换默认网站的文件夹，而是采用设置虚拟目录的方式来管理网站文件。设置虚拟目录的操作步骤如下。

(1) 在图 2.4 所示的窗口中，右击【默认网站】节点，在弹出的菜单中选择【新建】|【虚拟目录】命令，如图 2.4 所示。弹出【虚拟目录创建向导】对话框，如图 2.5 所示。

(2) 单击【下一步】按钮，打开设置【虚拟目录别名】对话框。输入易于记忆的别名，因为用户必须输入此名称才能访问网站，如图 2.6 所示。

(3) 单击【下一步】按钮，打开【网站内容目录】对话框，单击【浏览】按钮，选中网站文件夹所在目录路径，如图 2.7 所示。

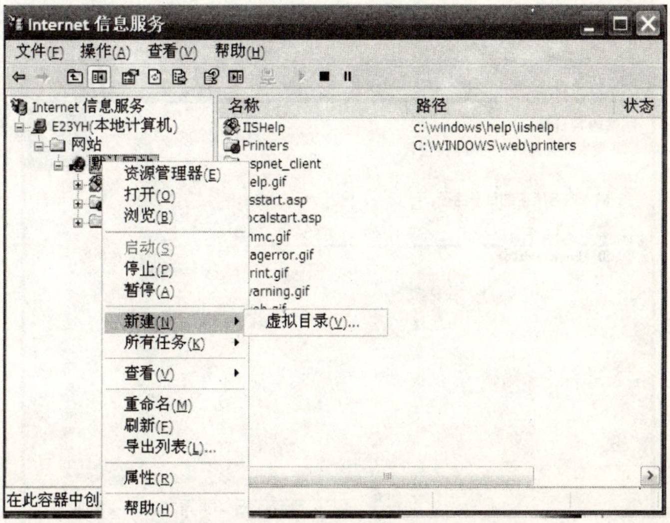

图 2.4 选择【虚拟目录】命令

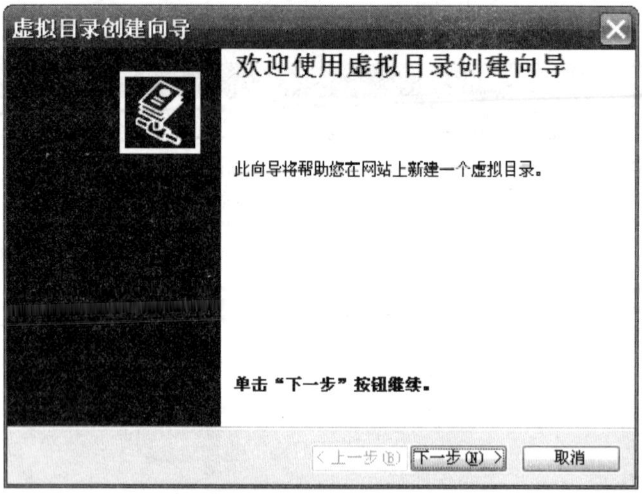

图 2.5 【虚拟目录创建向导】对话框

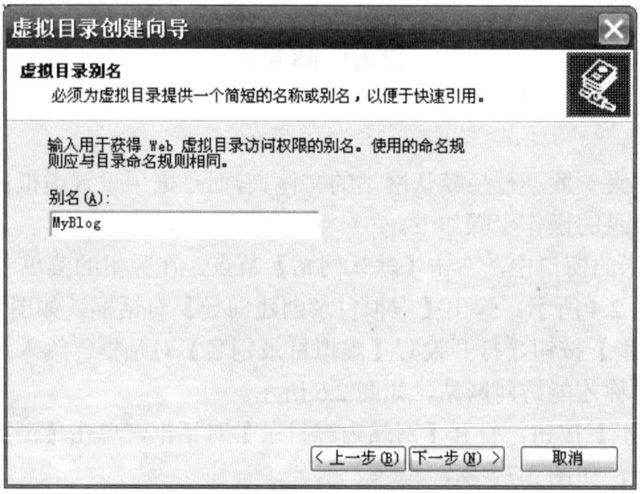

图 2.6 设置虚拟目录别名

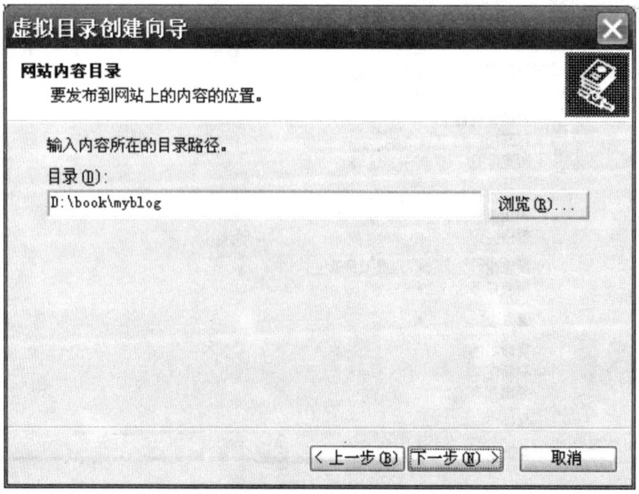

图 2.7 设置网站内容目录

(4) 单击【下一步】按钮，打开【访问权限】对话框，设置网站访问权限。默认访问权限是【读取】和【运行脚本】，使用此权限，在许多情况下可以运行 ASP.NET 网站，如图 2.8 所示。

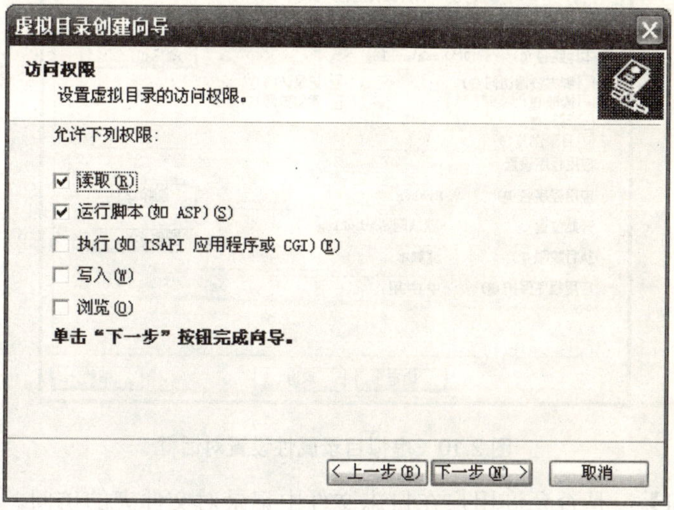

图 2.8　设置网站访问权限

(5) 单击【下一步】按钮，完成虚拟目录的设置，如图 2.9 所示。

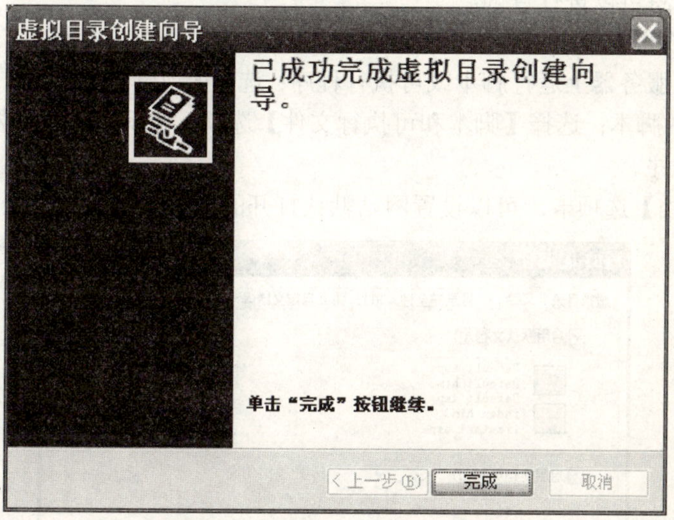

图 2.9　虚拟目录设置完成界面

(6) 查看或修改虚拟目录的属性。右击虚拟目录，在弹出的菜单中选择【属性】命令，打开虚拟目录属性设置对话框，如图 2.10 所示。

① 修改网站权限级别。

(a)【脚本资源访问】：是否允许用户访问源代码。

(b)【读取】：是否允许用户查看或下载文件或文件夹。“读取”权限默认情况下被选中。

(c)【写入】：是否允许用户把文件及相关属性上传到服务器中启用的文件夹。

(d)【目录浏览】：是否允许用户查看虚拟目录中的文件和子文件夹的超文本列表。

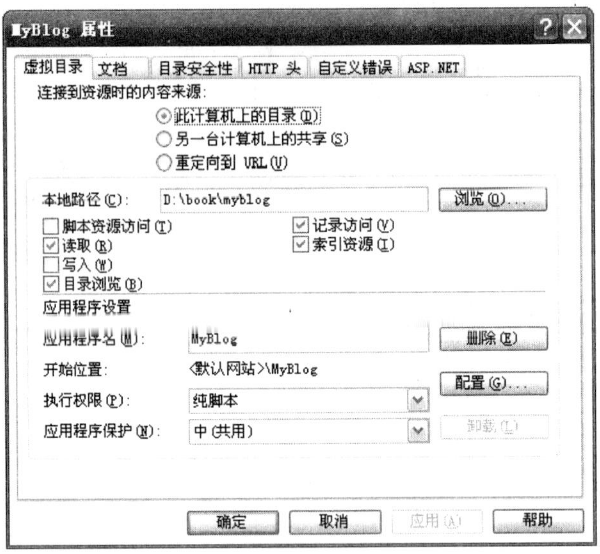

图 2.10　虚拟目录属性设置对话框

(e)【记录访问】：是否允许用户在日志文件中记录对文件夹的访问。此设置只有在为网站启用了日志记录时才会被记录日志条目。

(f)【索引资源】：是否允许用户在网站的全文索引中包含 Microsoft 索引服务文件夹。授予此项权限后用户将可以进行查询。

② 在【执行权限】框中，可以设置脚本在此网站上以哪种方式运行。选择【无】选项，表示不允许用户在服务器上运行脚本或可执行程序；选择【纯脚本】选项，表示可以在服务器上运行 ASP 之类的脚本；选择【脚本和可执行文件】选项，表示可在服务器上运行 ASP 之类的脚本和可执行程序。

③ 选择【文档】选项卡，可以设置网站默认打开的网页名称，如图 2.11 所示。

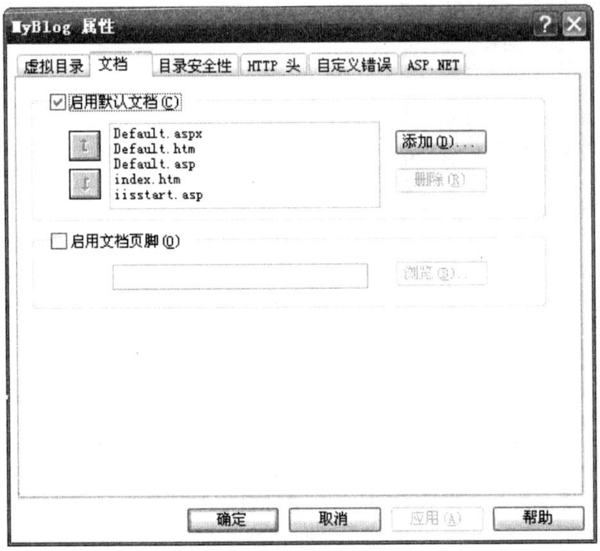

图 2.11　设置网站默认打开的网页名称

至此，已按要求在 D 盘创建了虚拟目录 myblog。

强化训练

启动本机 Internet 信息服务，设立个人网站(Myweb)的主目录，并设置网站默认文档为 index.aspx。

2.2　任务二：认识与安装 SQL Server 2005

【任务目标】

本节介绍“个人博客系统”网站的数据库环境，通过学习达到以下目标。

- 了解 SQL 2005 的各个版本及运行环境的要求
- 掌握安装和卸载 SQL Server 2005 的方法

2.2.1　SQL Server 2005 的版本介绍

1. 企业版(SQL Server 2005 Enterprise Edition)

企业版是最全面的 SQL Server 版，支持超大型企业进行联机事务处理、高度复杂的数据分析，满足数据仓库系统和网站所需的性能水平。依据对企业联机事务处理(OLTP)，高度复杂的数据分析，数据仓储系统和 Web 站点不同级别的支持，SQL Server 2005 企业版可根据数据库仓库系统所需的性能水平调整。支持 64 位 CPU、无限的伸缩和分区功能、高级数据库镜像功能、完全的在线和并行操作能力、数据库快照功能，报表生成器和定制的高扩展的报表功能，企业级的数据集成服务。由于具备广泛的商务智能，健壮的分析能力，SQL Server 企业版能承担企业最大负荷的工作量。

2. 标准版(SQL Server 2005 Standard Edition)

标准版适合中小型企业的数据管理和分析平台。标准版包括电子商务、数据仓库和解决方案所需的基本功能。标准版的集成商务智能和高可用性特性为企业提供了支持其操作所需的基本能力。支持 4 个 CPU、高可用性、64 位 CPU 支持、数据库镜像、增强的集成服务、分析服务和报表服务、数据挖掘、完全的数据复制及发布。

3. 开发版(SQL Server 2005 Developer Edition)

开发版支持开发人员在 SQL Server 顶部生成任何类型的应用程序。此版本适合开发和测试系统，不适合作为生产服务器使用。它包括企业版的所有功能，但只被授权用于开发和测试系统，不能作为生产服务器。开发版可被升级至 SQL Server 企业版以用于生产。

4. Express 版(SQL Server 2005 Express)

此版本是免费的、易于使用的，是 SQL Server 2005 轻量级版本。它能用于快速建立和部署数据驱动的应用系统，能方便地为应用系统嵌入一个本地数据库，以及能支持基本的 Web 站点。它的特性还包括：一个特别设计的用于处理基本数据库管理任务的简单的管理工具 SQL

Server Management Studio Express、一个报表向导和报表控件、简单数据复制与发布功能。如果需要使用更高级的数据库功能，可以将 SQL Server 2005 Express 升级到 SQL Server 2005 版本。因此是非专业开发人员的首选。

2.2.2　SQL Server 2005 的运行环境

SQL Server 2005 软件环境要求系统要先安装 Microsoft .NET Framework 2.0 和 Microsoft Internet Explorer 6.0 sp1 或以上版本。如果使用 Express 版，那 Microsoft .NET Framework 2.0 需要另外下载安装，而其他版本 Framework 2.0 包含在 SQL Server 的安装文件里，若想安装 SQL 企业版的话，就必须安装服务器版本的操作系统，如 Windows 2003 或 Windows 2008。

SQL Server 2005 硬件环境也是有要求的，见表 2-1。

表 2-1　SQL Server 2005 硬件环境

SQL Server 版本(32 位)	CPU 速度要求	内存要求
企业版、开发版、标准版	600MHz 以上	512MB 以上
Express 版	600MHz 以上	192MB 以上

2.2.3　安装 SQL Server 2005

安装 SQL Server 2005 的操作步骤如下。

(1) 放入 SQL Server 2005 安装光盘，如果光驱的自动运行功能无法启动安装程序，可导航到光盘的根目录，单击 splash.hta，打开安装程序开始界面，如图 2.12 所示。

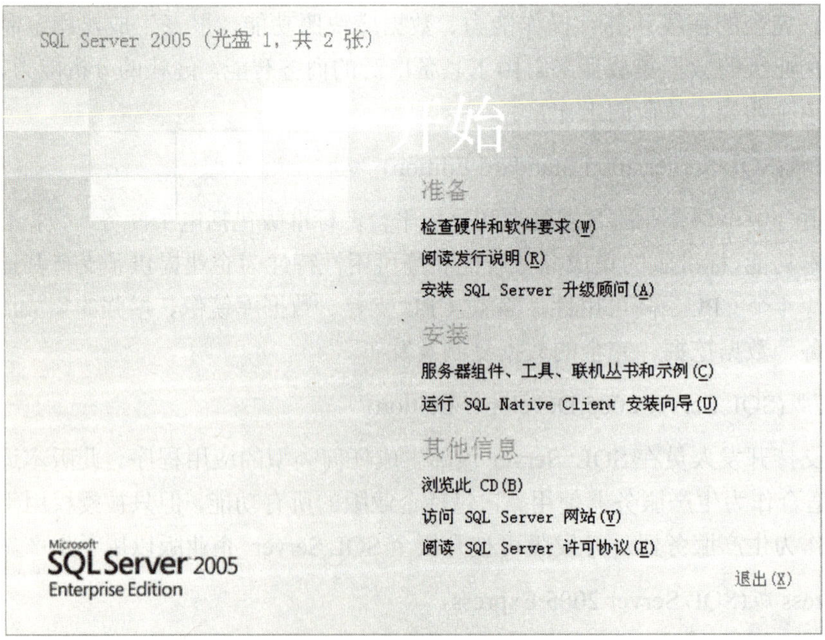

图 2.12　安装程序开始界面

(2) 选择【服务器组件、工具、联机丛书和示例】选项，打开【最终用户许可协议】对话框，选中【我接受许可条款和条件】复选框，如图 2.13 所示。

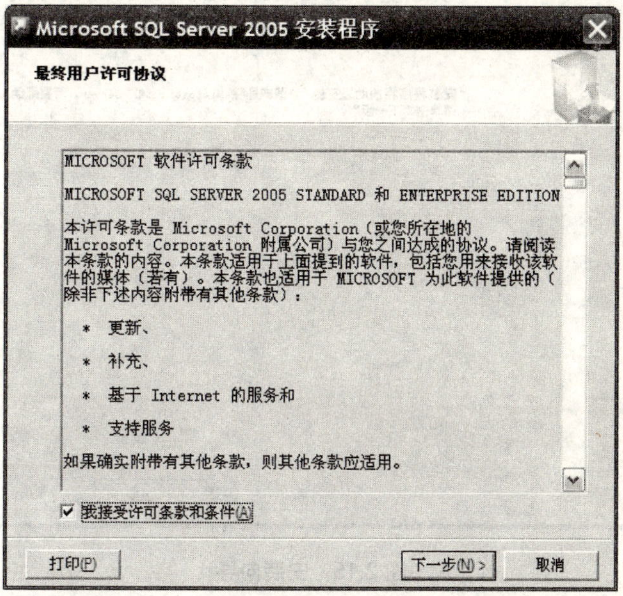

图 2.13　设置最终用户许可协议

(3) 单击【下一步】按钮，打开【安装必备组件】对话框，如图 2.14 所示。

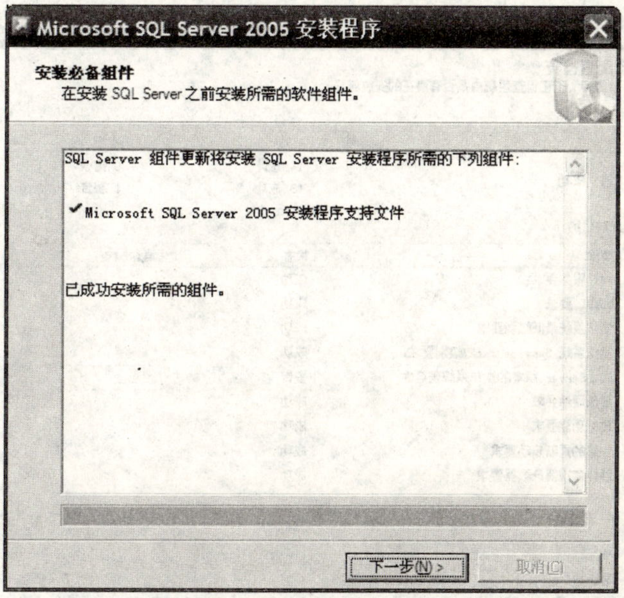

图 2.14　设置安装必备组件

(4) 单击【下一步】按钮，进入安装向导的欢迎界面，如图 2.15 所示。

图 2.15　安装向导

(5) 单击【下一步】按钮，打开【系统配置检查】对话框，如图 2.16 所示。安装程序组件系统配置识别器会检查系统的软硬件环境，如果没有达到标准，会发出警告或阻止安装继续进行。

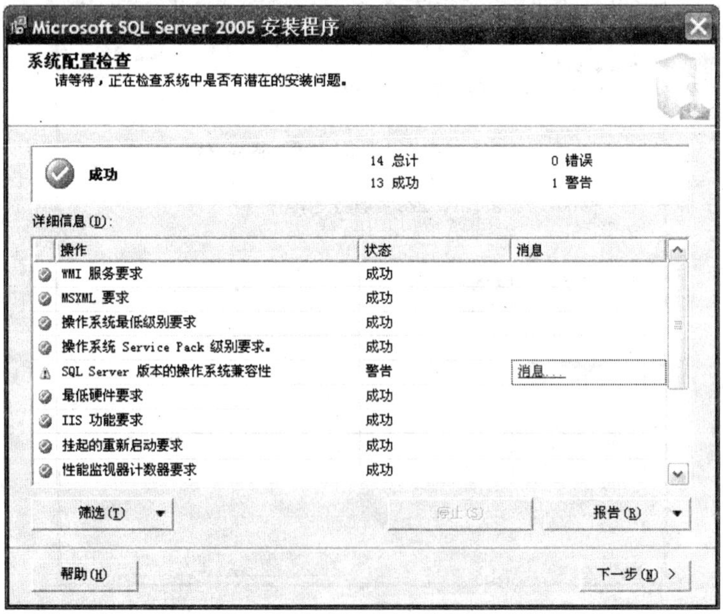

图 2.16　系统配置检查

(6) 检查通过后，单击【下一步】按钮，打开【注册信息】对话框，输入相应信息如图 2.17 所示。

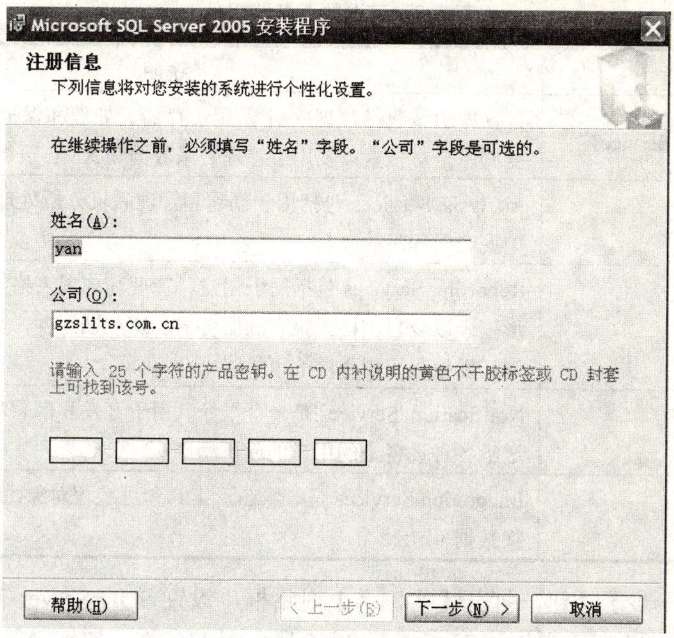

图 2.17　输入注册信息

(7) 单击【下一步】按钮，打开【要安装的组件】对话框，选中 SQL Server Database Services 和【工作站组件、联机丛书和开发工具】复选框，如图 2.18 所示。

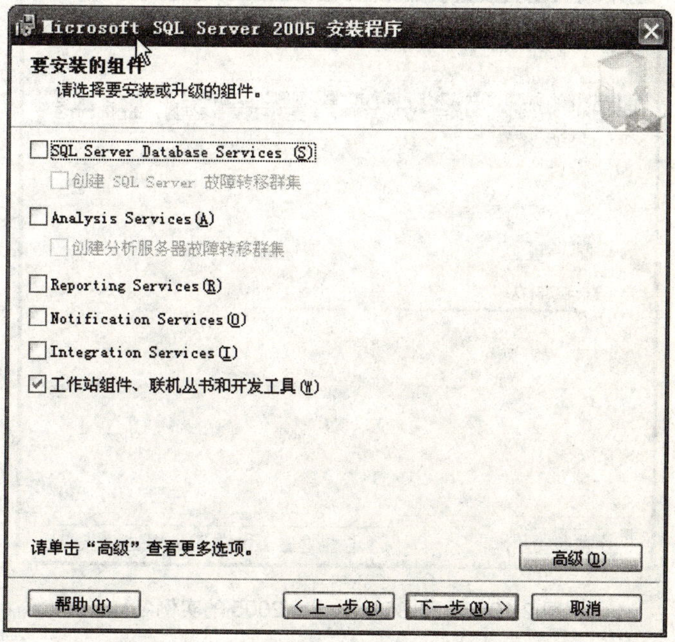

图 2.18　选择要安装的组件

若要安装其他功能，根据表 2-2 进行选中。

表 2-2 可选的服务器组件

服务器组件	说明
SQL Server Database Services	数据库引擎包括数据库引擎(用于存储、处理和保护数据的核心服务)、复制、全文搜索以及用于管理关系数据和 XML 数据的工具
Analysis Services	Analysis Services 包括用于创建和管理联机分析处理 (OLAP) 以及数据挖掘应用程序的工具
Reporting Services	Reporting Services 包括用于创建、管理和部署表格报表、矩阵报表、图形报表以及自由格式报表的服务器和客户端组件。本组件还是一个可用于开发报表应用程序的可扩展平台
Notification Services	Notification Services 是一个平台，用于开发和部署将个性化即时信息发送给各种设备上的用户的应用程序
Integration Services	Integration Services 是一组图形工具和可编程对象，用于移动、复制和转换数据

(8) 单击【下一步】按钮，打开【实例名】对话框，设置 SQL Server 2005 的实例名称，如图 2.19 所示。所谓实例名就是 SQL Server 2005 服务器的名称。如果是第一次安装，可以使用默认实例名称。若使用默认实例名，则 SQL Server 2005 服务器的名称与 Windows 服务器的名称相同。

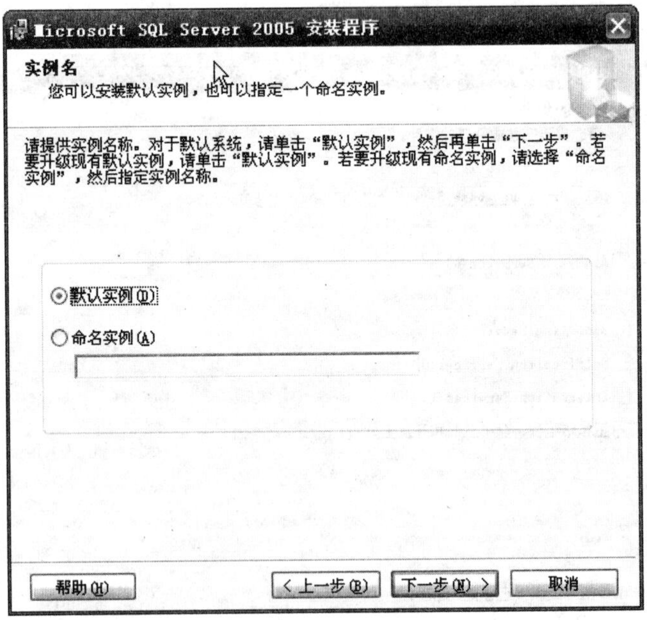

图 2.19 设置 SQL Server 2005 的实例名称

(9) 单击【下一步】按钮，打开【服务账户】对话框，可以为 5 个 SQL 服务分别单独设置启动账户，这些服务包括 SQL Server、SQL Server Agent、Analysis Services、Reporting Services 和 SQL Browser。为了方便管理，可以为这些服务设置一个共用账户，这里选中【使用内置系统账户】单选按钮和【本地系统】选项，如图 2.20 所示。

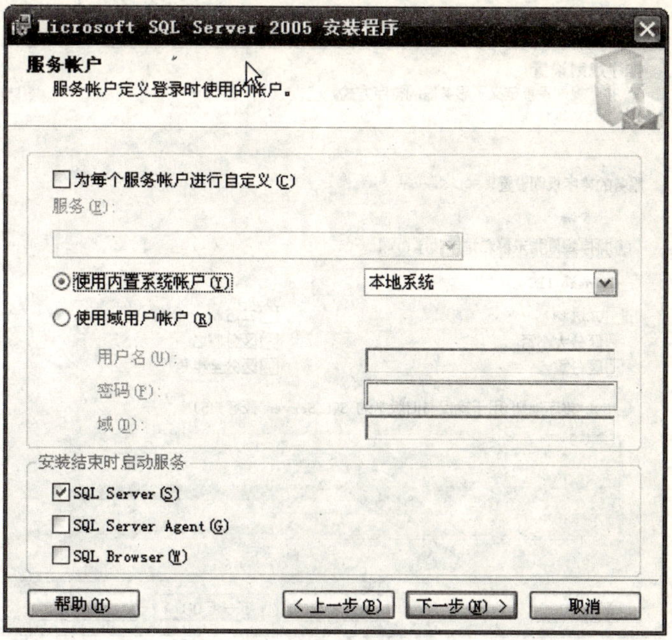

图 2.20　设置服务账户

(10) 单击【下一步】按钮，打开【身份验证模式】对话框，如图 2.21 所示。选中【混合模式】单选按钮，输入 sa 登录密码。

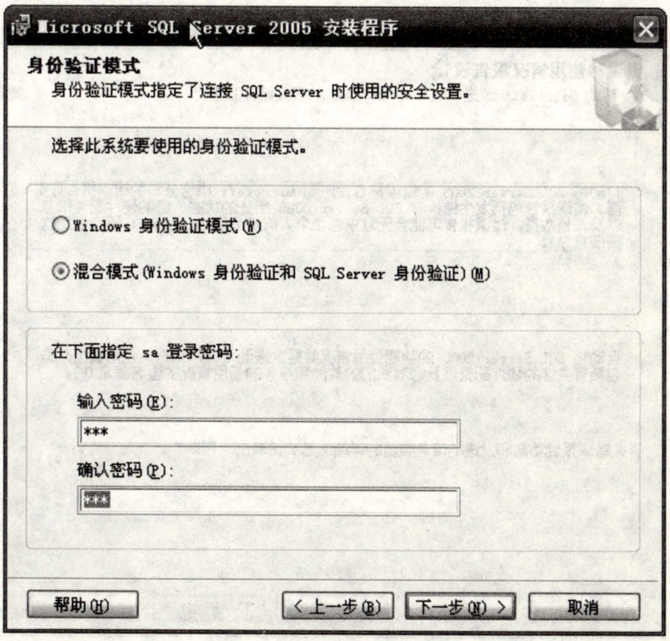

图 2.21　设置身份验证模式

(11) 单击【下一步】按钮，打开【排序规则设置】对话框，如图 2.22 所示，这里选择默认设置。

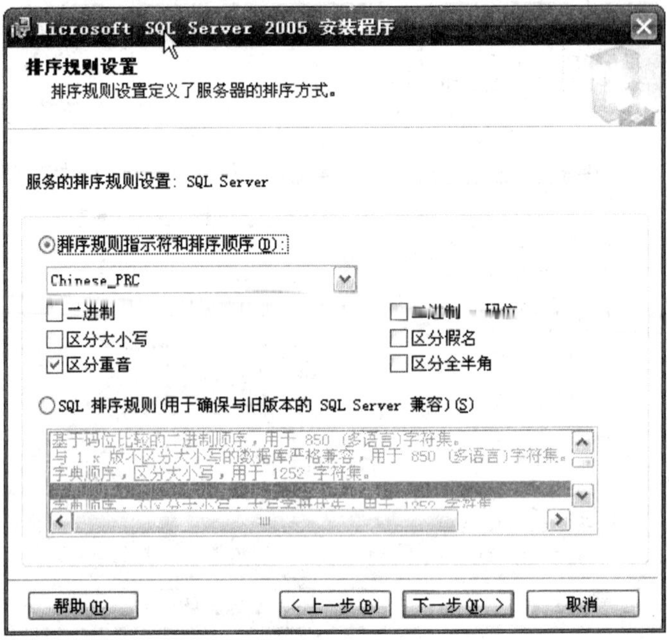

图 2.22 设置服务的排序规则

(12) 单击【下一步】按钮，打开【错误和使用情况报告设置】对话框，如图 2.23 所示，这里也选择默认设置。

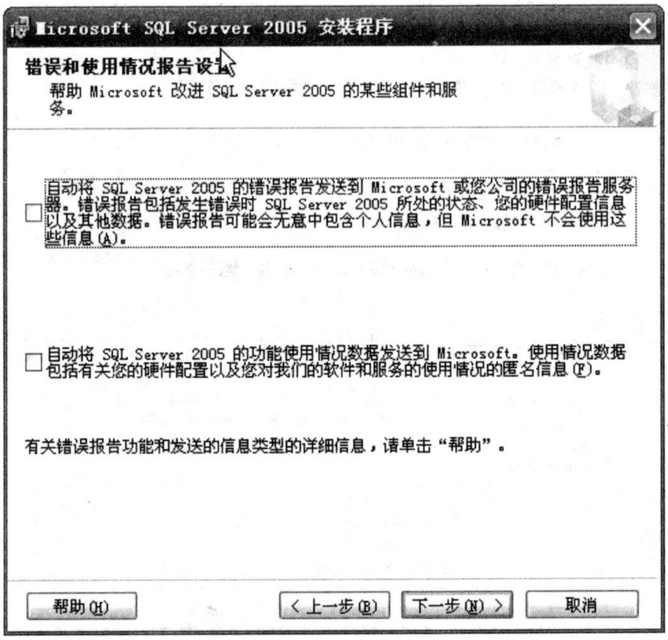

图 2.23 设置错误和使用情况报告

(13) 单击【下一步】按钮，打开【准备安装】对话框。单击【安装】按钮，打开【安装进度】对话框，如图 2.24 所示。

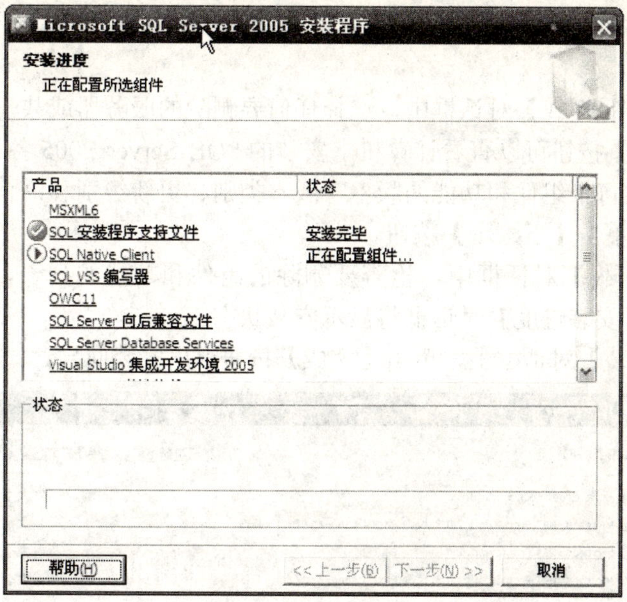

图 2.24　安装进度

(14) 待所有安装完成后，再单击【下一步】按钮，打开【完成 Microsoft SQL Server 2005 安装】对话框，如图 2.25 所示。用户可以单击【摘要日志】链接查看安装日志，最后单击【完成】按钮完成安装。

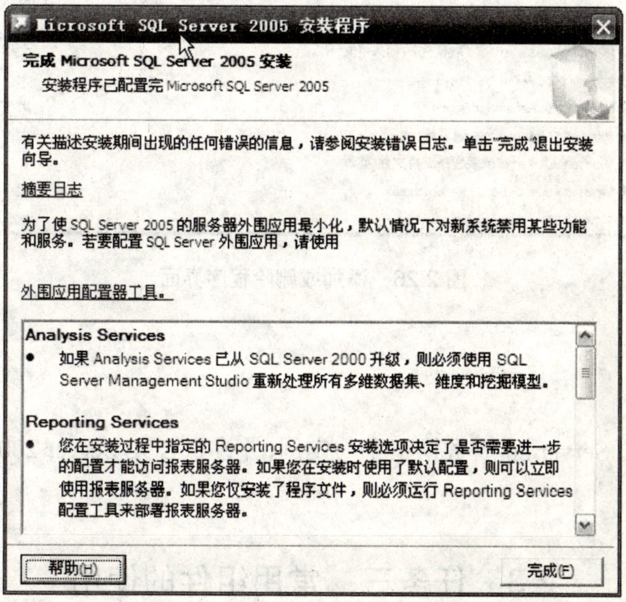

图 2.25　SQL Server 2005 安装完成界面

2.2.4　卸载 SQL Server 2005

卸载 SQL Server 2005 的操作步骤如下。

(1) 若要开始卸载过程，可在 Windows 桌面上，选择【开始】|【控制面板】命令，打开【控制面板】窗口，双击【添加或删除程序】选项。

(2) 选择要卸载的 SQL Server 2005 组件，再单击【删除】按钮，此时将启动 SQL Server 2005 安装向导。

(3) 在【选择组件-卸载】对话框中，选择任何要删除的服务器或共享组件。

(4) 单击【报告】按钮可以查看计算机上安装的 SQL Server 2005 各组件和功能的列表，该报告包含已安装的每个组件和功能的版本、版本类别、更新级别和语言信息。

(5) 若要继续，单击【下一步】按钮。

(6) 在【确认-卸载】对话框中，检查要删除的组件和功能的列表，若要继续，则单击【下一步】按钮。【安装进度】对话框将显示安装状态。

(7) 在【完成安装】对话框上，单击【完成】按钮退出安装向导。

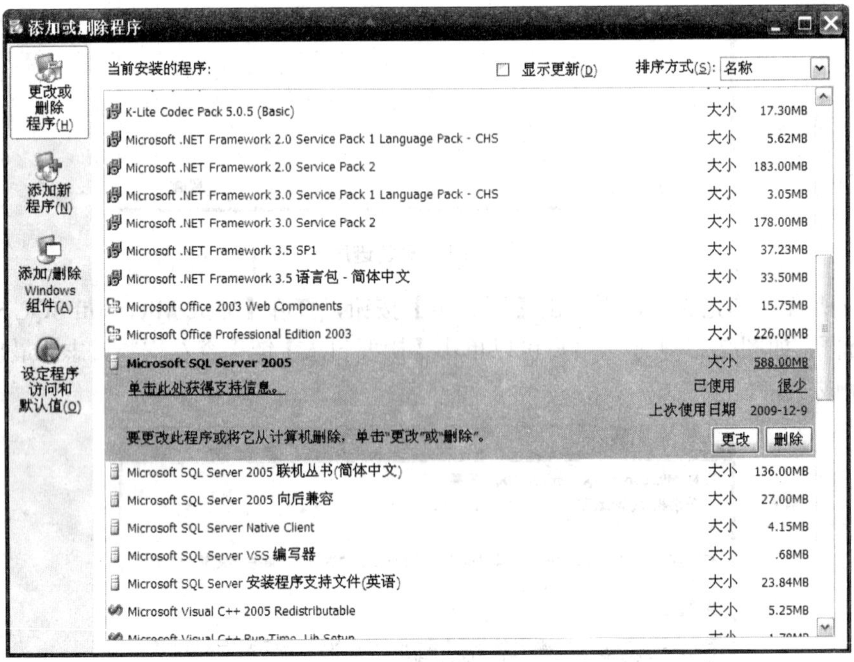

图 2.26　添加或删除程序界面

强化训练

在本机安装 SQL Server 2005 数据引擎与实例，并设置 SQL Server 2005 身份验证用户名为 sa，密码为 123。

2.3　任务三：常用组件的使用

【任务目标】

通过本节学习 SQL Server 2005 常用组件的使用。

- 学习如何查看 SQL Server 2005 的联机帮助
- 学习如何启动或停止 SQL Server 2005 服务
- 学习如何管理 SQL Server 2005 数据库

2.3.1 使用 SQL Server 2005 联机帮助

如果要更容易、更快捷地学习 SQL Server 2005，建议使用 SQL Server 2005 联机帮助，因为它就像是一本字典，包含了关于 SQL 的丰富信息，当使用 SQL 遇到问题时，一般都能从中找到问题的答案。

选择【开始】|【程序】| Microsoft SQL Server 2005 |【文档和教程】|【SQL Server 联机丛书】命令，如图 2.27 所示。

图 2.27 选择 SQL Server 联机丛书命令

命令执行后，联机丛书会自动上网加载内容，然后打开一个目录对话框，如图 2.28 所示。

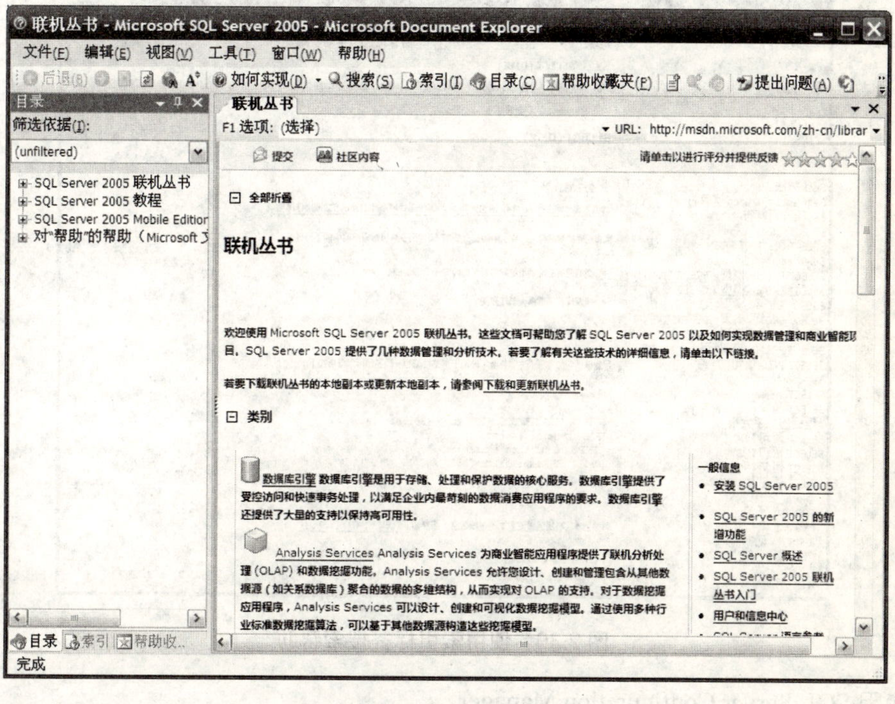

图 2.28 联机丛书界面

在对话框的【F1 选项】框中选择搜索，输入你想查找的问题关键字。如果是第一次执行搜索，搜索引擎会询问希望使用联机帮助还是本地帮助作为主帮助源，如图 2.29 所示。

如果要确切知道查找的内容或语句，可以使用 Ctrl+Alt+F2 打开索引标签，如图 2.30 所示。这样就可以找到需要帮助的内容，还可以单击【复制代码】按钮将语句的示例复制下来使用，甚至还可以提出问题，看微软社区的工程师怎样回答。

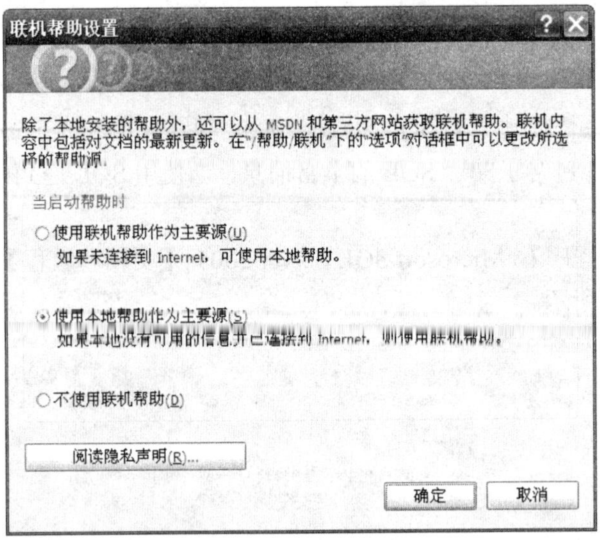

图 2.29　联机帮助设置

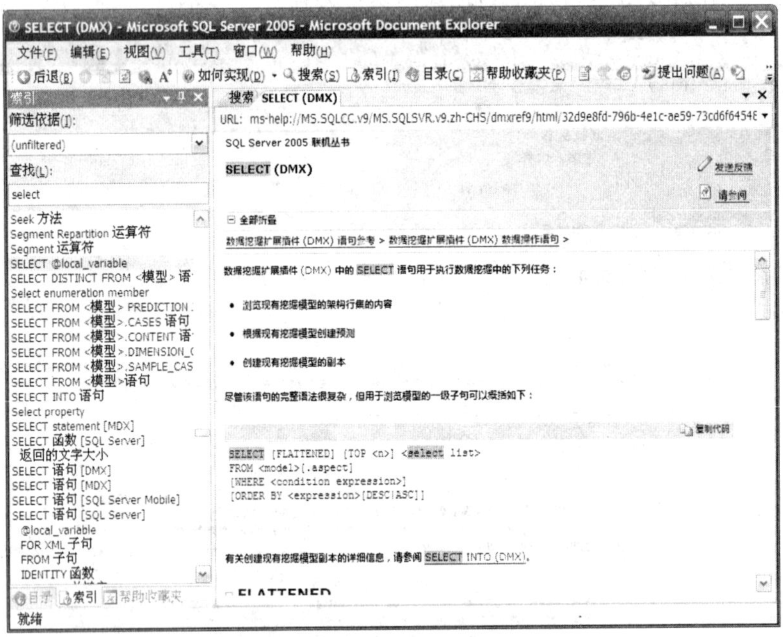

图 2.30　使用索引标签搜索帮助

2.3.2　使用 SQL Server Configuration Manager

SQL Server Configuration Manager 配置管理器为 SQL Server 2005 服务、服务协议、客户端协议和客户端别名提供基本配置管理。SQL Server Configuration Manager 配置管理器界面如图 2.31 所示。

使用 SQL Server Configuration Manager 配置管理器可以完成如下功能。

(1) 启动、暂停、恢复或停止服务：单击【操作】菜单，或在服务上单击右键均可选择【操作】命令。

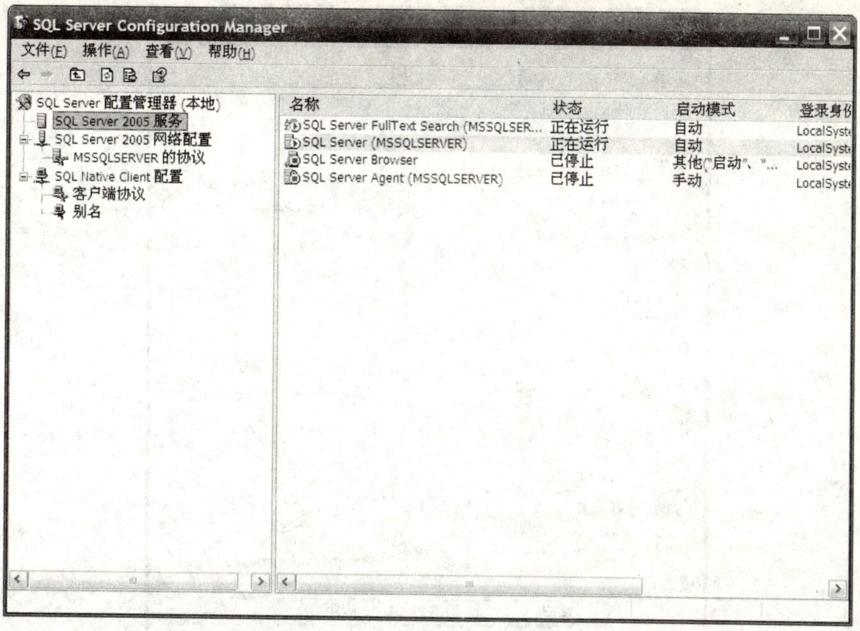

图 2.31　SQL Server Configuration Manager 配置管理器界面

(2) 管理服务器和客户端网络协议：提供的协议包括有：Share Memory、TCP/IP、Name Pipes、VIA。

(3) 更改服务使用账户：安装 SQL Server 2005 时，可以为不同的服务指定不同的账户，在此可以通过配置管理器来对原来指定的账户进行修改。右键单击需要修改的服务，选择【属性】命令，打开【SQL Server(MSSQLSERVER)属性】对话框，如图 2.32 所示。在此可以修改内置账户与本账户的属性。

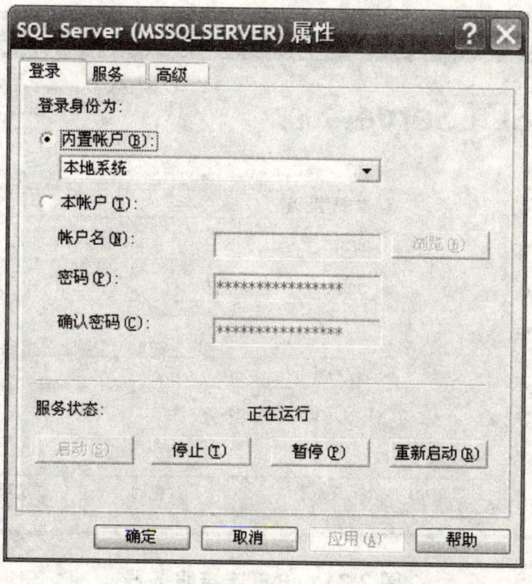

图 2.32　SQL Server(MSSQLSERVER)属性界面

(4) 修改服务启动模式：在【SQL Server(MSSQLSERVER)属性】对话框中，选择【服务】选项卡，将【启动模式】设置为【自动】，如图 2.33 所示。

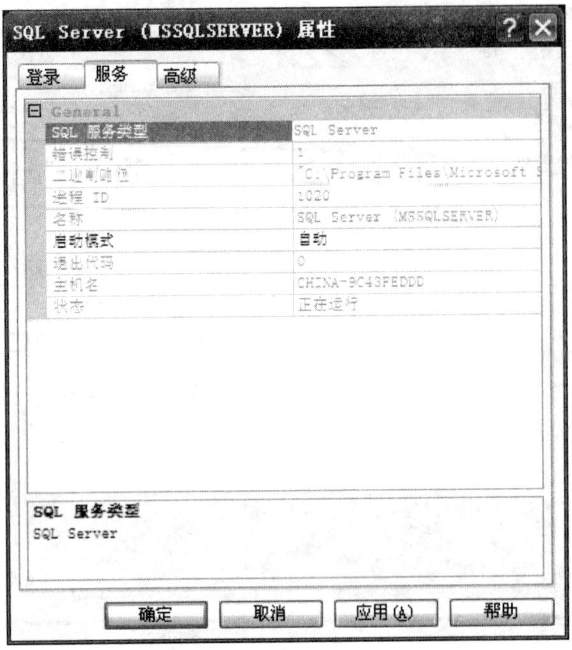

图 2.33　修改服务启动模式

2.3.3　使用 SQL Server Management Studio

SQL Server Management Studio 简称 SSMS，是 SQL Server 2005 的新组件，它是一个集成环境，用来访问、配置、管理和开发 SQL Server 2005。

(1) 选择【开始】|【程序】| Microsoft Server SQL Server 2005 | SQL Server Management Studio 命令，打开【连接到服务器】对话框，如图 2.34 所示。

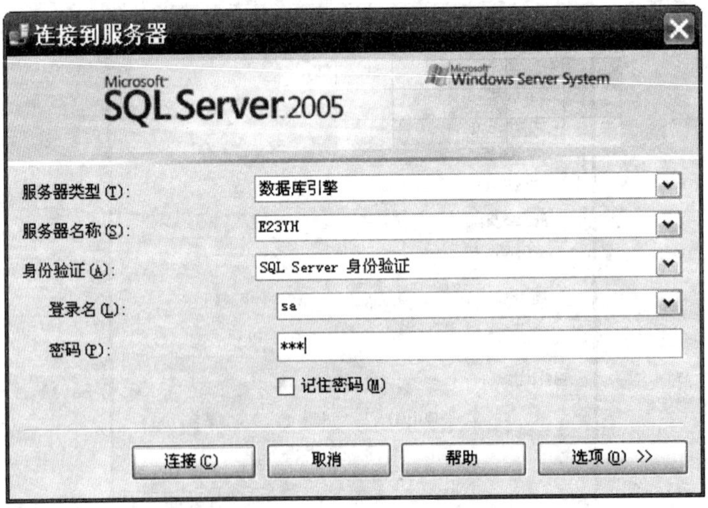

图 2.34　设置连接服务器

身份验证可以选择【集成 Windows 身份验证】或【SQL Server 身份验证】选项，如果是程序开发一般使用后者。

(2) 单击【连接】按钮，打开 SSMS 集成环境，如图 2.35 所示。

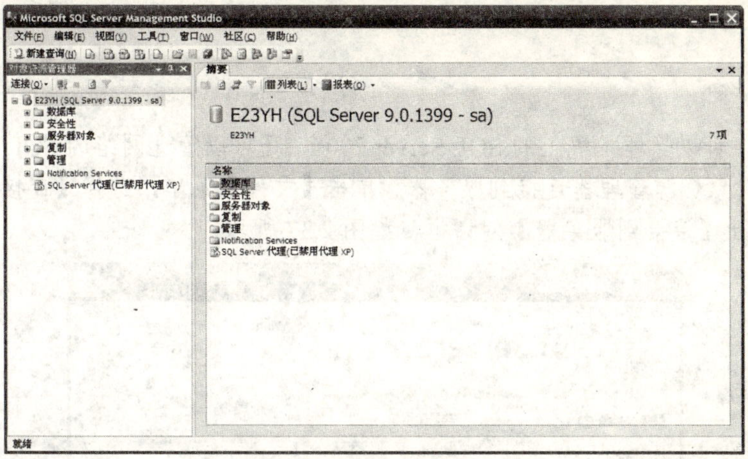

图 2.35　SSMS 集成环境

在这个集成环境中，可以进行以下操作。

1) 管理服务器

(1) 创建服务器组。

(2) 注册服务器。

(3) 连接到数据库引擎的一个实例。

(4) 配置服务器属性。

(5) 创建、修改、删除、备份、还原、分离、附加数据库。

(6) 创建、修改、删除各种数据库对象，如表、视图、索引、存储过程等。

(7) 查看系统日志。

(8) 监视当前活动。

(9) 管理全文索引。

2) 执行 SQL 命令

在 SSMS 集成环境里，单击工具栏的【新建查询】按钮，打开 SQL 命令编辑窗口，如图 2.36 所示。在右边的窗格中编辑 SQL 命令，然后单击【执行】按钮即可。

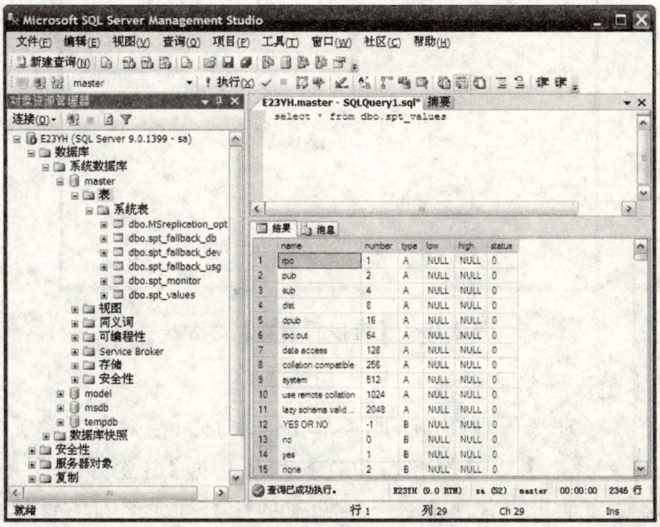

图 2.36　执行 SQL 命令窗口

拓展知识

SSMS 不但可以管理本机上的 SQL Server 2005，还可以管理网络的 SQL Server 2005。

(1) 使用对象资源管理器连接到服务器。单击【文件】菜单，选择【连接对象资源管理器】命令，打开【连接到服务器】对话框，如图 2.37 所示。

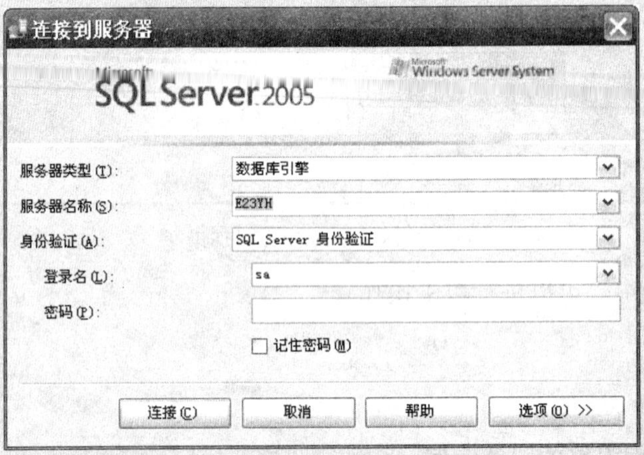

图 2.37 【连接到服务器】对话框

在此，可以在【服务器名称】选项的下拉列表中，选择【浏览更多】选项，打开【查找服务器】对话框，如图 2.38 所示。

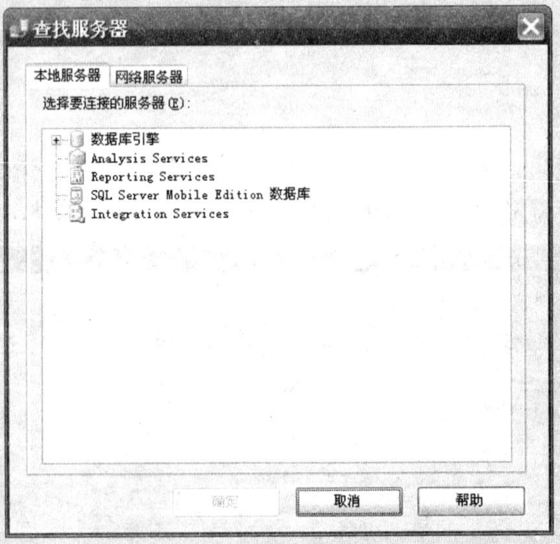

图 2.38 【查找服务器】对话框

在此可以选择本地或网络服务器。

(2) 使用对象资源管理器管理 SQL 服务器上的用户。在对象资源管理器的【安全性】文件夹中包括有：【登录名】、【服务器角色】和【凭据】3 个子文件夹。

【登录名】文件夹列举出当前服务器已经知道的所有登录名，右键单击【登录名】文件夹允许创建新的登录名，如图 2.39 所示。

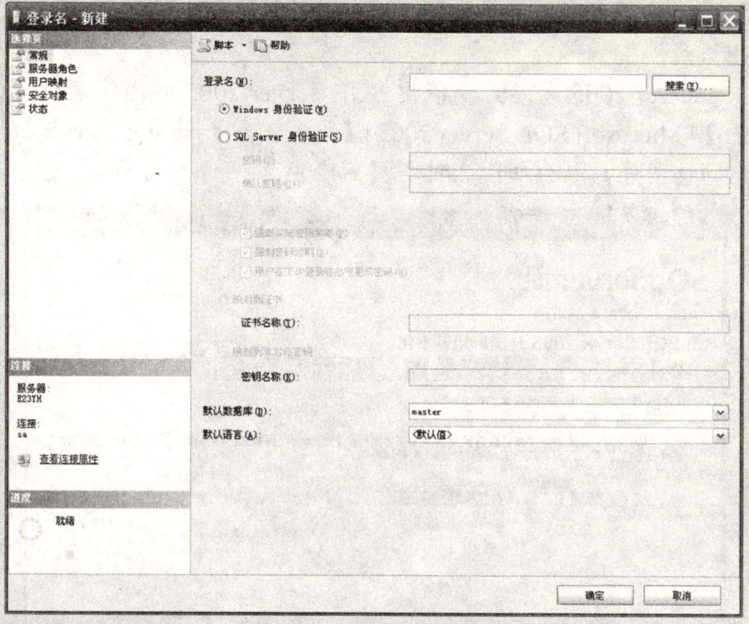

图 2.39　设置登录名

在此可以设置登录名、允许还是拒绝该登录访问服务器、该登录名的默认数据库、默认语言等。

(3) SQLCMD 实用工具。用户可以使用 SQLCMD 实用工具(Microsoft Win32 命令提示实用工具)来运行特殊的 T-SQL 语句和脚本。若要以交互方式使用 SQLCMD，或要生成可使用 SQLCMD 来运行的脚本文件，则要了解 T-SQL。通常以下列方式使用 SQLCMD 实用工具。

在 SQLCMD 环境中，以交互的方式输入 T-SQL 语句，输入方式与在命令提示符下输入的方式相同。命令提示符窗口中会显示结果(选择其他方式除外)，如图 2.40 所示。

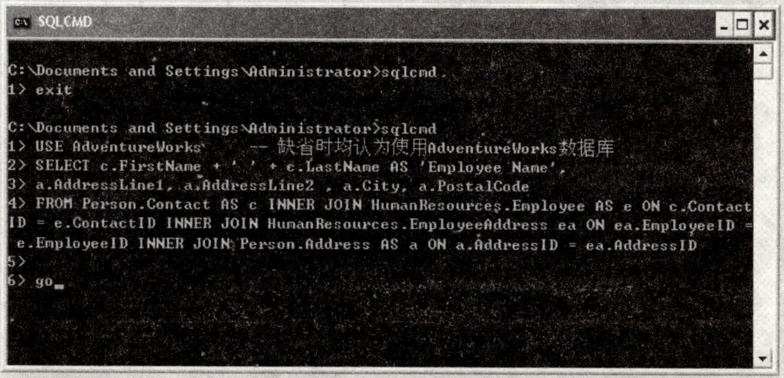

图 2.40　命令提示符窗口

(4) SQL Server 2005 外围应用配置器。使用 SQL Server 2005 外围应用配置器，可以启用、禁用、开始或停止 SQL Server 2005 安装的一些功能、服务和远程连接。可以在本地和远程服务器中使用 SQL Server 2005 外围应用配置器。

SQL Server 2005 外围应用配置器使用 Windows Management Instrumentation(WMI)查看和

更改服务器设置。WMI 提供了一种统一的方式，用于与管理配置 SQL Server 2005 的注册表操作的 API 调用进行连接。

可通过 SQL Server 2005 开始菜单使用 SQL Server 2005 外围应用配置器，选择【开始】|【所有程序】| Microsoft SQL Server 2005 |【配置工具】|【SQL Server 2005 外围应用配置器】命令，启动该程序，界面如图 2.41、图 2.42 所示。

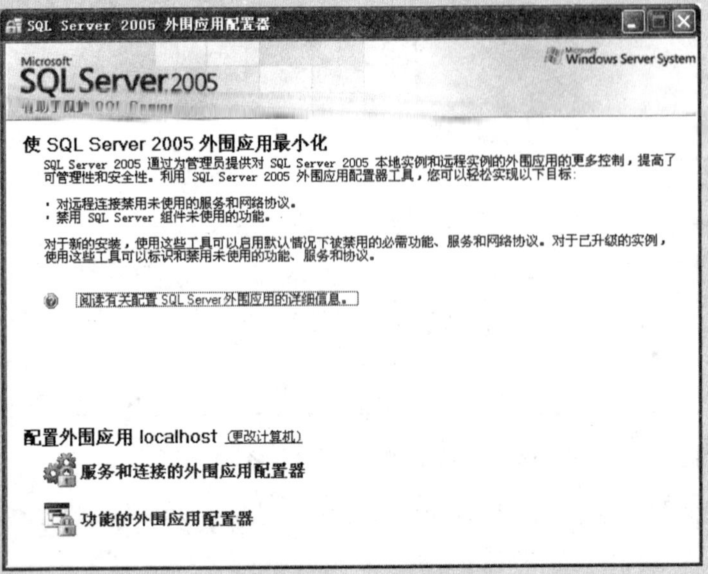

图 2.41　SQL Server 2005 外围应用配置器

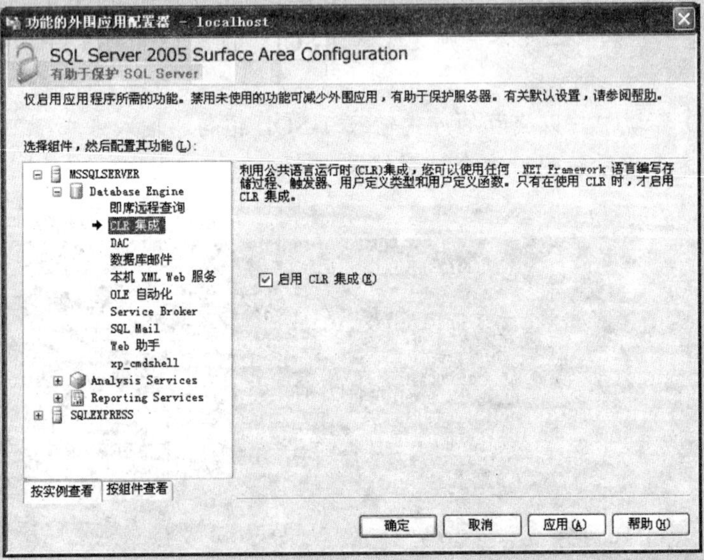

图 2.42　功能的外因应用配置器

(5) 在 Windows Vista 下安装 SQL Server 必须打上 SQL Server SP2 的补丁能才正常运行 SQL Server 2005。

(6) 在网上下载免费的 SQL Server 2005 Express 安装后，必须另外下载 SSMS 安装，然后才可以管理服务器。

强化训练

1．在本机上启动 SQL Server 2005 服务，并设置客户端协议为 TCP/IP。

2．更改 SQL Server 2005 身份验证的 sa 账户密码为 sa123。

3．查看当前 SQL Server 2005 数据引擎的连接属性。

本 章 小 结

本章首先讲述了为“个人博客系统”网站搭建 IIS 站点以及设置网站的主目录文件夹，然后介绍了 SQL Server 2005 的安装与配置，为“个人博客系统”创建数据库作前期准备工作。

重点是 SQL Server 2005 身份验证方式的设置以及如何使用 SSMS 来管理 SQL Server 2005。

巩 固 练 习

一、填空题

1．安装 SQL Server 2005 需要的最小内存是__________MB；处理器(CPU)希望是__________MHz 以上的。

2．在 SQL Server 2005 安装中的__________一步可能会发现计算机存在着问题而终止安装的向下进行。

3．SQL Server 2005 的集成管理器是__________，利用它能完成原 SQL Server 2000 企业管理器及查询分析器等程序的管理与操作功能。

4. SQL Server Management Studio 分为左右两区域，一般__________、__________在左边，__________等以选项卡形式在右边区域。

二、简述题

1．简述 SQL Server 2005 的各个版本之间的区别。

2．为了成功安装 SQL Server 2005，在计算机上需要安装哪些组件？

3．简述卸载 SQL Server 2005 的正确方法。

4．在 SQL Server 2005 系统中，服务器的身份验证有什么方式？

5．如何修改当前 SQL 服务器的 sa 用户的登录密码？

三、上机练习

1．安装 SQL Server 2005。

2．在 SSMS 中输入以下命令并查看结果。

```
use master
select * from dbo.spt_monitor
```

第 3 章 构建与管理数据库

情景：

两天后，小张迫不及待地在网上 Q 他的师傅了。

“师傅，我已按你的要求安装好了 SQL Server 2005，而且熟悉了常用组件的使用方法。但是我的博客数据库在哪呀？”小张问。

“SQL Server 2005 只是一个数据库管理系统，可以在里面创建、复制、删除、导入和导出数据库，还可以在库里进行创建数据表，建立表之间的关系，建立约束等各种管理操作。数据库是建立博客系统最坚实的基础。”小段说。

“哦，原来如此。那么我们先学习如何在 SQL Server 2005 里创建数据库吧！”

“徒弟，别着急嘛！听师傅我慢慢道来！”

3.1 任务一：创建“博客数据库”

【任务目标】

- 熟练掌握在 SQL Server Management 里创建数据库的方法
- 熟练掌握利用 T-SQL 语句创建数据库的方法
- 理解 SQL Server 2005 里数据库存储的方式

3.1.1 认识数据库的组成

SQL Server 2005 将数据库存储在文件中，并给这些文件赋予一定的存储空间，用户可以对这些文件进行管理操作。SQL Server 2005 中的数据库按模式级别分类，可分为物理数据库和逻辑数据库；按创建对象来分，则可分为系统数据库和用户数据库。

1. 物理数据库

物理数据库是构成单个数据库的实际文件，数据库文件存储的基本单位是页。

1) 数据库文件

SQL Server 2005 数据库有 3 种物理文件：主数据文件、辅助数据文件和事务日志文件，见表 3-1。

表 3-1　数据库文件

名称	作用	后缀名	数量
主数据文件	用于存放数据库对象	.mdf	每个数据库只能有一个
辅助数据文件	又称次数据文件，当数据库中的数据较多时需要建立辅助数据文件	.ndf	一个数据库中可以没有，也可以有一个或多个
事务日志文件	用于存放数据库日志信息的文件	.ldf	一个数据库可以有一个或多个

注意：创建数据库后，其数据库文件中至少包含一个主数据文件和一个事务日志文件。

2) 文件组

为了方便管理和分配数据而将文件组织在一起就构成了文件组(File Group)，通常可以为磁盘驱动器创建一个文件组，将多个数据库文件集合起来形成一个整体。

每个文件组有一个组名，文件组可分为两种。

(1) 主文件组：包含所有的系统表，当建立数据库时，主文件组包括主数据库文件和未指定组的其他文件。

(2) 次文件组：可以在次文件组中指定一个默认文件组，在创建数据库对象时如果没有指定将其放在哪个文件组中，就会将它放在默认文件组中。

注意：事务日志文件不属于任何文件组。

2. 逻辑数据库

逻辑数据库是指 SQL Server 2005 的数据库对象，包括表、视图、索引、约束、存储过程和触发器等。这些对象都用来保存 SQL Server 2005 数据库的基本信息及用户定义的数据操作。

3. 系统数据库和用户数据库

系统数据库是由系统创建维护的数据库，系统数据库中记录着 SQL Server 2005 的配置情况、任务情况和用户数据库等系统管理信息。

用户数据库是用户自己创建的数据库，用户可以对数据库进行修改和删除等操作。

SQL Server 2005 安装成功后，系统自动创建了 5 个默认的数据库：master、model、msdb、tempdb 和 resource 数据库，见表 3-2。

表 3-2　系统数据库

数据库	作用	主文件名与日志文件名
master	记录所有系统信息，包括登录账号、系统配置、数据库位置以及数据库的错误信息，用于控制用户数据库和 SQL Server 2005 的运行	master.mdf、mastlog.ldf
model	为 SQL Server 2005 实例中创建的所有数据库提供模板	model.mdf、modellog.ldf
msdb	是一个与 SQL Server Agent 服务有关的数据库。用于 SQL Server 2005 代理计划警报和作业	msdbdata.mdf、msdblog.ldf
tempdb	用于保存临时对象或中间结果集	tempdb.mdf、templog.ldf
resource	只读数据库，包含所有的系统对象	Mssqcsystemresource.mdf

以上是 SQL Server 2005 的数据库组成，了解了这些知识，就可以题更好地完成数据库的创建任务了。

3.1.2 在 Management Studio 中创建数据库

创建数据库的方法有两种：第一种方法是在 Management Studio 管理器里创建数据库，第二种方法是使用 Transact-SQL 语言中的 CREATE DATABASE 命令在程序代码中创建数据库。

本节主要介绍在 Management Studio 管理器里进行创建数据库的方法，具体操作步骤如下。

(1) 在 E 盘根目录下创建文件夹 site，在 site 文件夹下再创建文件夹 db。

(2) 运行 Microsoft SQL Server 2005 程序，打开 Management Studio 窗口，并使用 Windows 或 SQL Server 2005 身份验证建立连接。

(3) 在【对象资源管理器】窗格中展开服务器，然后选择【数据库】节点并右击，从弹出的菜单中选择【新建数据库】命令，如图 3.1 所示。

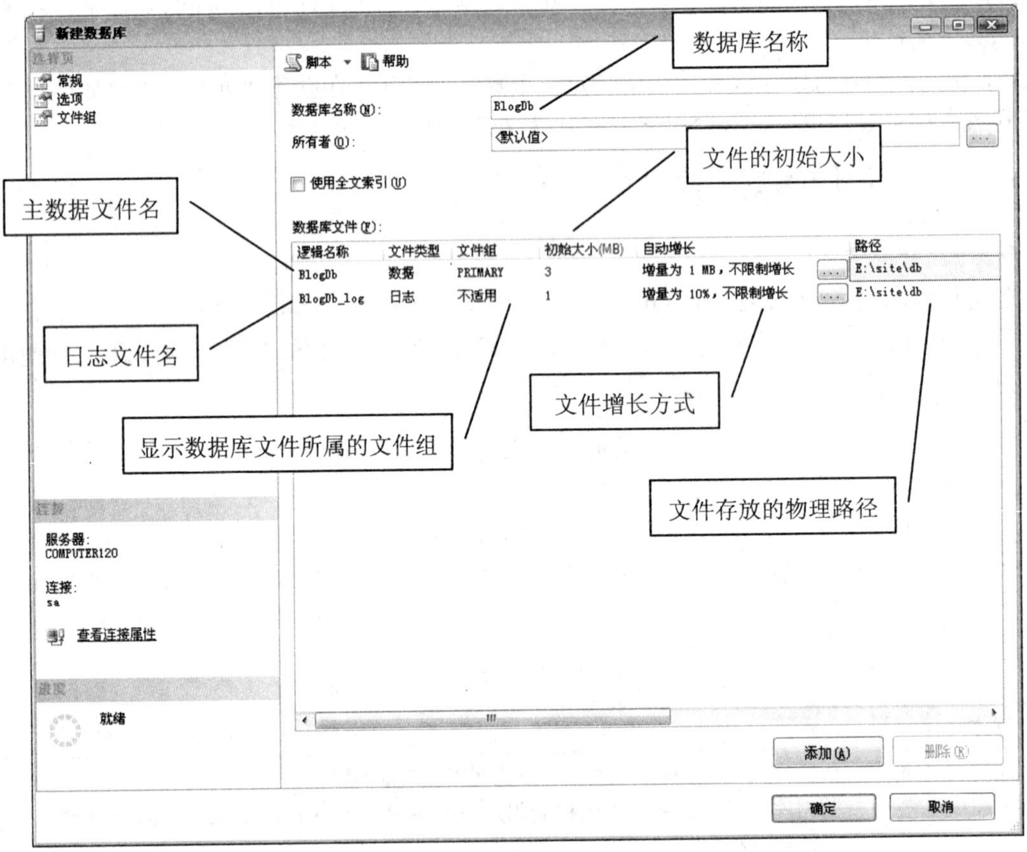

图 3.1 新建数据库

(4) 在【新建数据库】窗口的【选择页】窗格中，有 3 个选项，分别是【常规】、【选项】和【文件组】。

选择【常规】选项，在窗口右侧的【数据库名称】文本框中输入数据库名称“BlogDb”，所有者选择默认值。

(5) 在【数据库文件】列表中包括两行信息，前一行是数据库文件信息，后一行是日志文件信息。单击【自动增长】列下的省略号按钮，打开【更改博客数据库的自动增长设置】对话框，进行文件的自动增长设置，如图 3.2 所示。

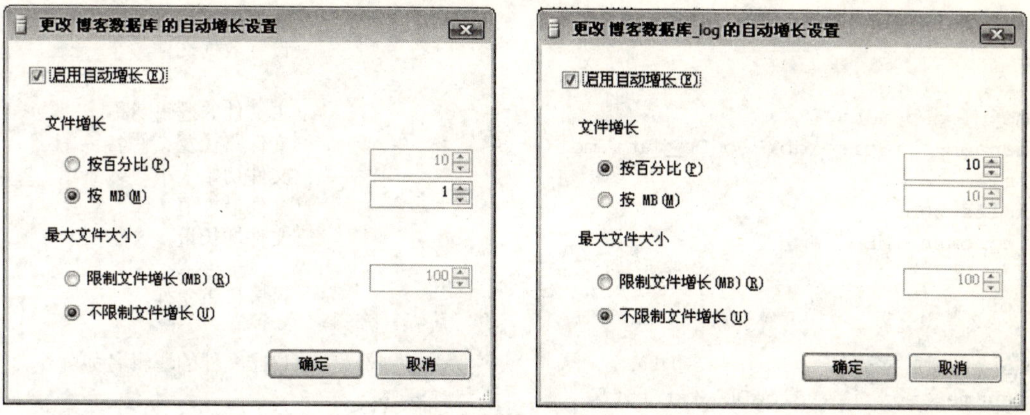

图 3.2 文件的自动增长设置

(6) 单击【路径】下的省略号按钮，修改数据库文件存放的路径为“E:\site\db”。

(7) 其他页面采用默认值，完成操作后，单击【确定】按钮关闭窗口。

至此，已成功创建了一个博客数据库 BlogDb，在【对象资源管理器】窗格中按 F5 键刷新后可看到新建的数据库。

拓展知识

(1) 逻辑名称是指在 SQL Server 2005 里所看到的文件名称，用 name 关键字指定，而文件的物理名称就是指在硬盘上的存储路径，用 filename 关键字指定。

(2) 如果数据库的大小不断增长，则可以指定其增长方式。如果数据的大小基本不变，为了提高数据的使用效率，通常不指定其具有自动增长方式。

3.1.3 用 Create Database 语句创建数据库

虽然使用 Management Studio 创建数据库是一种有效而又容易的方法，但在实际工作中未必总能用它创建数据库。例如，在设计一个应用程序时，开发人员会直接使用 Transact-SQL 语言中的 CREATE DATABASE 命令在程序代码中创建数据库及其他数据库对象。

命令格式：CREATE DATABASE <数据库名称>

注意：用此方式创建的数据库，表示其他选项都用默认值。也可以在创建数据库的时候详细设置数据文件与日志文件的各选项值(详见拓展知识)。

【操作演示 1】创建博客数据库，其他选项采用默认值。命令如下。

```
CREATE DATABASE 博客数据库
```

【操作演示 2】根据选项要求创建博客数据库，步骤如下。

(1) 在 E 盘根目录下创建文件夹 site，在 site 文件夹下再创建文件夹 db。

(2) 运行 Microsoft SQL Server 2005，打开 Management Studio 窗口，并连接服务器。

(3) 单击工具栏上的 新建查询(N) 按钮，创建一个查询输入窗口。

(4) 在窗口内输入如下语句。(注意：单引号后的是命令注释，可以不输入。)

```
create database  BlogDb
on                                          '设置数据文件
(
 name=BlogDb_data,                          '主文件的逻辑名称
 filename='e:\site\db\BlogDb_data.mdf',     '文件路径及文件名
 size=3MB,                                  '文件初始大小
 maxsize=20MB,                              '文件最大值
 filegrowth=1MB                             '文件增长量
)
log on                                      '设置日志文件
(
 name=BlogDb_log,                           '日志文件的逻辑名称
 filename='e:\site\BlogDb_log.ldf',
 size=1MB,
maxsize=10MB,
 filegrowth=10%
)
```

注意：各选项间用逗号间隔，文件路径必须用单引号引起来。

(5) 单击 执行(X) 按钮执行语句，如果成功，在查询窗口内的【查询】窗格中会看到一条“命令已成功完成”的提示，在【对象资源管理器】窗格中按 F5 键刷新后可看到新建的数据库。

拓展知识

(1) 利用 CREATE DATABASE 命令创建数据库，有两种格式，一是简单格式：CREATE DATABASE <数据库名>，此格式创建的数据库设置采用系统默认选项；另一种格式则详细设置数据文件与日志文件的各选项，对应选项的含义见表 3-3。

表 3-3 选项设置

名称	含义	说明
逻辑文件名	name	主数据文件名与日志文件名
文件存放路径及文件名	filename	数据文件名:*.mdf ，日志文件名: *.ndf
文件初始大小	size	单位为 MB
文件最大值	maxsize	单位为 MB
文件增长量	filegrowth	单位可以是绝对值，也可以是百分比

(2) Transact-SQL(T-SQL)是 Microsoft 公司在关系型数据库管理系统 SQL Server 2005 中的 SQL-3 标准的实现，是微软对标准 SQL(结构化查询语言)的扩展，具有 SQL 的主要特点，同时增加了变量、运算符、函数、流程控制等语言元素，使得其功能更加强大。T-SQL 对 SQL Server 2005 十分重要，SQL Server 2005 中使用图形界面能够完成的所有功能，都可以利用 T-SQL 来实现。对用户来说，T-SQL 是可以与 SQL Server 2005 数据库管理系统进行交互的唯一语言。

强化训练

1．利用 Management Studio 管理器，在 E:\site\db 目录下创建“销售管理”数据库，主数据库文件初始大小为 4MB，增量为 2MB，日志文件初始大小为 1MB，增量为 2%。

2．利用 T-SQL 语句创建“销售管理”数据库，要求同上。

3.2　任务二：维护“博客数据库”

【任务目标】

- 熟练掌握修改数据库的方法
- 理解分离与附加、导入与导出、备份与恢复数据库的作用
- 熟练掌握删除数据库的方法
- 能够熟练进行分离与附加数据库的操作
- 能够熟练进行导入与导出数据库的操作

3.2.1　修改数据库

修改数据库主要是针对数据库在需求有变化时进行的操作，最常用的是对数据库名称、大小和属性 3 个方面进行修改。

1．修改数据库名称

方法一：使用 ALTER DATABASE 语句修改。

命令格式：ALTER DATABASE <旧数据库名称> Modify Name=<新数据库名称>

【操作演示】将博客数据库“BlogDb”改名为“DbOfBlog”：

```
ALTER  DATABASE  BlogDb  Modify  Name=DbOfBlog
```

说明：此格式为最简单的 ALTER DATABASE 语句格式，其他格式在这里不详细列出。

方法二：在【对象资源管理器】窗格中修改。

(1) 右击【对象资源管理器】窗格中的数据库名称节点，如“BlogDb”。

(2) 选择【重命名】命令后输入新的名称，完成改名操作。

拓展知识

一般情况下，不建议用户在创建好数据库后再对库名进行修改。因为有许多应用程序可能已经使用了该数据库名称，在更改了数据库名称后，还需要修改相应的应用程序。

2．添加辅助数据库文件

一个数据库仅可以包含一个主数据文件，但可以有多个辅助数据文件，因此可以通过添加辅助文件来满足新的数据库容量。

【操作演示】在“BlogDb”数据库中添加文件，步骤如下。

(1) 右击“BlogDb”数据库，选择【属性】命令，打开对话框的【文件】页。

(2) 单击右下角的【添加】按钮，依次设置【逻辑名称】、【文件类型】、【初始大小】等选项。

(3) 单击【确定】按钮完成添加操作。

对数据库的修改，也可以在数据库属性页面中进行设置。如要修改 BlogDb 数据库，则右击数据库名称，选择【属性】命令，弹出如图 3.3 所示的窗口，可选择不同的选项页修改属性。

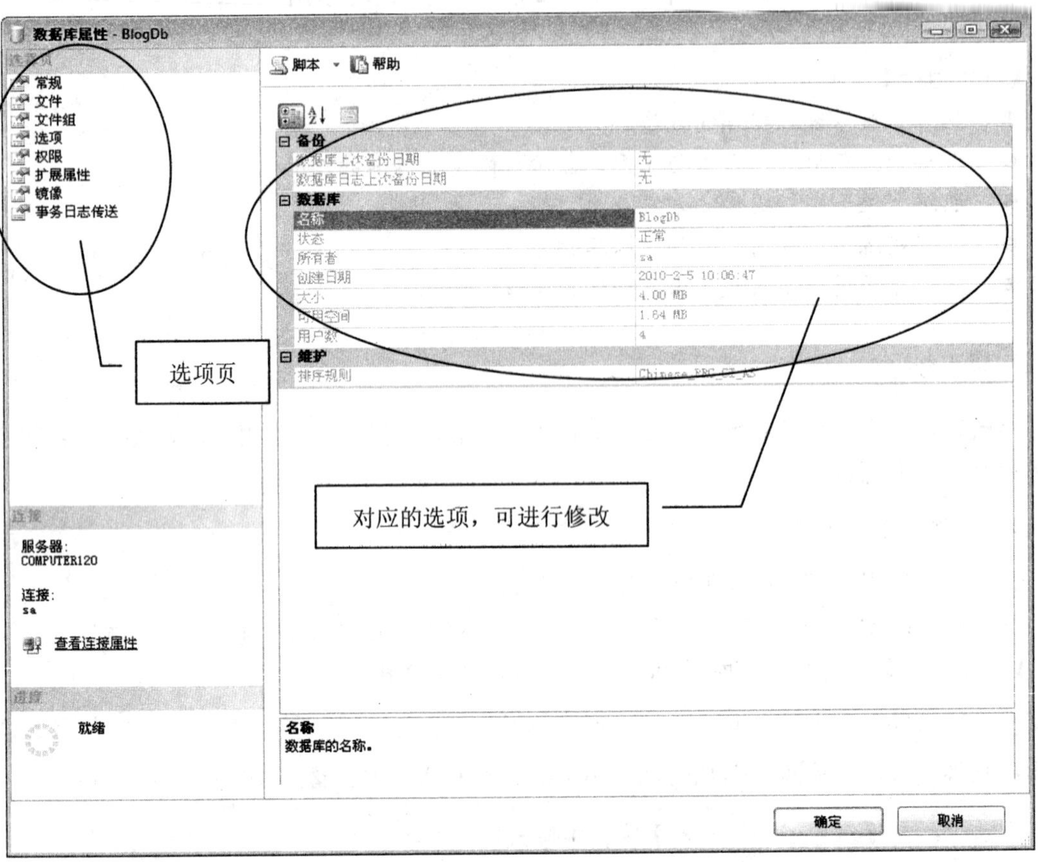

图 3.3　数据库属性设置

3.2.2　删除数据库

当数据库不再需要时，可以将其删除，但用户只能根据自己的权限删除用户数据库，不能删除系统数据库，也不能删除正在使用的数据库。

【操作演示】删除博客数据库 BlogDb，步骤如下。

(1) 右击“BlogDb”数据库，选择【删除】命令，打开如图 3.4 所示的窗口。

(3) 选择需要删除的数据库，并选中【关闭现有连接】复选框，单击【确定】按钮，则数据库被永久删除。

注意： 删除数据库操作将删除数据库包含的所有对象，而且是不能恢复的。

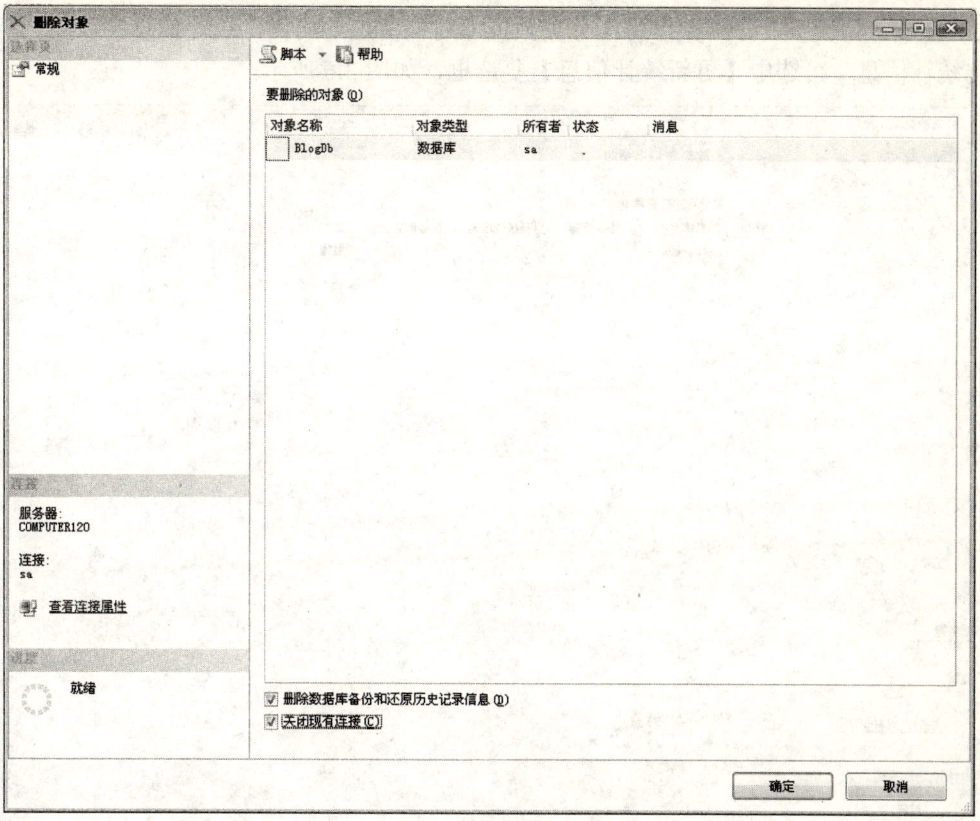

图 3.4　删除数据库

3.2.3　分离、附加数据库

1. 分离数据库

分离数据库是指将数据库从 SQL Server 2005 实例上删除，但该数据库的数据文件和事务日志文件仍然保持不变，这时可将数据库附加到其他任何 SQL Server 2005 实例上。

【操作演示】分离博客数据库 BlogDb，步骤如下。

(1) 在【对象资源管理器】窗格中展开【数据库】节点，右击数据库名称 BlogDb，选择【任务】|【分离】命令，如图 3.5 所示，打开【分离数据库】窗口。

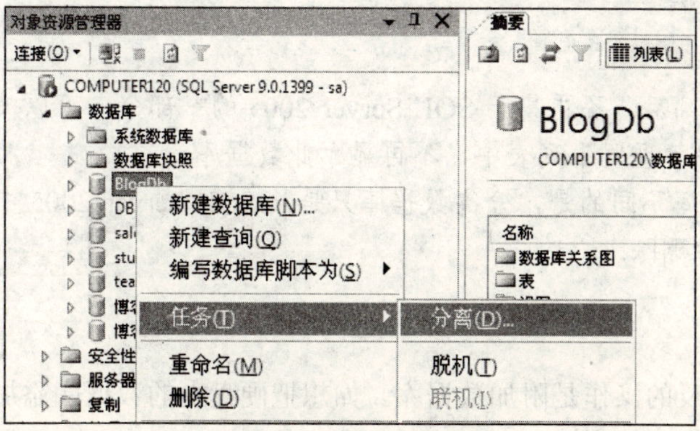

图 3.5　选择分离命令

(2) 在默认情况下，分离操作将在分离数据库时保留过期的优化统计信息；若要更新现有的优化统计信息，可选中【更新统计信息】复选框，如图 3.6 所示。

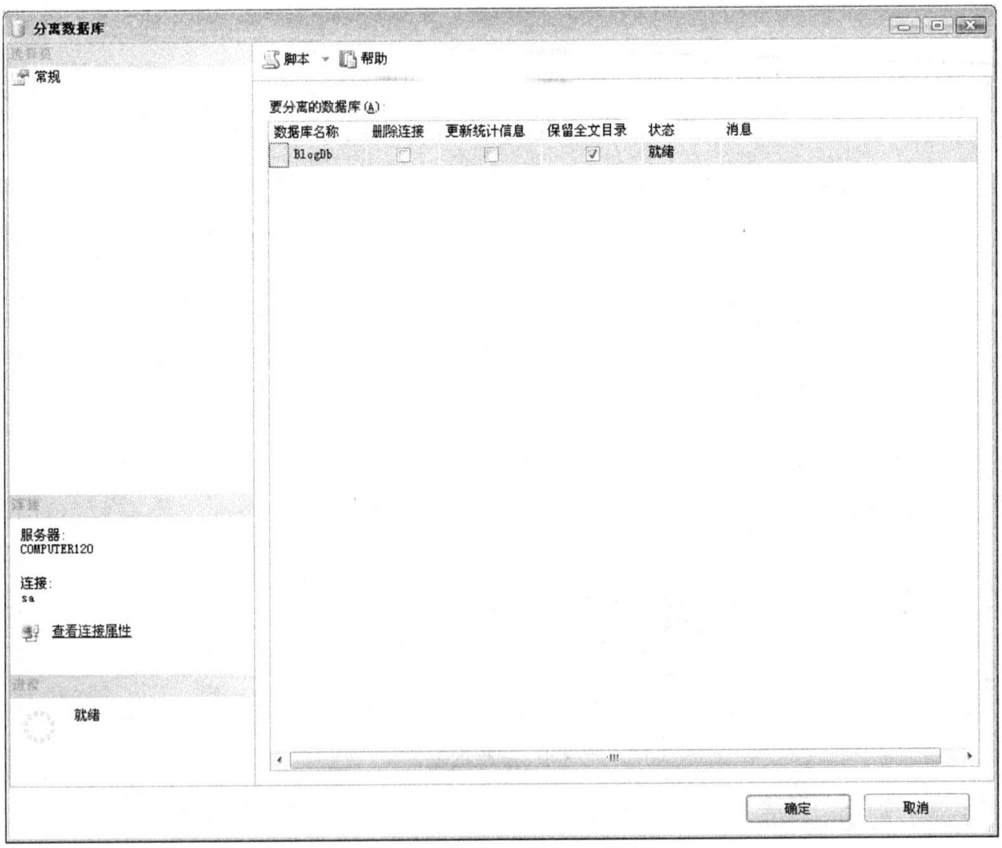

图 3.6 分离数据库

(3) 选中【删除连接】复选框删除所有用户连接。

(4) 如选中【保留全文目录】复选框，可能确保数据库被分离时，不会丢失以前的全文索引信息。

(5) 单击【确定】按钮。

拓展知识

(1) 数据库被分离后，不再属于 SQL Server 2005 的一部分，可以被移动，甚至可以被删除。在【对象资源管理器】列表中，不再显示此数据库。

(2) 与删除数据库不同的是，分离数据库只是从 SQL Server 2005 中移除，并没有从物理磁盘上将数据文件删除。

2. 附加数据库

与分离数据库相反的操作是附加数据库。如想把硬盘上的数据库添加到 SQL Server 2005 实例中，可用附加数据库的方法。

【操作演示】将刚才分离后的博客数据库 BlogDb 重新附后加到 SQL Server 2005 实例中，步骤如下。

(1) 右击【数据库】节点，从弹出的快捷菜单中选择【附加】命令，如图 3.7 所示。

图 3.7　选择【附加】命令

(2) 在打开的【附加数据库】窗口中单击【添加】按钮，在【定位数据库文件】窗口中，选择 BlogDb 数据库所在的路径，并单击数据库主数据库文件“BlogDb.mdf”，单击【确定】按钮返回原窗口，如图 3.8 所示。

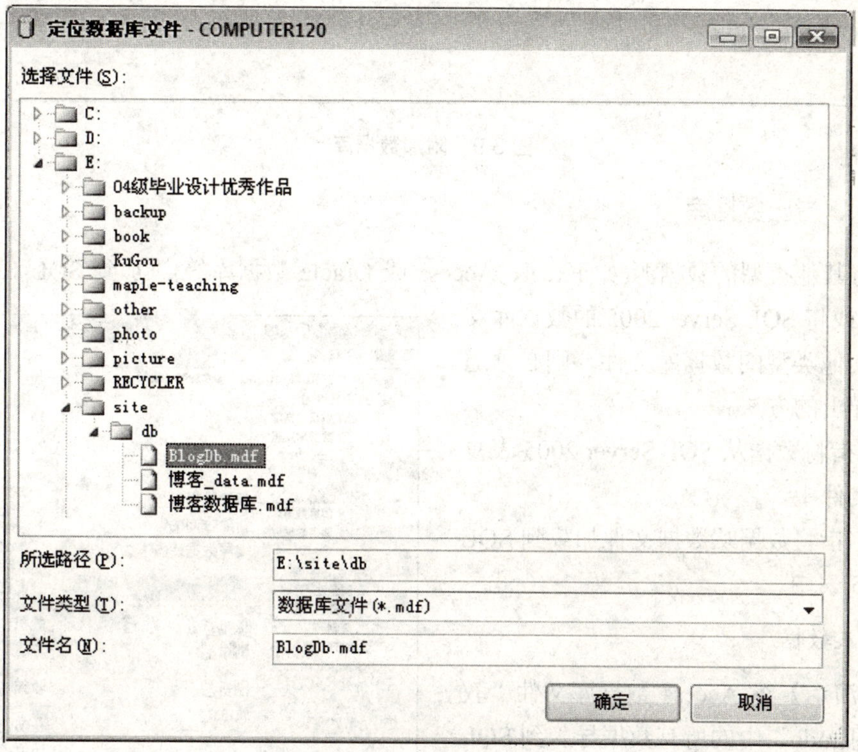

图 3.8　选择数据库文件

(3) 在【附加数据库】窗口中，显示所选数据库的细节文件，单击【确定】按钮执行附加数据库操作，如图 3.9 所示。

至此，在【对象资源管理器】列表中，可以看到被附加的博客数据库 BlogDb。

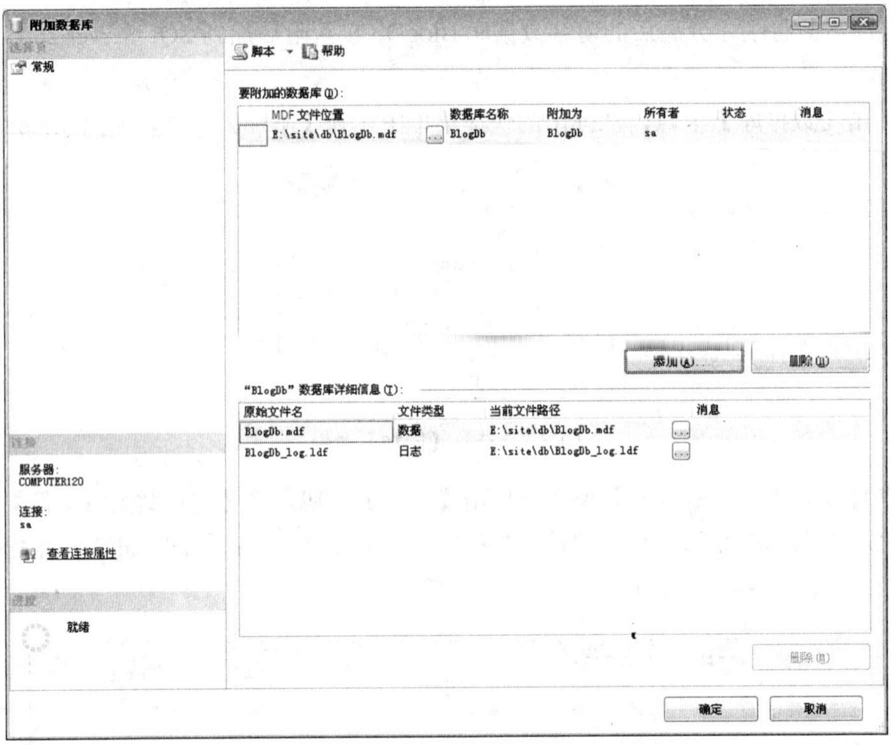

图 3.9　附加数据库

3.2.4　导入、导出数据库

如要将其他类型的数据源(如 Excel、Access 或 Oracle 数据库等)添加到 SQL Server 2005 的实例中，或将 SQL Server 2005 的数据库文件转换为其他类型的数据库文件，则必须通过导入和导出的方法。

导出：指将数据从 SQL Server 2005 表复制到数据文件中。

导入：指将数据从数据文件加载到 SQL Server 2005 表中。

1. 导入数据库

【操作演示】将 Access 数据库文件“教师教学信息.mdb”中的所有数据导入到 SQL Server 2005 中。

(1) 右击【对象资源管理器】中的空白区域，在弹出的快捷菜单中选择【任务】|【导入数据】命令，如图 3.10 所示。

(2) 在弹出的【SQL Server 导入和导出向导】窗口中，单击【下一步】按钮。

图 3.10　选择【导入数据】命令

(3) 在弹出的界面中选择数据源。【数据源】项选择“Microsoft Access”，【文件名】项选择 Access 数据文件所在的路径，如图 3.11 所示。单击【下一步】按钮。

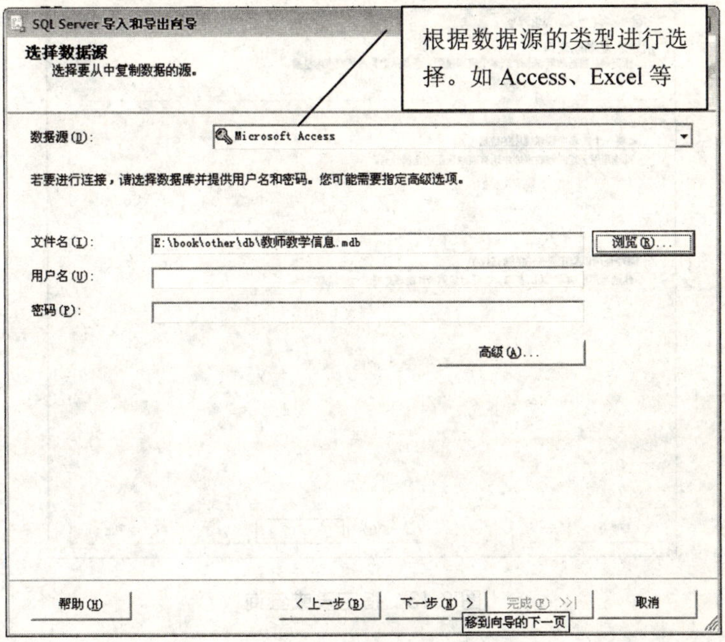

图 3.11 选择数据源

(4) 在弹出的界面中选择目标。目标为“SQL Native Client”，选择适当的服务器名称、身份验证方式。单击【新建】按钮，创建新数据库，命名为“teacher”，然后单击【下一步】按钮，如图 3.12 所示。

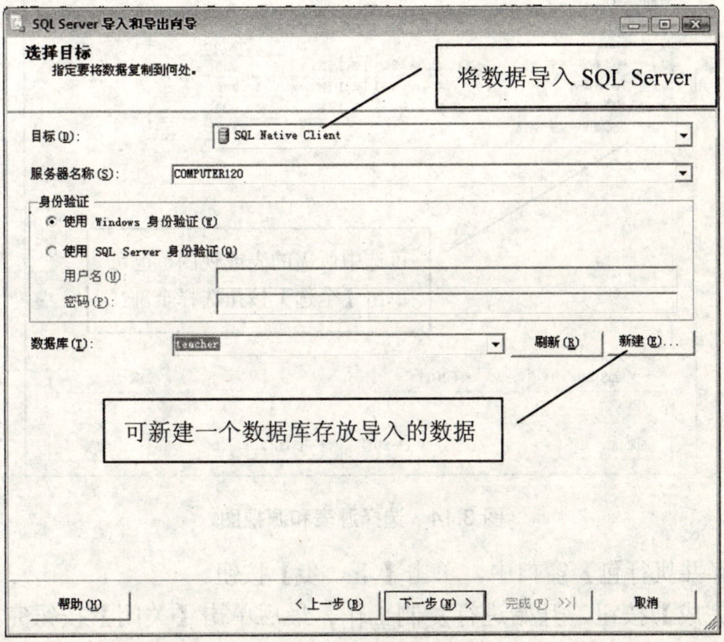

图 3.12 选择目标

(5) 在弹出的窗口中选中【复制一个或多个表或视图的数据】单选按钮，单击【下一步】按钮，如图 3.13 所示。

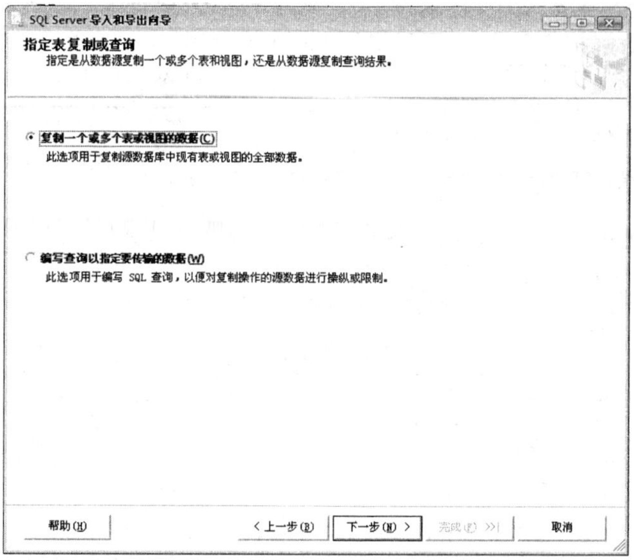

图 3.13　指定表或查询

(6) 在【选择源表和源视图】窗口中，选中要复制的表或视图，单击【下一步】按钮，如图 3.14 所示。

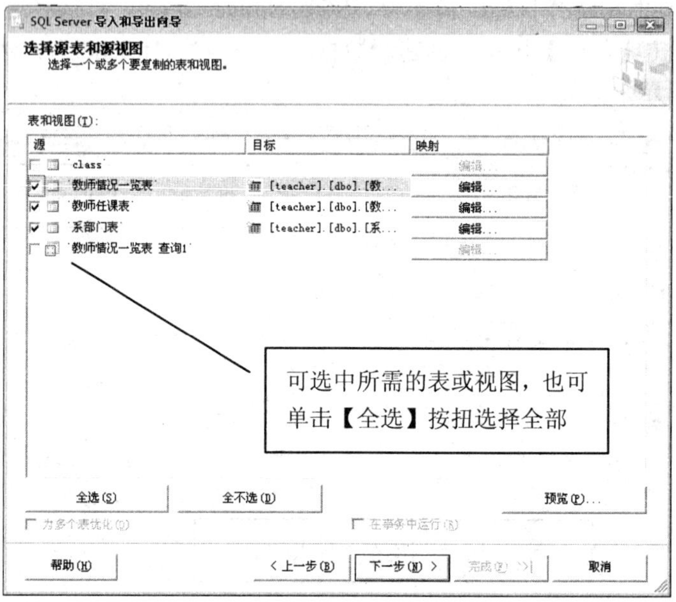

图 3.14　选择源表和源视图

(7) 在【保存并执行包】窗口中，单击【下一步】按钮。

(8) 单击【完成】按钮，开始进行复制工作。最后单击【关闭】按钮完成导入工作，如图 3.15 所示。

(9) 导入完成后，打开 teacher 数据库，可看到 3 个数据表已导入到此数据库中。

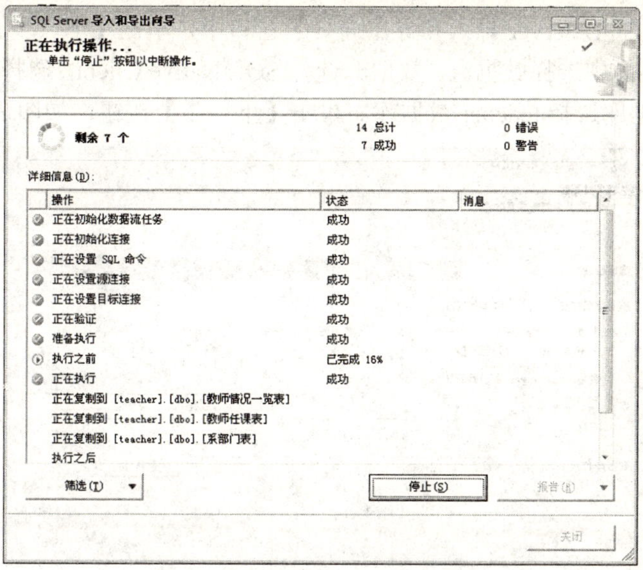

图 3.15　执行操作

2. 导出数据库

在 SQL Server 2005 中，可以将数据库中的某些或全部的表或视图导出到不同类型的数据文件，如导出到 Access 数据文件、Excel 文件或文本文件等。

【操作演示】将教师教学信息库 teacher 的所有数据导出到 Excel 文件“teacher.xls”中。

(1) 在 E 盘上创建新 Excel 文件，命名为“teacher.xls”，用于存放导出数据。

(2) 在【对象资源管理器】中右击数据库 teacher，在弹出的菜单上选择【任务】|【导出数据】命令，如图 3.16 所示。

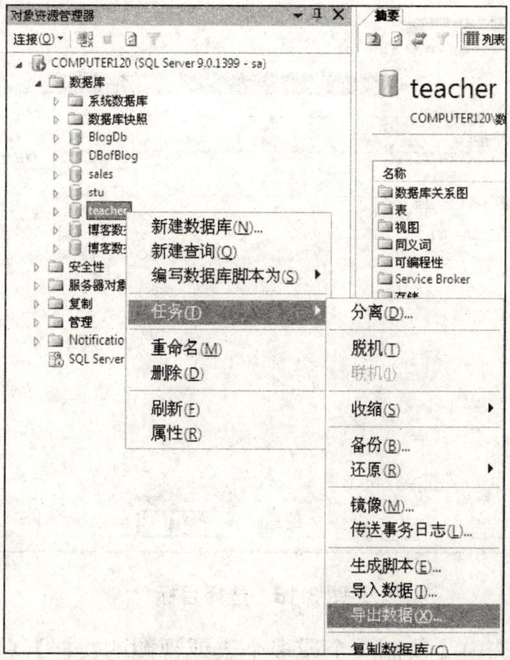

图 3.16　选择导出数据命令

(3) 在弹出的【SQL Server 导入和导出向导】窗口中，单击【下一步】按钮。

(4) 在弹出的界面中选择数据源。数据源选择 SQL Native Client，选择适当的服务器名称、身份验证方式，数据库选择 teacher 数据库。单击【下一步】按钮，如图 3.17 所示。

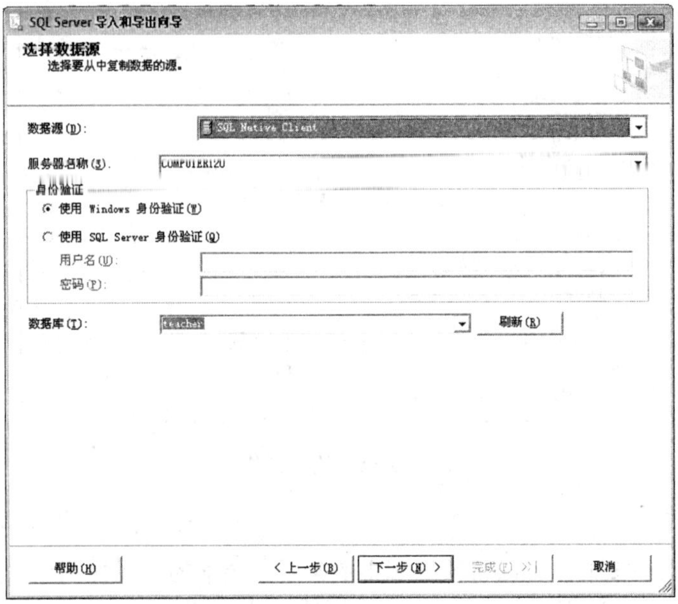

图 3.17　选择数据源

(5) 在弹出的界面中选择目标。目标选择 Microsoft Excel，并在文件路径一项中选择要导出的文件名 teacher.xls，选择正确的 Excel 版本。单击【下一步】按钮，如图 3.18 所示。

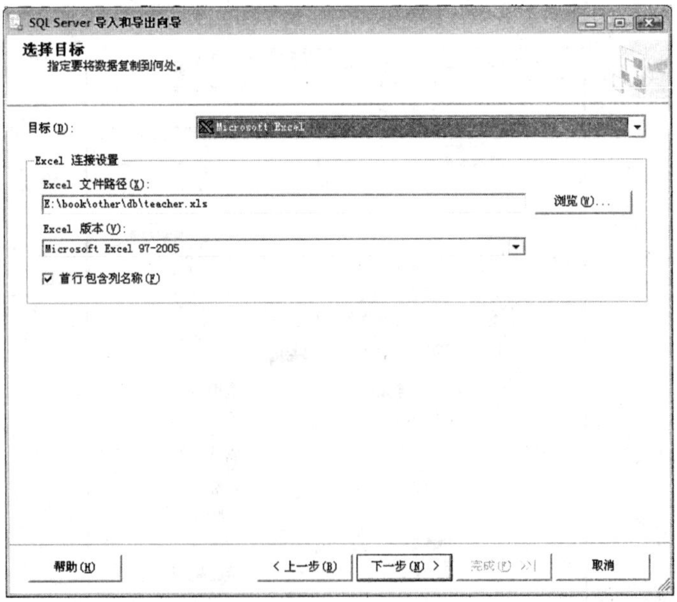

图 3.18　选择目标

(6) 在弹出的窗口中选中【复制一个或多个表或视图的数据】单选按钮，单击【下一步】按钮，如图 3.19 所示。

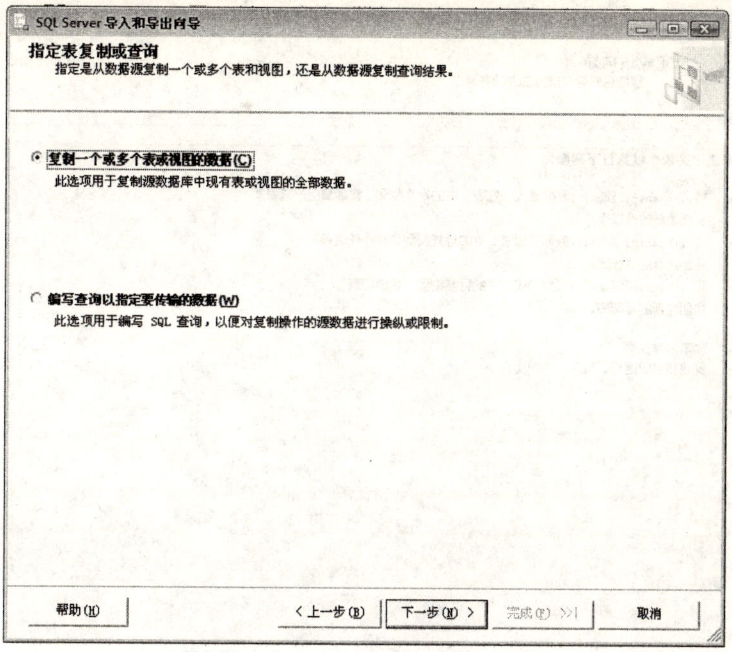

图 3.19 指定表或查询

(7) 在【选择源表和源视图】窗口中，选择要复制的 3 个数据表。单击【下一步】按钮，如图 3.20 所示。

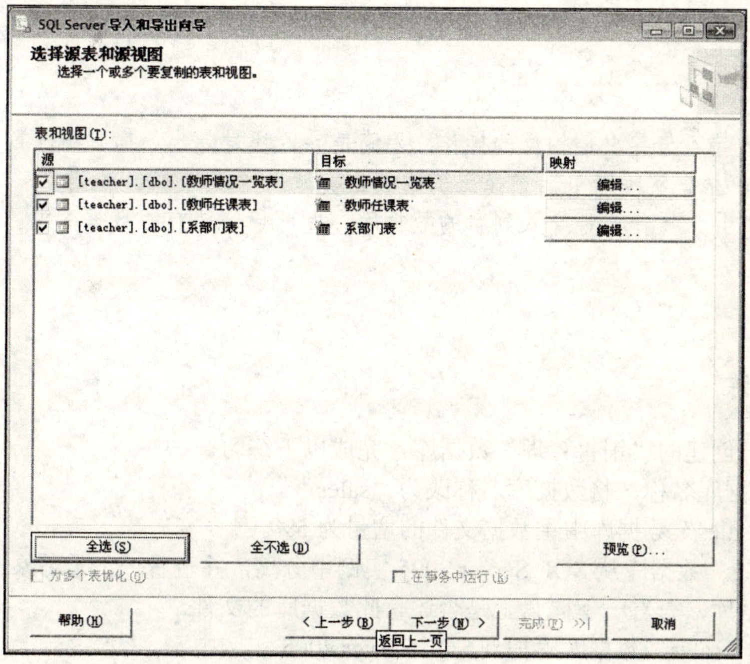

图 3.20 选择源表或源视图

(8) 在【保存并执行包】窗口中，单击【下一步】按钮。

(9) 单击【完成】按钮，开始进行复制工作。最后单击【关闭】按钮完成导出工作，如图 3.21 所示。

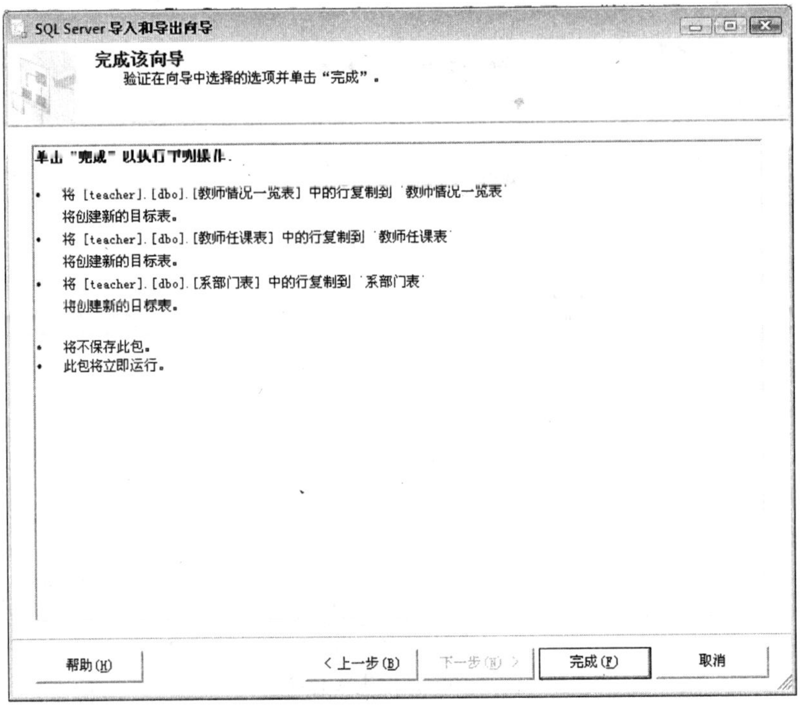

图 3.21 执行操作

(10) 双击“E:\teacher.xls”文件，可看到导出的 3 个数据表。

拓展知识

(1) 数据的导入与导出是相反的操作。无论是导入还是导出，都要明确数据源与数据目标的数据类型，根据实际需求，选择正确的数据类型。

(2) 数据的导入操作，可导入到新的数据库，也可导入已有的数据库中。反之，导出操作也是如此。

强化训练

根据任务一创建的“销售管理”数据库，完成以下练习。

1. 修改数据库名称，将数据库名称改为“sales”。

2. 修改“sales”数据库中主数据文件的增量为 5%。

3. 将“sales”数据库从 SQL Server 2005 实例中分离，并查看一下【对象资源管理】中是否还显示此数据库，查看一下磁盘上是否还有此数据库的文件。

4. 重新将“sales”数据库附加到 SQL Server 2005 实例中。

5. 把“sales”数据库导出为“sale.mdb”文件和“salse.xls”文件。

6. 在 SQL Server 2005 中创建新数据库，名为“mysales”，把“sale.mdb”的所有数据导入到此数据库中。

7. 删除 mysales 数据库。

3.3　任务三：管理数据表

【任务目标】

- 掌握在数据库中创建表及建立表之间联系的方法
- 掌握设置表属性的方法

通过任务一的学习，已掌握了创建数据库的方法，并创建了“博客数据库”。此时所创建的数据库是一个空库，里面没有任何用户所需的数据，这就需要在数据库中创建表来存放用户的数据。

表是存储数据的地方，是数据库中最重要的部分。在关系数据库中每一个关系都体现为一个表。在 SQL Server 2005 系统中，表分为 4 种类型，即普通表、分区表、临时表和系统表。

下面将学习如何创建普通表。在创建表之前，首先考虑要创建的表包含哪些内容。例如，一个表包含多少列、每列应该是什么数据类型、哪些字段为主键、是否使用约束等。

3.3.1　创建与修改表

博客是一种十分简易的个人信息发布方式。游客可以浏览博客上所有公开的文章，并对文章进行评论，而开博用户则可对自己的文章以及评论进行管理。根据以上所述，博客数据库就包含 3 方面的信息：用户信息、文章信息和文章评论信息，所以创建以下 3 个数据表。

Users(用户表)：主要存放用户的相关信息，包括用户名、性别、密码、邮箱、问题等。

Article(文章表)：主要存放用户发表文章的相关信息。

Comment(文章评论表)：主要存放评论文章的相关信息，如图 3.22 所示。

博客数据库 BlogDb

1.Users(用户表)

UserID	UserName	PassWord	Sex	Email	Question	Answer	RegTime
2	jack	aaa	男	jack@163.com	your school	jingjing	2007-02-04 00:00:00
3	kate	kkk	女	kate@163.com	who are you ?	me	2008-04-30 00:00:00
1	Tom	ttt	男	ttt@126.com	how are you?	hello	2007-12-03 00:00:00
5	yang	yyy	男	yang@163.com	F or M ?	F	2006-06-04 00:00:00
4	zhang	ggg	女	zhang@126.com	how old are you?	90	2008-05-03 00:00:00

2.Article(文章表)

ArticleID	UserName	Subject	Content	ShiJian	Pub
1	zhang	广州有哪些美食?	肠粉	2008-11-29 00:00:00	否
2	jack	中国有哪些美丽的风景?	黄山	2009-08-02 00:00:00	是
3	Tom	哪些书值得去读?	论语	2009-12-03 00:00:00	否
4	yang	你喜欢哪些明星?	周杰伦	2009-12-23 00:00:00	否

3.Comment(文章评论表)

ID	ArticleID	UserName	Name	Content	ShiJian
1	1	zhang	ppp	萝卜糕	2010-01-03 00:00:00
2	2	jack	小明	北京	2009-09-06 00:00:00
3	4	yang	张三	刘德华	2009-08-04 00:00:00

图 3.22　博客数据库

根据博客数据库中表的功能，对 3 个表结构及字段属性做如下设置。

(1) Users 表见表 3-4。

表 3-4　Users 表字段设置

字段名	数据类型	长度	说明
UserID	int	4	用户 ID，标识(1)
UserName	varchar	20	用户登录名，主键
PassWord	char	6	用户的密码
Sex	char	2	用户性别
Email	varchar	50	用户邮箱
Question	varchar	50	用户问题
Answer	varchar	50	用户答案
RegTime	smalldatetime	4	注册时间

(2) Article 表见表 3-5。

表 3-5　Article 表字段设置

字段名	数据类型	长度	说明
ArticleID	int	4	文章 ID，主键，标识(1)
UserName	varchar	20	用户登录名
Subject	varchar	50	文章标题
Content	ntext	默认	文章内容
ShiJian	smalldatetime	4	创建时间
Pub	char	2	是否公开

(3) Comment 表见表 3-6。

表 3-6　Comment 表字段设置

字段名	数据类型	长度	说明
ID	int	4	评论 ID，主键，标识(1)
ArticleID	int	4	文章 ID
UserName	varchar	20	开博用户名称
Name	varchar	20	评论人名称
Content	varchar	50	评论内容
ShiJian	smalldatetime	4	评论时间

1. 使用 SQL Server Management Studio 工具创建表

【操作演示】在博客数据库 BlogDb 中创建 3 个表，分别为：Users、Article 和 Comment，步骤如下。

(1) 在【对象资源管理器】窗格中，展开【数据库】| BlogDb |【表】节点。

(2) 右击【表】节点，选择【新建表】命令，打开表设计器窗口。

(3) 在表设计器窗口中，输入 Users 表(见表 3-4)的列名，设置列对应的数据类型及是否允许为空等属性值。设置 UserName 列为主键，如图 3.23 所示。

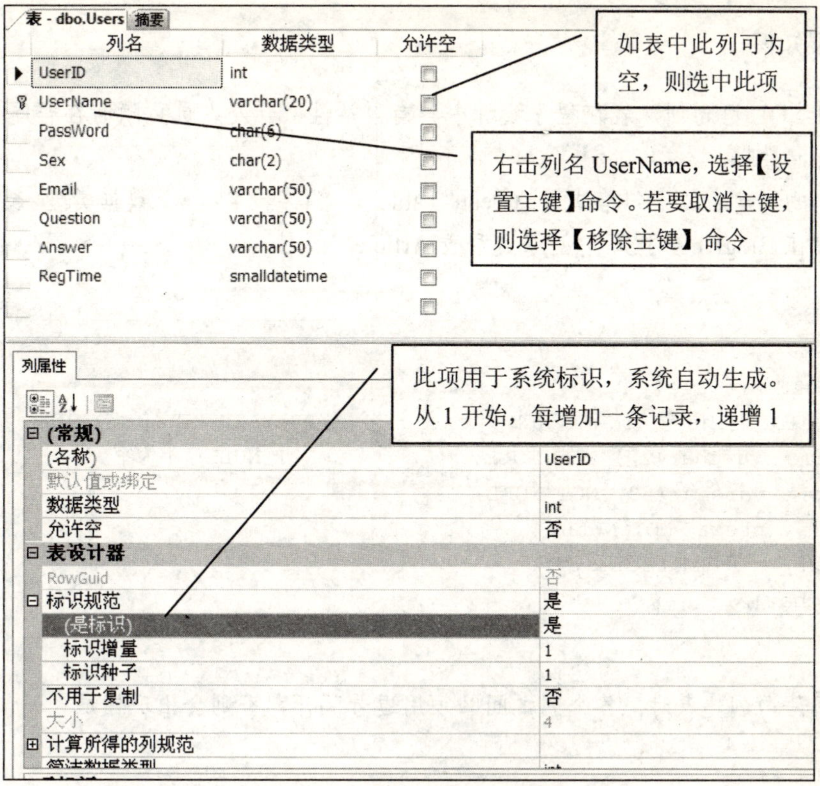

图 3.23　设置 Users 的列

(4) 设计完成后，按 Ctrl+S 组合键保存，在弹出的对话框中输入表名 Users，单击【确定】按钮保存。

(5) 展开【数据库】| BlogDb |【表】节点，可看到创建的 Users 表。

重复以上步骤，依次创建 Article 和 Comment 表，如图 3.24 所示。

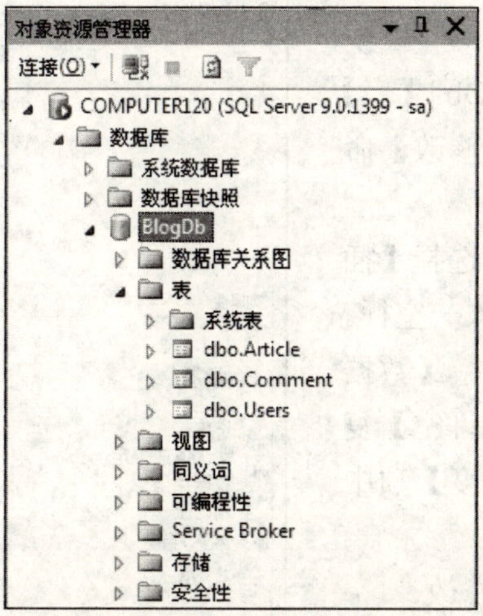

图 3.24　完成 3 个表的创建

拓展知识

使用 T-SQL 语句创建表在程序设计中具有灵活性，开发人员可随时在程序中为数据库创建表来存储数据。

最简单的创建表的语句格式是: Create Table 表名(字段名列表 数据类型 长度 约束…)

例如：在 BlogDb 数据库中创建文章表 Article。

```
USE BlogDb
GO
CREATE TABLE Article(
   ArticleID   int  PRIMARY KEY ,            //PRIMARY KEY : 设置主键
   UserName  varchar(20) NOT NULL,           //NOT NULL: 不为空
   Subject   varchar(50) NOT NULL,
   Content   ntext  NOT NULL,
   ShiJian   smalldatetime,
   Pub   char(2)
)
```

注意：使用语句创建表时，各个列之间必须用逗号隔开，否则会出现错误。

2. 修改表

当数据库中的表完成创建之后，可以根据需要改变表中的许多选项。例如：用户可以增加、删除和修改列，修改表名，创建 CHECK 约束等。

【操作演示】在博客数据库 BlogDb 的 Users 表中添加一列，名为 RealName，用于存放用户的真实姓名。数据类型为：varchar，长度为 8，允许空值。

(1) 展开【数据库】| BlogDb |【表】节点，右击 Users 表，选择【修改】命令，打开表设计器窗口。

(2) 右击列名 PassWord，选择【插入列】命令，在 PassWord 前插入一空行。

(3) 输入列名：RealName，【数据类型】选择 varchar，选中【允许空】复选框。在【列属性】页的【长度】项中输入 8，如图 3.25 所示。

(4) 按 Ctrl+S 组合键保存修改。

图 3.25 设置允许空值

【操作演示】删除博客数据库 BlogDb 中 Users 表的 RealName 列。

(1) 展开【数据库】| BlogDb |【表】节点，右击 Users 表，选择【修改】命令，打开表设计器窗口。

(2) 右击列名 RealName，选择【删除列】命令，则可删除此列。

拓展知识

(1) 当表中已有数据时，如要删除某一列，要先认真考虑。

(2) 需要修改列的其他属性时，可在表设计器窗口的【列属性】页中进行修改。

3.3.2 认识数据类型

在设计表时，需要知道每列字段的数据类型，每一种数据类型都有自己的定义和特点。SQL Server 2005 系统提供了 28 种数据类型，主要分为精确数字类型、近似数字类型、字符数据类型、日期时间数据类型等。

当为列指定数据类型时，还需要提供长度、大小，如果是数字数据，还要指定数值的小数位等。

1. 精确数字类型

使用数字数据的数据类型被称为数字数据类型。这些数据类型可参加各种数学运算。所有的数值都有精度，根据数值的精度，数字数据类型可分为精确数字类型和近似数字类型。表 3-7 是常用的精确数字类型。

表 3-7　精确数字类型

类别	名称	长度(字节)	说明
整数类型	bigint	8	整数数据类型中存储容量最大的一种，可存储正负数
	int	4	最常用的数据类型，可存储正负数
	smallint	2	可存储正负数
	tinyint	1	存储 0～255 范围内的所有数据
货币数据类型	money	8	数据范围为 $-2^{63}\sim2^{63}-1$，其精度为 19，小数位为 4
	smallmoney	4	数据范围为 $-2^{31}\sim2^{31}-1$，其精度为 10，小数位为 4
位数据类型	bit	1	可存储 1、0 或者 NULL 数据的数据类型。用于逻辑判断，表示真假、是否等二值选择

2. 近似数字类型

在现实计算中，还有一些数据没有精确数值，如 2/3 是一个无限小数，要通过系统定义精确到哪一位，这种类型称为近似数字类型。

1) decimal 和 numeric 类型

两种数据类型都是带固定精度和位数的数据类型，decimal 和 numeric 两种数据类型可以说是等价的。使用语法为：decimal(p,s)。

其中，p(取值范围 1～38)表示数字的精度，s(取值范围 0～p 之间的数值)表示数字的小数位数。decimal 数据类型的取值范围为$-10^{38}+1$ 至 $10^{38}-1$。

2) float 和 real 数据类型

这两种是浮点数据类型，其优点是能够存储范围非常大的数字。float 数据类型占用 8 个字节的存储空间，精度为 15 位有效数字。real 数据类型使用 4 个字节，精度为 7 位有效数字。如果要进行科学计算，并且希望存储更大的数值，但对数据的精度要求并不是绝对严格，可考虑用这两种数据类型。

3. 字符数据类型

字符数据类型是用来存储各种字母、数字符号和特殊符号的。主要有 char、varchar、text 这 3 种数据类型。

1) char 类型

每个字符使用一个字节的存储空间。char 类型使用固定长度来存储字符，最长可容纳 8000 个字符。在使用时，必须用双引号或者单引号将字符型常量括起来。

2) varchar 类型

使用方法与 char 类似，最长可容纳 8000 个字符的变长数据字符型数据。不同的地方是，varchar 数据类型存储空间随存储的字符数的不同而变化。

3) text 类型

当要存储的字符型数据非常庞大时，此时应该选择 text 数据类型。text 数据类型专门存储数量庞大的变长字符数据，最大长度可达到 $2^{31}-1$ 个字符。

4. 日期时间数据类型

在 SQL Server 2005 中，包括 datetime 和 smalldatetime 两种日期时间数据类型，区别在于其表示的日期和时间的范围不同，时间精确度不同。

(1) datetime：表示日期从 1753 年 1 月 1 日至 9999 年 12 月 31 日，时间精确度为 3.33ms。

(2) smalldatetime：表示日期从 1900 年 1 月 1 日至 2079 年 12 月 31 日，时间精确度为 1min。

5. 二进制数据类型

二进制数据类型包括 binary、varbinary、image 这 3 种，可用于存储二进制数据。

(1) binary：用于存储固定长度的二进制数据。

(2) varbinary：用于存储可变长度的二进制数据。

(3) image：用于存储图像信息。

6. unicode 字符数据类型

unicode 是一种在计算机上使用的字符编码。它为每种语言中的每个字符设定了统一并且唯一的二进制编码，以满足于跨语言、跨平台进行文本转换。unicode 的实现方式称为 unicode 转换格式(Unicode Translation Format，UTF)。

SQL Server 2005 中的 unicode 字符数据类型包括 nchar、nvarchar、ntext 这 3 种。

7. 其他数据类型

(1) cursor：此数据类型包含一个对游标的引用，用在存储过程中。

(2) timestamp：此数据类型用于创建一个数据库范围内的唯一数码，一个表中只能有一个 timestamp 列。每次插入或修改一行时，timestamp 列的值都会改变。在一个数据库里，timestamp 值是唯一的。

(3) uniqueidentifier：此数据类型用来存储一个全局唯一标识符，即 GUID。GUID 是全球唯一的，是由 SQL Server 在插入或修改记录时创建的。其标识符由来自计算机的网卡、处理器 ID 以及日期时间信息产生。可以使用 NEWID 函数或转换一个字符串为唯一标识符来初始化具有唯一标识符的列。

其他数据类型还有 XML、sql_variant、table 等，这里就不详细叙述了。

3.3.3 设置 CHECK 约束

CHECK 约束又叫检查约束，用于定义列中可接收的数据值，通过限制输入列中的值来强制域的完整性。删除表时将删除相应的约束。

【操作演示】在博客数据库 BlogDb 的 Users 表中，对 Sex 列建立约束，限制 Sex 的值在“男”或“女”范围内。

(1) 展开 BlogDb|【表】| Users，右击【约束】节点，选择【新建约束】命令，如图 3.26 所示。

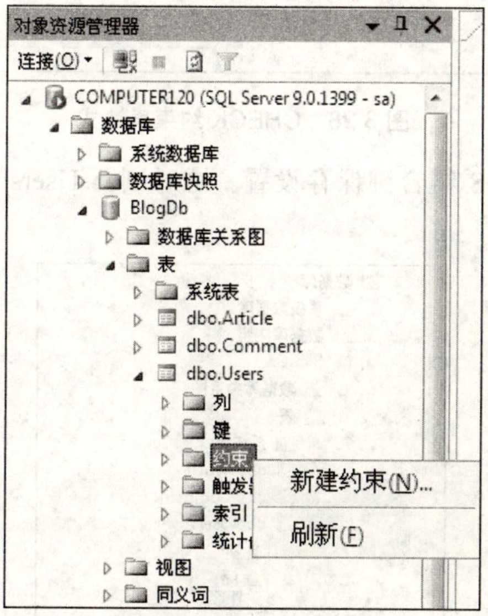

图 3.26　新建约束

(2) 在弹出的 CHECK 约束窗口中，单击【表达式】项右边的 ... 按钮，如图 3.27 所示。

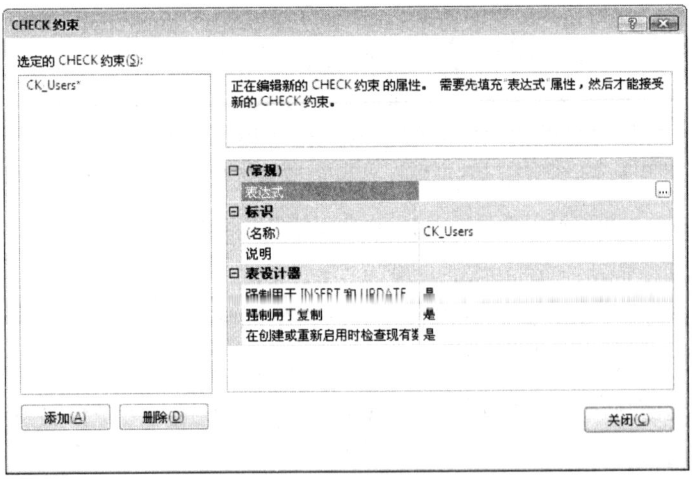

图 3.27　CHECK 约束

(3) 在弹出的如图 3.28 所示的窗口中，输入表达式：Sex='男' or Sex='女'。单击【确定】按钮保存。

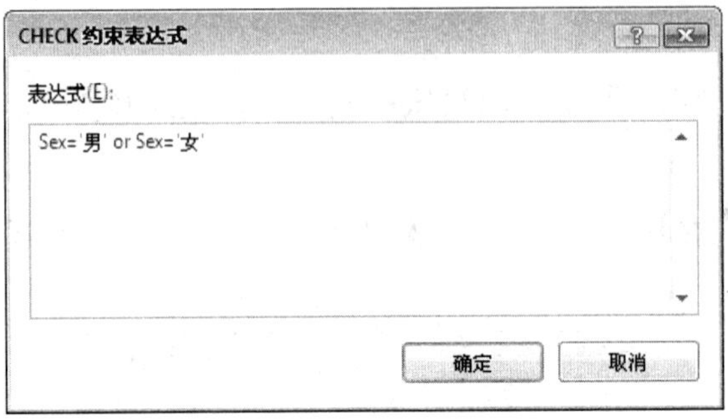

图 3.28　CHECK 约束表达式

(4) 关闭窗口，按 Ctrl+S 组合键保存设置。这时刷新 Users 表，可看到新建的约束，如图 3.29 所示。

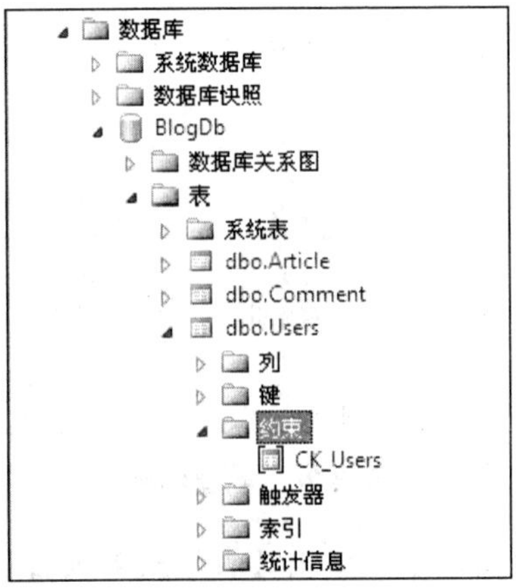

图 3.29　显示约束

3.3.4　定义表关系

创建表之间的关系非常重要。在关系数据库中，关系可以防止冗余数据。关系是通过匹配键列(通常是两个表中同名的列)中的数据来发挥作用的。在通常情况下，关系将一个表的主键与另一个表中的外键匹配。

图 3.30 是 BlogDb 数据库的表关系图。

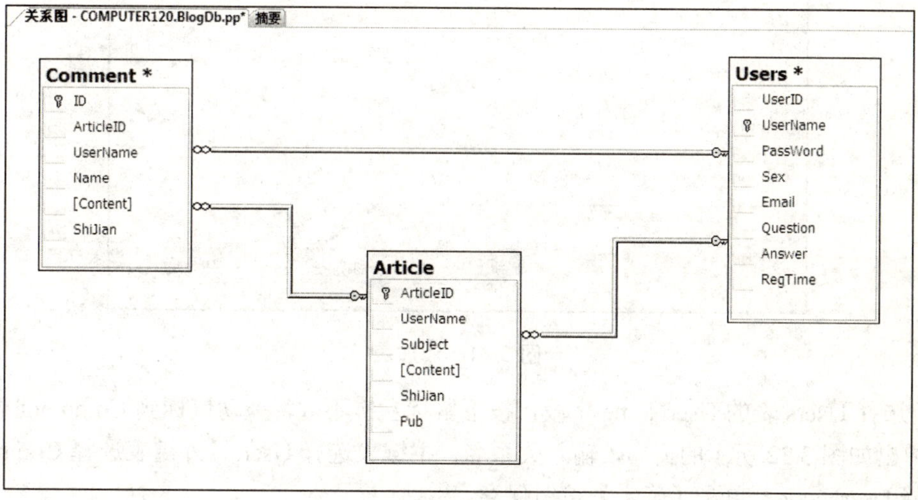

图 3.30　关系图

【操作演示】创建博客数据库 BlogDb 的表间的关系，并向各表输入数据。

在 Users 表中，UserName 是主键，与 Comment 表 和 Article 表中的 UserName 外键相匹配，见表 3-8。

表 3-8　主、外键表

主键表	匹配列	外键表
Users	UserName	Comment
	UserName	Article

在 Article 表中，ArticleID 是主键，与 Comment 表中的 ArticleID 外键相匹配，见表 3-9。

表 3-9　主、外键表

主键表	匹配列	外键表
Article	ArticleID	Comment

根据以上的分析，下面将创建 3 个表间的关系，步骤如下。

(1) 展开【对象资源管理器】|【数据库】| BlogDb 节点，右击【数据关系图】，选择【新建数据关系图】命令。

(2) 在打开的【添加表】窗口中，按下 Ctrl 键，同时单击表名，选择要建立关系的表，如图 3.31 所示。

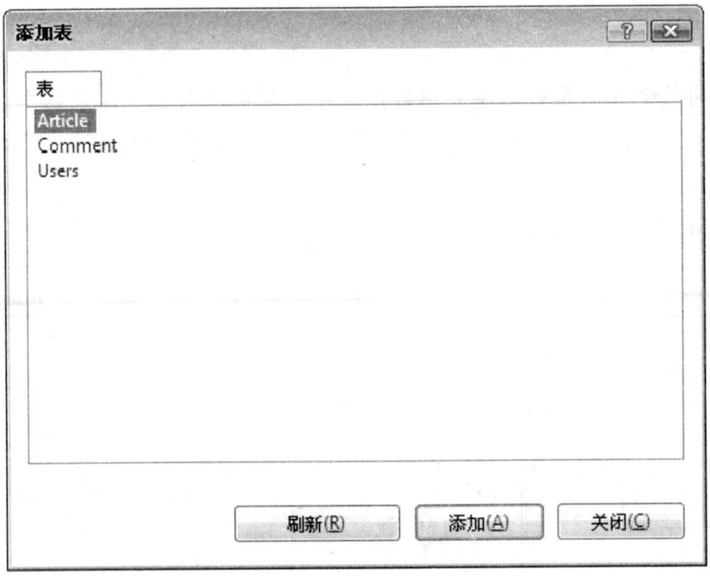

图 3.31　添加表

(3) 选择 Users 表的 UserName 字段，按下鼠标左键不放，拖动鼠标到 Comment 表上方松开，则弹出如图 3.32 所示的窗口，输入关系名，主键表选择 Users，外键表选择 Comment，字段均选择 UserName。单击【确定】按钮保存。

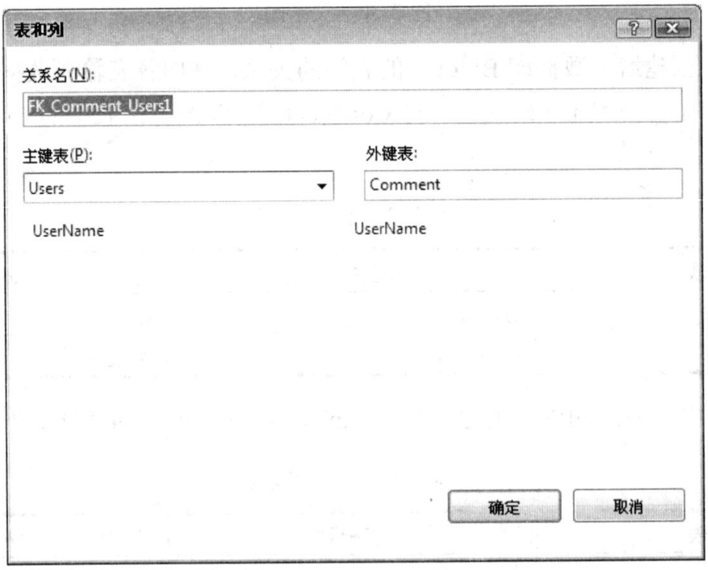

图 3.32　表和列的设置

(4) 在【外键关系】窗口中有关系的详细显示，如图 3.33 所示，单击【确定】按钮保存。

(5) 按同样的方法，创建 Users 表与 Article 表、Article 表与 Comment 表之间的关系，结果如图 3.30 所示。

(6) 按 Ctrl+S 组合键保存此关系，在弹出的窗口中输入关系的名称，单击【确定】按钮保存。至此，3 个表的关系已创建完毕。

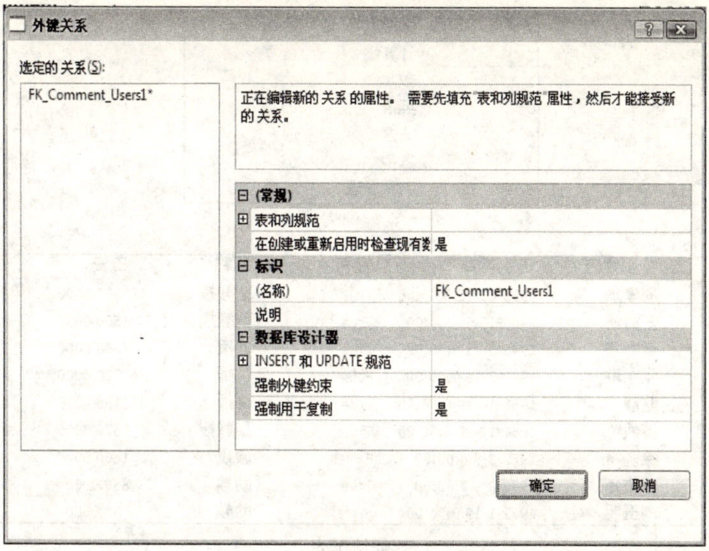

图 3.33　外键设置

(7) 在【对象资源管理器】窗格中单击 BlogDb，按 F5 键刷新。

(8) 展开 BlogDb |【表】节点，右击 Users 表，选择【打开表】命令，即可向表输入数据。按同样方法，可依次向 Article 表、Comment 表输入数据。

拓展知识

(1) 创建表间关系，是根据外键参照主键的完整性规则。所以主键与外键的设置要完全相同，包括列名称、数据类型、长度等。如有其中一项不相同，则无法创建关系。

(2) 创建关系，必须在输入数据之前创建，这样才能更好地对输入的数据进行及时检查与约束。

(3) 向表输入数据时，必须先向主键表输入数据，其次再向外键表输入数据，否则会出现错误。这也是由外键参照主键的完整性规则所决定的。

强化训练

1．创建一个数据库，名为“教师管理数据库”，如图 3.34 所示。

2．在库中创建 3 个表：

(1)“教师情况表”，包括字段：教师 ID(主码，字符型，长度为 4)，教师姓名(字符型)，出生年月(日期型)，性别(逻辑型)，职称(字符型)，工资(数值型)，系 ID(整型)。

(2)“教师任课表”，包括字段：课程 ID(主码，整型)，课程名称(字符型)，系 ID(整型)，教师 ID(字符型)，学分(整型)，学时(整型)，考试类型(字符型)。

(3)“系部门表”，包括字段：系 ID(主码，整型)，系名称(字符型)，系编号(字符型)。

注意：根据字段的数据类型和长度，创建以上 3 个表。

系ID	系名称	系编号
1	计算机	01
2	数学	02
3	英语	03
4	法律	04
5	农学	05
6	工商管理	06

系部门表

教师ID	教师姓名	出生年月	性别	职称	工资	系ID
1	周建华	1955-11-12 0:00:00	True	副教授	1680.0000	1
2	王海涛	1960-10-5 0:00:00	True	副教授	1560.0000	2
3	李力伟	1948-3-11 0:00:00	True	教授	1850.0000	5
4	张永琳	1962-3-18 0:00:00	False	讲师	1200.0000	4
5	赵静	1968-10-24 0:00:00	True	讲师	1150.0000	1
6	苏凯	1961-12-20 0:00:00	True	副教授	1520.0000	2
7	徐晓媛	1952-8-9 0:00:00	False	教授	1600.0000	3
8	陈佑伟	1970-2-8 0:00:00	True	助教	850.0000	3
9	刘玉明	1972-1-19 0:00:00	False	助教	780.0000	1

教师情况表

课程ID	课程名称	系ID	教师ID	学分	学时	考试类型
1	C++语言	1	1	4	70	闭卷
2	面向对象	1	1	5	90	闭卷
3	组成原理	1	1	4	70	闭卷
4	高等数学	2	2	6	120	闭卷
5	现代农业技术	5	3	3	40	开卷
6	经济法	4	4	4	60	开卷
7	数据结构	1	5	5	90	闭卷
8	线性代数	2	6	4	60	闭卷
9	英美文学	3	7	3	40	开卷
10	公共英语	3	8	6	120	闭卷
11	操作系统	1	9	4	60	闭卷
12	汇编语言	1	9	4	70	开卷

教师任课表

图 3.34　教师管理数据库

3．在“教师任课表”中创建约束：学分规定大于 0 分，小于 5 分；学时规定大于 10，小于 250。

4．根据主键与外键的关系，在 3 表之间创建关系。

5．在表中输入内容。

本 章 小 结

本章主要围绕构建与管理数据库来展开讲述。

首先介绍了创建数据库的两种方法：一是在 Management Studio 中创建数据库；二是利用 Create Database 语句创建数据库。

其次，介绍了在创建数据库后如何进行数据库的维护，包括修改、删除、分离与附加、导入与导出数据库等操作。这些都是维护数据库时最常用的操作。

最后，介绍了对数据表的各种操作。在进行表操作前，先要熟练掌握好 SQL Server 2005 常用的数据类型，然后再对表的各列进行操作。注意建立表之间的关系及非空约束、CHECK 约束等。

巩 固 练 习

一、填空题

1．SQL Server 主数据文件、次数据文件和事务日志默认的扩展名分别为__________、__________和__________。

2．CHECK 约束被称为__________约束。

3．在 SQL Server 中，通常使用__________数据类型来表示逻辑数据。

4．SQL Server 中的整数类型包括__________、__________、__________和__________ 4 种。

5．SQL Server 中的数据类型主要包括__________、__________、__________、二进制、unicode 和日期时间等类型。

二、选择题

1．关于 SQL Server 2005 文件组的叙述正确的是(　　)。

A．一个数据库文件不能存在于两个或两个以上的文件组里

B．日志文件可以属于某个文件组

C．文件组可以包含不同数据库的数据文件

D．一个文件组只能放在同一个存储设备中

2．SQL Server 的物理存储主要包括 3 类文件：(　　)。

A．主数据文件、次数据文件、事务日志文件

B．主数据文件、次数据文件、文本文件

C．表文件、索引文件、存储过程

D．表文件、索引文件、图表文件

3．当数据库损坏时，数据库管理员可通过何种方式恢复数据库(　　)。

A．事务日志文件　　B．主数据文件

C．DELETE 语句　　D．联机帮助文件

4．如果要在 SQL Server 中存储图形图像、Word 文档文件，不可采用的数据类型是(　　)。

A．binary　　B．varbinary

C．image　　D．text

三、简答题

1．简述 SQL Server 2005 中各个系统数据库的用途。

2．创建表的实质就是定义表结构以及约束等属性，简述列属性的各项设置。

第 4 章 数据查询与更新

情景：

“师傅，快帮帮我呀！”小张在网上拼命地 Q 小段。

“什么事这么着急？博客数据库你创建好了吗？数据录入完成了吗？”小段问。

“数据库早就创建好啦，还建了表，数据也录入完成了。可是我今天才发现，在 Users 表中，所有“Tom”的用户名，我都输入为“tom”了，我想修改一下，可记录太多，一条条地修改，实在太慢了！”

“使用 SQL 语句就可满足你的要求了。你在查询窗口中输入命令：UPDATE Users SET UserName='Tom' WHERE UserName='tom'，试试看？”

“命令输完了，但是记录修改了吗？我怎么查呀？”

“再输入命令：SELECT * FROM Users，就可以看到表的内容了。”

“哦，我看到了，记录都修改好了，真是太方便了！”

“刚才教你的是 SQL 语句中的更新语句与查询语句。SQL 语句是数据库管理系统里的重要组成部分，它可以完成对数据的查询、更新、删除等操作。”

“哇，实在太强了！师傅，你快点教我吧！”小张迫不及待地说。

“好，那我们先从认识 SQL 语言开始。”

4.1 任务一：认识 SQL 语言

【任务目标】

- 了解什么是 Transact-SQL 语言
- 熟练掌握 Transact-SQL 的语法
- 熟练运用常用的各种函数

4.1.1 Transact-SQL 的认识

SQL 是 Structure Query Language(结构化语言)的缩写，是一种用于数据库查询和编程的语言，已经成为关系型数据库普遍使用的标准，使用这种标准的数据库语言给程序设计和数据库维护都带来了极大的方便，它广泛应用于各种数据查询中。

SQL 语言包含 4 个部分。

(1) 数据查询语言(Data Query Language，DQL)。

(2) 数据操纵语言(Data Manipulation Language，DML)。

(3) 数据定义语言(Data Definition Language，DDL)。

(4) 数据控制语言(Data Control Language，DCL)。

Transact-SQL(简称 T-SQL)语言是 Microsoft 公司对此标准的一个实现，它同时与多种 ANSI SQL 标准兼容，且还进行了许多扩展。T-SQL 语言已成为 SQL Server 2005 的核心，通过它可以完成数据库中的所有操作。

4.1.2 T-SQL 语法约定

1. 常量

常量，也称为文字值或标量值，是指程序运行中值不变的量。表 4-1 列出了 SQL Server 2005 中可用的常量类型及表示说明。

表 4-1 常量类型表

常量类型	表示说明	举例
字符串常量	使用单引号括起来的字符或字符串	'how are you?'
二进制常量	具有前缀 0x，且是十六进制数字字符串	0x12AE
整型常量	使用不带小数点的十进制数据	1235, -340
日期常量	使用单引号括起来的日期时间字符串	'2009-12-02', '18:34:19'
实型常量	有定点表示和浮点表示两种	1893.34, 3.0, -12e5
货币常量	以$作为前缀的整型或实型常量数据	$12, $567

拓展知识

Uniqueidentifier 常量是用于表示全局唯一标识符(GUID)值的字符串。它是 16 字节的二进制数据类型，是 SQL Server 2005 根据计算机网络适配器地址和 CPU 时钟产生的唯一号码、全局唯一标识符，可以通过调用 NEWID 函数获得。

2. 变量

变量用于临时存放数据。变量名必须是一个合法的标识符。SQL Server 有两种类型的变量。

(1) 全局变量：由系统提供，在名称前加两个“@”符号区别于局部变量。

(2) 局部变量：用于保存单个数据值，在名称前加一个“@”符号的为局部变量。局部变量是作用域局限在一定范围内的 T-SQL 对象。

3. 变量的使用

(1) 用 DECLARE 语句声明变量，格式为：

```
DECLARE  {@局部变量名,数据类型} [,...n]
```

【操作演示】声明两个变量@var1，@var2，其数据类型分别为 char(8)和 int。

```
DECLARE  @var1 char(8) ,@var2 int
```

(2) SET 语句赋值：SET 语句将 DECLARE 语句创建的局部变量设置为表达式的值，格式为：

```
SET  @局部变量名=表达式
```

【操作演示】给两个变量@var1 和@var2 赋值后输出。

```
DECLARE  @var1 char(8) ,@var2 int
SET @var1='welcome'
SET @var2=100
SELECT  @var1, @var2
```

4. 注释语句

与其他程序设计语言一样，SQL Server 也有注释语句，行注释语句使用“--”，块注释语句使用“/*　*/”。

拓展知识

在 SQL Server 2005 的 T-SQL 语言中，流程控制语句就是指用来控制程序执行流程的语句，又称为流控制语句。主要包括：条件判断、SELECT CASE 控制、循环控制、跳转控制等。

1) IF … ELSE

IF…ELSE 语句是条件判断语句，其中，ELSE 子句是可选的，最简单的 IF 语句没有 ELSE 子句部分。

IF…ELSE 语句用来判断当某一条件成立时执行某段程序，条件不成立时执行另一段程序。

2）BEGIN…END

BEGIN…END 语句能够将多个 T-SQL 语句组合成一个语句块，并将它们视为一个单元处理。

在条件语句和循环等控制流程语句中，当符合特定条件便要执行两个或者多个语句时，就需要使用 BEGIN…END 语句。

其语法形式为：

```
BEGIN
  { sql_statement | statement_block }
END
```

3) CASE 函数

CASE 函数可以计算多个条件式，并将其中一个符合条件的结果表达式返回。

CASE 函数按照使用形式的不同，可以分为简单 CASE 函数和搜索 CASE 函数。

4) WHILE…CONTINUE…BREAK 语句

CONTINUE 语句可以使程序跳过 CONTINUE 语句后面的语句，回到 WHILE 循环的第一行命令。

BREAK 语句则使程序完全跳出循环，结束 WHILE 语句的执行。

5) GOTO 语句

GOTO 语句可以使程序直接跳到指定的标有标识符的位置处继续执行，而位于 GOTO 语句和标识符之间的程序将不会被执行。

GOTO 语句和标识符可以用在语句块、批处理和存储过程中，标识符可以为数字与字符的组合，但必须以“:”结尾。

6) WAITFOR 语句

WAITFOR 语句用于暂时停止执行 SQL 语句、语句块或者存储过程等，直到所设定的时间已过或者所设定的时间已到才继续执行。

WAITFOR 语句的语法形式为:

```
WAITFOR { DELAY 'time' | TIME 'time' }
```

其中，DELAY 用于指定时间间隔，TIME 用于指定某一时刻，其数据类型为 datetime，格式为“hh:mm:ss”。

```
WAITFOR TIME  '12:52'
```

7) RETURN 语句

RETURN 语句用于无条件地终止一个查询、存储过程或者批处理，此时位于 RETURN 语句之后的程序将不会被执行。

RETURN 语句的语法形式为:

```
RETURN [ integer_expression ]
```

其中，参数 integer_expression 为返回的整型值。存储过程可以给调用过程或应用程序返回整型值。

4.1.3　常用函数

SQL Server 2005 为 T-SQL 语言提供了大量的系统函数，使用户对数据库进行查询和修改时更加方便。常用的函数主要有：数学、字符串、日期时间和聚合函数等。

1. 数学函数

数学函数可对 SQL Server 提供数学运算并返回运算结果。常用的数学函数见表 4-2。

表 4-2　常用的数学函数

函数名	说明
abs	返回给定数字表达式的绝对值
ceiling	返回大于或等于指定数值表达式的最小整数
floor	返回小于或等于指定数值表达式的最大整数
power	幂函数，返回指定表达式的指定幂的值

续表

函数名	说明
round	圆整函数，舍入到指定的长度或精度
rand	返回 0 到 1 之间的随机 float 值
sign	返回给定表达式的正(+1)、零(0)或负(-1)号
pi	返回 pi 的常量值
sqrt	返回给定表达式的平方根

【操作演示】

```
SELECT abs(10), abs(-10)
结果：10    10
SELECT rand(),sqrt(9)
结果：0.374631290756254    3
SELECT power(2,3),round(234.2636,2)
结果：8    234.2600
SELECT floor(45.266),ceiling(45.266)
结果：45   46
```

2. 字符串函数

字符串函数用于对字符串进行处理。常用的字符串函数见表 4-3。

表 4-3　常用的字符串函数

函数名	说明
len	返回指定字符串表达式的字符个数(不是字节)
substring	子串函数，返回表达式中指定的部分数据
upper	大写函数
lower	小写函数
char	ASCII 代码转换函数，返回指定 ASCII 代码的字符
ascii	ASCII 函数，返回字符表达式中最左侧的字符的 ASCII 代码值
str	将数字数据转换成字符数据
left	返回从字符串左边开始指定个数的字符
right	返回从字符串右边开始指定个数的字符

【操作演示】

```
SELECT len('abcdef') AS '个数', substring('welcome',2,3)
结果：6  elc
SELECT lower('DKF') ,upper('abc')
结果：dkf   ABC
SELECT char(65),ascii('A')
结果：A     65
SELECT str(89.457,6,2)
结果：89.46
SELECT left('abcefg',4),right('abcdefg',4)
结果：abce   defg
```

3. 日期时间函数

常用日期时间函数见表 4-4。

表 4-4 常用的日期时函数

函数名	说明
getdate	按 datetime 值的 SQL Server 标准内部格式返回当前系统日期和时间
month	返回代表指定日期月份的整数
year	返回表示指定日期年份的整数
day	返回代表指定日期的天的日期部分的整数
dateadd	在向指定日期加上一段时间的基础上，返回新的 datetime 值
datepart	返回指定日期中指定部分的整数，yy 代表年，mm 代表月，dd 代表日，dw 代表星期等
datename	返回指定日期中指定部分的字符串

【操作演示】

```
SELECT   getdate()
结果：2009-04-04 20:22:24.140
SELECT   month('03/12/2009') ,year('03/12/2009'), day('03/12/2009')
结果：12   2009  3
SELECT   dateadd(day , 20 , getdate())
结果：2010-04-24 20:22:24.140
sELECT datepart(yy,getdate()),datename(dw,getdate())
结果：2009   星期日
```

4. 聚合函数

聚合函数经常与 SELECT 语句和 GROUP BY 子句一起使用，它可以对一组值执行计算，并返回单个值。常用的聚合函数在任务二中有详细讲解，这里就不再介绍了。

5. 数据类型转换函数

CAST 和 CONVERT 这两个函数都是实现数据类型转换的，将表达式的类型转换为指定的数据类型。但 CONVERT 的功能更强一些。其语法格式如下：

```
CAST (表达式 AS 数据类型)
CONVERT (数据类型[(数据长度)], 表达式[, STYLE])
```

强化训练

计算下列表达式，并写出结果。

1. abs(-5.5)+sqrt(16)*power(2,2)
2. round(456.789,2)-round(345.678,-2)
3. len('北京大学')
4. SELECT ceiling(855.88)
5. SELECT substring('I   AM   A   BOY!',6,1)
6. SELECT lower(LEFT('SOFTWARE',4))

7. DECLARE @@X int, @@Y int

```
SET @@X=0
SET @@Y=567
SELECT ISNULL(@@X ,@@Y)
```

4.2 任务二：基本的 SELECT 语句

【任务目标】

- 熟悉 SELECT 基本语法格式，并进行简单查询
- 掌握 WHERE 子句的使用
- 在查询中熟练运用聚合函数

在 SQL Server 2005 数据库中，获取数据的功能是通过 SELECT 语句来实现的。利用 SELECT 语句可以从数据库中按照用户的需要进行数据检索，并将结果以表格的形式输出。

4.2.1 SELECT 子句

SELECT 语句是 SQL 标准中最为灵活、使用最为广泛的语句之一。最基本的格式为：

```
SELECT  显示字段  FROM   表名
```

说明：SELECT 用于指定显示输出的字段，FROM 用于指定查询的数据库表名。

根据博客数据库 BlogDb，做以下查询。

【操作演示】查询 Users 表的所有记录。

```
SELECT * FROM Users                                    --*号代表所有列
```

【操作演示】查询 Users 表中所有记录，只显示 UserName、Sex、Email 字段。

```
SELECT UserName,Sex,Email FROM Users                   --直接写上列名
```

【操作演示】显示 Users 表中所有记录，只显示 UserName、Sex 字段，并用中文显示字段名。

```
SELECT 用户名=UserName,性别=Sex FROM Users             --新标题=列名
```

或

```
SELECT UserName AS 用户名, Sex AS 性别 FROM Users      --列名 AS 新标题
```

查询结果如图 4.1 所示。

	用户名	性别
1	jack	男
2	kate	女
3	Tom	男
4	yang	男
5	zhang	女

图 4.1 查询结果 1

【操作演示】显示有发表文章的开博用户名称。

```
SELECT DISTINCT UserName FROM Article         --一个用户可以发表多篇文章,若不用DISTINCT
                                                选项,则会有重复的用户名称
```

【操作演示】在学生数据库中，查询成绩提高 20%前后的成绩记录。查询结果如图 4.2 所示。

```
SELECT 学号,课程号,成绩,提高后成绩=成绩*1.2 FROM 选课表        --允许包含算术表达式(+,-,*,/)
```

	学号	课程号	成绩	提高后成绩
1	1001	B001	80	96.0
2	1002	B001	67	80.4
3	1002	E002	45	54.0
4	1005	C001	78	93.6
5	2002	C004	82	98.4
6	2003	E003	80	96.0
7	2003	X003	89	106.8
8	3002	C001	90	108.0

图 4.2　查询结果 2

【操作演示】查询所有发表文章的博客姓名、文章主题及发表时间，查询结果存放在 MyArticle 表中。

```
SELECT UserName,Subject,ShiJian INTO MyArticle FROM Article
                                      --使用 INTO 关键字,可把查询结果存放在新表中
```

【操作演示】返加 Article 表中的前 3 条记录。

```
SELECT TOP 3 *  FROM  Article
```

拓展知识

运用 SELECT 子句显示字段主要有以下几种方法。

(1) *号代表显示所有字段，如只显示个别字段，直接写上字段名即可。

(2) 显示的列名可根据需要改变，有以下两种方法：

```
新列名=旧列名    或者    旧列名 as 新列名
```

(3) ALL：默认选项，可显示重复行。

DISTINCT：使用此关键字可去掉重复记录，只显示重复记录中的第一行。

(4) 显示字段中可先用(+，-，*，/)对字段进行计算。

(5) 如需保存查询结果，可使用“INTO 表名”选项，注意此选项的位置，必须放在 FROM 子句前面。

(6) <TOP N>用于指定查询结果返回的行数。其返回结果一定是返回表中从上往下的 *N* 行信息。

4.2.2 聚合函数的应用

有时需要对查询列进行计算再显示，这时必须采用一些聚合函数，常用聚合函数见表 4-5。

表 4-5 聚合函数表

函数名	含义
count()	若选用 ALL，则统计出指定列的值的个数(不去除重复值)；若选用 DISTINCT，则统计出指定列的不同值的个数；若选用*，则统计出所有元组个数
max()	求出对应的数值、字符或日期列的最大值
min()	求出对应的数值、字符或日期列的最小值
avg()	求出对应的数值列的平均值
sum()	求出对应的数值列的总和

聚合函数只能在以下位置作为表达式使用。

(1) SELECT 语句的选择列表(子查询和外部查询)。

(2) HAVING 子句。

【操作演示】在 BlogDb 数据库中，统计已开博的用户人数。

```
SELECT  count(*) AS 开博人数 FROM Users
```

【操作演示】在学生数据库中，查询选课表中的最高成绩与最低成绩，结果如图 4.3 所示。

```
SELECT max(成绩) AS 最高成绩,min(成绩) AS 最低成绩 FROM  选课表
```

	最高成绩	最低成绩
1	90	45

图 4.3 查询结果 3

4.2.3 WHERE 子句

在数据库中查询数据时，有时用户只希望得到一部分数据而不是全部，这时就需要用到 WHERE 条件语句。数据表通过 WHERE 子句中的条件表达式进行筛选，不满足条件的行将不再显示。最基本的格式为：

```
SELECT 显示字段 FROM  数据来源  WHERE 条件表达式
```

功能：将 WHERE 选项条件表达式为真的记录检索出来。

(1) 在 SQL Server 2005 中，条件表达式通过以下几种运算符来进行，见表 4-6。

表 4-6 常用运算符

运算符名称	运算符	说明
比较运算符	>、>=、=、<、<=、<>、!>、!<	大小比较
范围运算符	BETWEEN…AND， NOT BETWEEN…AND	判断表达式值是否在指定的范围内
列表运算符	IN (项 1,项 2,…)，NOT IN (项 1,项 2,…)	判断表达式是否为列表中的指定项
模式匹配符	LIKE、NOT LIKE	判断值是否与指定的字符通配格式相符
逻辑运算符	NOT、AND、OR	用于多条件的逻辑连接

【操作演示】查询性别为男的开博用户。

```
SELECT * FROM Users WHERE  Sex='男'                --字符串用单引号括住
```

【操作演示】查询在 2008 年前发表文章的开博用户名以及文章主题。

```
SELECT UserName,Subject FROM Article WHERE year(ShiJian)<=2008
```

【操作演示】查询在 2008 至 2010 年间发表文章的开博用户名以及文章主题。

```
SELECT UserName,Subject FROM Article WHERE year(ShiJian) BETWEEN 2008 AND 2010
```

【操作演示】查询开博用户姓名中含有字母 o 的记录。

```
SELECT  *  FROM  Users  WHERE  UserName  LIKE  '%o%'
```

【操作演示】在学生数据库中，从学生表中查询专业为计算机、电气、通信的所有学生。

```
sSELECT  *
FROM 学生
WHERE 专业 IN ('计算机','电气','通信')            --谓词 IN 表示包含在当前列表中的值
```

此语句的功能等同于：

```
SELECT  *  FROM 学生 WHERE 专业='计算机'OR 专业='电气'OR 专业='通信'
```

思考：如果需要从学生表中查询非计算机、电气、通信专业的所有学生，应该如何写？

```
SELECT  *
FROM 学生
WHERE 专业 NOT  IN ('计算机','电气','通信')     --谓词 NOT  IN 表示不包含在当前列表中的值
```

(2) 未知值。NULL 表示未知的、不可用的或将在以后添加的数据。在 WHERE 子句中，使用 IS NULL 或 IS NOT NULL 可查询某一数据值是否为 NULL 的数据信息。

格式为：

```
WHERE  列名  IS  [NOT]  NULL
```

【操作演示】查询在博客发表的文章中，内容为空的文章。

```
SELECT * FROM Article WHERE Content IS NULL
```

查询结果如图 4.4 所示。

	ArticleID	UserNa...	Subject	Content	ShiJian	P...
1	10	yang	90后有什么特点?	NULL	2008-05-04 00:00:00	否

图 4.4　查询结果 4

拓展知识

(1) 查询字段的数据类型为字符型时，用单引号把值引起来。

(2) 对于范围运算符：如 age BETWEEN 10 AND 30，其功能相当于 age>=10 AND age<=30。

(3) 模糊运算符常用于模糊查询，它判断列值是否与指定的字符串格式相匹配。可用于 char、varchar、text、ntext、datetime 和 smalldatetime 等数据类型的查询。

(4) 模糊查询时可使用以下通配字符。

下画线_：代表任意一个单字符。

百分号%：代表任意多个(含零个)字符。

方括号[ ]：表示在取值范围内；[^]：表示在取值范围之外。

看下面的例子。

```
LIKE 'BR%'：BR 开始的任一字符串
LIKE '%BR'：以 BR 结束的任一字符串
LIKE '%BR%'：包含 BR 的任一字符串
LIKE '_BR'：以 BR 结束的 3 个字符串
LIKE '[S-V]ING'：以 ING 结束的 4 个字符，第一个为 S 至 V
LIKE 'M[^C]%'：首字符为 M，第二个除 C 以外的所有字符
```

强化训练

一、根据商品库，完成如下查询操作。

1. 查询出单价在 1000 到 2000 元之间的所有商品。
2. 查询数量小于 10 或大于 15 的商品。
3. 查询分类名为电视机、电冰箱的所有商品。
4. 查询商品代号以字符串“dsj”开头的所有商品。

二、根据学生数据库，完成如下查询操作。

1. 查询电子专业，且是 1 班的学生记录。
2. 查询成绩为 70、80、90 分的学生学号。
3. 查询姓名中有“明”字的学生记录。
4. 统计所有课程的总数。
5. 查询选修课成绩的最高分、最低分和平均分，结果存放在新表 abc 中。
6. 显示学生表中的前 5 条记录。

4.3 任务三：单表查询

【任务目标】

- 理解分组统计的作用
- 熟练掌握 GROUP BY、HAVING 子句的使用方法
- 能利用 ORDER BY 子句对查询结果进行排序

单表查询指的是在一个数据源表中查找所需的数据。因此，单表查询时，FROM 子句中只需给出一个数据源表。

4.3.1　GROUP BY 子句

功能：分组统计。用于产生列函数的分组统计值，对某一列数据的值进行分类，形成结果集，然后在结果集的基础上再进行分组。

(1) 为每一个组计算一个汇总值，并把此值保存在一个字段中。

(2) 一组只生成一条记录。

(3) 所有 GROUP BY 子句中指定的字段名，都必须出现在 SELECT 选择列中。

(4) 如果使用 WHERE 选项，则只对符合条件的记录进行分组和汇总。

(5) GROUP BY 子句通常与统计函数联合使用，如 sum、count 等。

【操作演示】查询开博用户中男女各有多少人。

```
SELECT Sex,count(*) AS 人数
FROM Users
GROUP BY Sex
```

(1) Sex 是分组列名，必须同时出现在 SELECT 子句中。
(2) 该语句先按 Sex 列进行分组，具有相同 Sex 值的记录为一组，然后再用函数 count 统计每组的记录个数。所以查询结果只有两条记录。

查询结果如图 4.5 所示。

	sex	人数
1	男	5
2	女	2

图 4.5　查询结果 5

【操作演示】查询每位开博用户各发表了多少篇文章。

```
SELECT UserName,count(*) AS 篇数
FROM Article
GROUP BY UserName
```

【操作演示】在学生数据库中，查询学生的学号及所选课程的平均分。

```
SELECT 学号,avg(成绩) AS 平均分
FROM 选课表
GROUP BY 学号
```

4.3.2　HAVING 子句

该选项通常跟在 GROUP BY 子句后面，用于从分组统计中筛选出部分统计结果，因此该选项中的逻辑表达式通常带有字段函数。

(1) HAVING 子句必须和 GROUP BY 子句一起使用。

(2) HAVING 子句必须在 GROUP BY 子句之后。

(3) HAVING 子句中包含聚合函数。

【操作演示】查询只发表了一篇文章的开博用户。

```
SELECT UserName,count(*) AS 篇数
FROM Article
GROUP BY UserName
HAVING count(*)=1
```

【操作演示】在学生数据库中，查询选修课程的平均分高于 80 分的学生学号及成绩。

```
SELECT 学号,avg(成绩) AS 平均分
FROM 选课表
GROUP BY 学号
HAVING avg(成绩)>80
```

查询结果如图 4.6 所示。

	学号	平均分
1	2002	82
2	2003	84
3	3002	90

图 4.6　查询结果 6

拓展知识

HAVING 子句与 WHERE 子句的区别如下。

(1) 当在一个 SQL 查询中同时使用 WHERE 子句、GROUP BY 子句和 HAVING 子句时，其顺序是 WHERE→GROUP　BY→ HAVING。

(2) WHERE 与 HAVING 子句的根本区别在于作用对象不同。WHERE 子句作用于基本表或视图，从中选择满足条件的元组；HAVING 子句作用于组，选择满足条件的组，必须用于 GROUP BY 子句之后。

4.3.3　ORDER BY 子句

使用 SELECT 语句进行数据查询后，为了方便阅读，可以使用 ORDER BY 子句对结果集进行排序。

格式为：

```
ORDER BY 列名 [ASC|DESC]
```

(1) 默认为升序，ASC 可以不写。

(2) 当有多个排序列时，每个排序列之间用半角逗号隔开，且后面都可以跟一个排序要求。

(3) ORDER BY 子句必须放在 SELECT 子句的最后。

【操作演示】查询每位开博用户发表的文章篇数，并按篇数升序排列。

```
SELECT UserName,count(*) AS 篇数
FROM Article
GROUP BY UserName
ORDER BY 篇数
```

【操作演示】在学生数据库中，查询学生的学号及所选课程的平均分，按分数降序排列。

```
SELECT 学号,avg(成绩) AS 平均分
FROM 选课表
GROUP BY 学号
ORDER BY 平均分 DESC
```

强化训练

一、根据商品库，完成以下 SQL 语句。

1. 查询每类商品的最高价、最低价和平均价。
2. 查询每类商品的平均数量，并按数量降序排序。
3. 查询数量大于 25 的分类名。
4. 查询每种商品的商品代号、价值、产地，按价值降序排序。
5. 查询商品种数超过 2 种的分类名。
6. 统计各类品牌的商品种数。
7. 查询分类名为“电视机”的平均价格。
8. 查询各个品牌的商品总价值，并生成新表(品牌查询表)。

二、根据学生数据库，完成以下 SQL 语句。

1. 查询出每个专业的学生人数。
2. 查询每个班级的人数。
3. 查询每个学生的姓名和选修成绩中的最高分。
4. 查询专业人数多于 1 人的专业名称及人数。
5. 查询出所有学生的学号及所选课程的门数，按门数升序排列。

4.4　任务四：多表查询

【任务目标】

- 理解多表连接的方法
- 能根据查询需求，熟练进行多表查询

在实际的查询应用中，用户所需要的数据并不全部都在一个表或视图中，而可能在多个表中，这时就必须用到多表查询。多表查询是通过各个表之间的共同列的相关性来查询数据的，这是数据库查询最主要的特征。

4.4.1　谓词连接

在 SELECT 语句的 WHERE 子句中使用比较运算符给出连接条件对表进行连接的表示形式，称为谓词连接。谓词连接是最常用的连接方式，利用谓词连接可满足大部分的查询需求。

用户在进行谓词连接时应注意以下基本原则。

(1) SELECT 子句列表中，每个目标列前都要加表名，格式为：表名．列名。

(2) FROM 子句应包括所需的表名，多个表名之间可用逗号隔开。

(3) WHERE 子句为连表条件，应为一个基表的主键码与另一基表的外键码一致。

1. 最基础的连接查询

【操作演示】查询开博用户的名称、性别及发表的文章主题和发表时间，如图 4.7 所示。

```
select Users.userName,users.sex,Article.subject,Article.shijian
from Users,Article
where Users.username=Article.username
```

结果 消息

	userName	sex	subject	shijian
1	zhang	女	广州有哪些美食?	2005-11-29 00:00:00
2	jack	男	中国有哪些美丽的风景?	2006-08-02 00:00:00
3	Tom	男	哪些书值得去读?	2009-12-03 00:00:00
4	yang	男	你喜欢哪些明星?	2007-12-23 00:00:00
5	zhang	女	你相信世界末日吗?	2010-01-02 00:00:00
6	Tom	男	北京下雪啦?	2009-10-02 00:00:00
7	yang	男	90后有什么特点?	2008-05-04 00:00:00

图 4.7　查询结果 7

当有多个查询条件时，可用逻辑运算符连接多个条件，当所有条件都为“真”时才返回结果。

【操作演示】查询男开博用户的名称、发表的文章主题和发表时间，如图 4.8 所示。

```
select Users.userName,users.sex,Article.subject,Article.shijian
from Users,Article
where Users.username=Article.username
and users.sex='男'
```

结果 消息

	userName	sex	subject	shijian
1	jack	男	中国有哪些美丽的风景?	2006-08-02 00:00:00
2	Tom	男	哪些书值得去读?	2009-12-03 00:00:00
3	yang	男	你喜欢哪些明星?	2007-12-23 00:00:00
4	Tom	男	北京下雪啦?	2009-10-02 00:00:00
5	yang	男	90后有什么特点?	2008-05-04 00:00:00

图 4.8　查询结果 8

利用 WHERE 子句连接两个上以的表进行查询。

【操作演示】查询开博用户的名称、发表的文章主题和发表时间以及评论文章的用户名和评论时间，如图 4.9 所示。

```
select Users.userName,Article.subject,Article.shijian,comment.name,comment.shijian
from Users,Article,comment
where Users.username=Article.username
and Article.articleid=comment.articleid
```

结果 消息

	userName	subject	shijian	name	shijian
1	zhang	广州有哪些美食?	2005-11-29 00:00:00	ppp	2010-01-03 00:00:00
2	jack	中国有哪些美丽的风景?	2006-08-02 00:00:00	小明	2009-09-06 00:00:00
3	yang	你喜欢哪些明星?	2007-12-23 00:00:00	张三	2009-08-04 00:00:00

图 4.9　查询结果 9

2. 在连接多表查询中运用聚合函数

聚合函数同样可以运用在多表查询中。

【操作演示】查询开博用户每篇文章的评论记录数。

此题先进行连表操作，再进行分组统计，如图 4.10 所示。

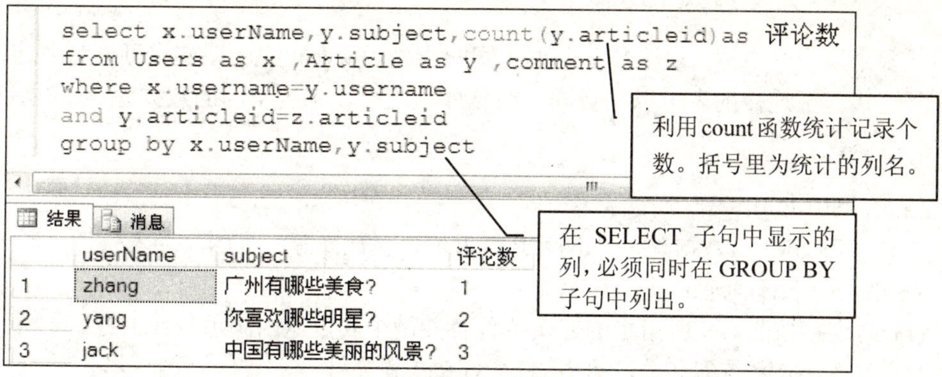

图 4.10　查询结果 10

【操作演示】在学生数据库中，查询参加选修的学生姓名以及所有选修课程的平均分，按平均分升序排列，如图 4.11 所示。

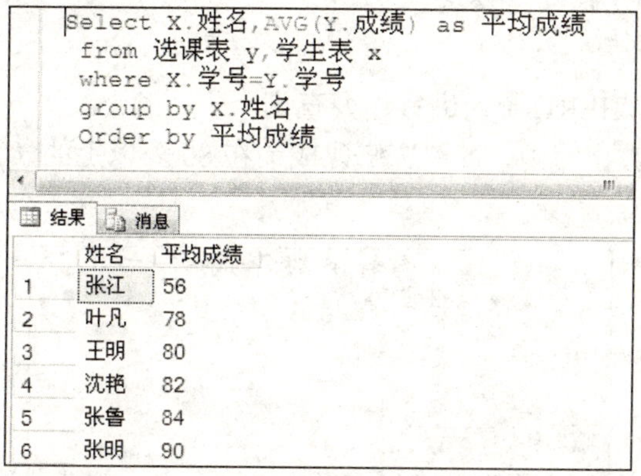

图 4.11　查询结果 11

拓展知识

(1) 进行连接查询，首先确定要查询的列来自哪几个表，并在 SELECT 子句中列出；其次，所需要的表要全部在 FROM 子句中列出；最后，确定连接表的条件，多个连表条件用 AND 进行连接。

(4) 为了语句编写方便，可以为表起一个简单的别名，那么在所有表的引用中，可以用别名代替表名，格式为“表名　AS　别名”。图 4.9 的例子可改为：

```
SELECT x.UserName,y.Subject,y.ShiJian,z.Name,z.ShiJian
FROM Users AS x ,Article AS y ,Comment AS z
WHERE x.UserName=y.UserName
AND y.ArticleID=z.ArticleID
```

AS 关键字可省略不写，这样 SELECT 语句就更简洁了。

4.4.2 以 JOIN 关键字指定的连接

从多个表合并数据，并涉及多个表之间的连接。多表间的连接方式可分为内连接、外连接和交叉连接。被连接的表可以来自同一数据库，也可以来自不同的数据库。

1. 内连接

格式：SELECT　列名
　　　FROM　<数据源>　[INNER]　JOIN　<数据源>　ON　连表条件

说明：

(1) 内连接按照 ON 所指定的连接条件合并两个表，返回满足条件的行。

(2) 内连接是系统默认的，可省略 INNER 关键字。

(3) 作用等价于利用 WHERE 子句进行连表查询。

【操作演示】查询开博用户的名称、性别及发表的文章主题和发表时间。

```
SELECT x.UserName,x.Sex,y.Subject,y.ShiJian
FROM Users x INNER JOIN Article y
ON x.UserName=y.UserName
```

此命令等价于利用 WHERE 子句进行连表查询。

【操作演示】在学生数据库中，查询选修课成绩在 80 分以上的学生学号、姓名和成绩，如图 4.12 所示。

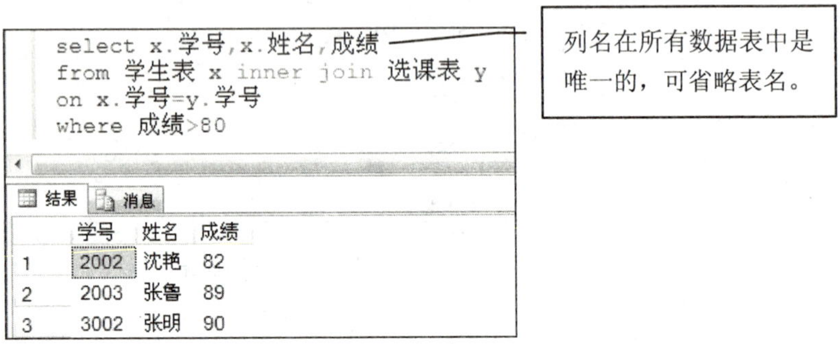

图 4.12　查询结果 12

2. 外连接

在内连接操作中，只有满足条件的行才可能出现在查询结果中。但有时也希望不满足条件的行也能出现在结果表中，这时需要使用外连接。在外连接中参与连接的表有主从之分，以主表中的每行数据去匹配从表中的数据行，如符合连接条件，则直接返回到查询结果中；如没有匹配的行，则主表的行仍然保留，不匹配的行被填上空值后也返回到结果中。

外连接包括 3 种类型，见表 4-7。

表 4-7　外连接

类型	选项	作用
左外连接	LEFT OUTTER JOIN	返回所有匹配的行并从关键字 JOIN 左边的表中返回不匹配的行
右外连接	RIGHT OUTER JOIN	返回所有匹配的行并从关键字 JOIN 右边的表中返回不匹配的行
完全外连接	FULL OUTER JOIN	返回两个表中所有匹配的行和不匹配的行

使用外连接的语法结构为：

```
SELECT  列名
FROM  <数据源>  [LEFT|RIGHT|FULL]  OUTER JOIN  <数据源>  ON  连表条件
```

【操作演示】显示所有博客用户的姓名、性别、发表的文章主题及发表时间(使用左连接的方法)，如图 4.13 所示。

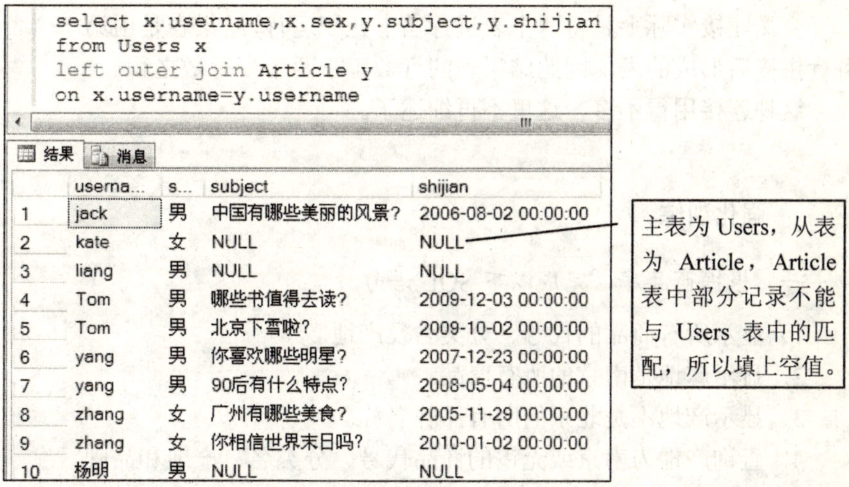

```
select x.username,x.sex,y.subject,y.shijian
from Users x
left outer join Article y
on x.username=y.username
```

	userna...	s...	subject	shijian
1	jack	男	中国有哪些美丽的风景?	2006-08-02 00:00:00
2	kate	女	NULL	NULL
3	liang	男	NULL	NULL
4	Tom	男	哪些书值得去读?	2009-12-03 00:00:00
5	Tom	男	北京下雪啦?	2009-10-02 00:00:00
6	yang	男	你喜欢哪些明星?	2007-12-23 00:00:00
7	yang	男	90后有什么特点?	2008-05-04 00:00:00
8	zhang	女	广州有哪些美食?	2005-11-29 00:00:00
9	zhang	女	你相信世界末日吗?	2010-01-02 00:00:00
10	杨明	男	NULL	NULL

图 4.13　查询结果 13

注意：*使用左连接的方法可同时显示没有发表文章的博客用户。从查询结果中或看到，Kate、liang、杨明 3 位用户没有发表文章。*

【操作演示】显示所有博客用户的姓名、性别、发表的文章主题及发表时间(使用右连接的方法)，如图 4.14 所示。

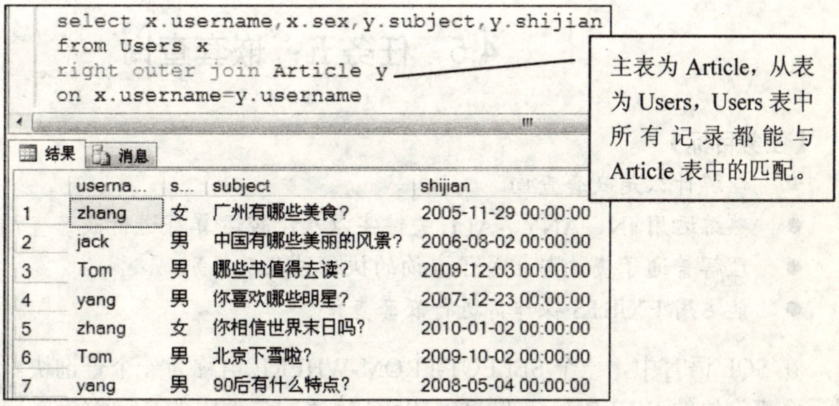

```
select x.username,x.sex,y.subject,y.shijian
from Users x
right outer join Article y
on x.username=y.username
```

	userna...	s...	subject	shijian
1	zhang	女	广州有哪些美食?	2005-11-29 00:00:00
2	jack	男	中国有哪些美丽的风景?	2006-08-02 00:00:00
3	Tom	男	哪些书值得去读?	2009-12-03 00:00:00
4	yang	男	你喜欢哪些明星?	2007-12-23 00:00:00
5	zhang	女	你相信世界末日吗?	2010-01-02 00:00:00
6	Tom	男	北京下雪啦?	2009-10-02 00:00:00
7	yang	男	90后有什么特点?	2008-05-04 00:00:00

图 4.14　查询结果 14

【操作演示】显示所有博客用户的姓名、性别、发表的文章主题及发表时间(使用完全连接的方法)。

```
SELECT x.UserName,x.Sex,y.Subject,y.ShiJian
FROM Users x
```

```
FULL OUTER JOIN Article y
ON x.UserName=y.UserName
```

完全连接返回左表和右表中的所有行，包括没有匹配的行。所以其查询结果与左连接的结果是一致的。

4.4.3 交叉连接

交叉连接实际上是将两个表进行笛卡儿积运行，结果表是由第一个表的每行与第二个表的每行拼接后形成的表。因此结果表的行数等于两个表行数之积。

这种连接用得不多，这里不再细述了。

强化训练

一、根据商品库，完成以下 SQL 语句。

1. 显示所有商品的代号、分类名及产地。
2. 显示产地是南京的所有商品。
3. 显示产地不是北京的所有品牌名称。
4. 查询产地为南京或无锡的商品代号、分类名、产地和品牌。

二、根据学生数据库，完成以下 SQL 语句。

1. 查询每个学生的学号、姓名、选修的课程号、课程名和成绩。
2. 查询选修课成绩在 80 分以上的学生姓名。
3. 查询所有计算机专业的学生的选课情况。
4. 统计男女同学选修课的平均分和最高分。
5. 查询所有学生的选课情况，包括没有选课的情况。

4.5 任务五：嵌套查询

【任务目标】

- 理解什么是嵌套查询
- 熟练运用 IN、ANY、ALL 关键字以及比较运算符进行嵌套查询
- 理解普通子查询与相关子查询的执行过程及区别
- 能运用 EXISTS 操作符进行嵌套查询

在 SQL 语言中，一个 SELECT-FROM-WHERE 语称为一个查询块。将一个查询块嵌套在另一个查询块的 WHERE 子句或 HAVING 短语的条件中的查询称为嵌套查询或子查询，包含子查询的语句称为父查询或外部查询。

4.5.1 使用 IN 关键字

IN 关键字用来判断一个表中指定列的值是否包含在已定义的列表中。

【操作演示】在学生数据库中，查询与“张江”在同一专业学习的学生学号与姓名。

完成此查询，要分 3 步进行。

(1) 确定张江同学所在的专业。

```
SELECT 专业 FROM 学生表 WHERE 姓名='张江'  (这个作为子查询)
```

结果为：通信

(2) 查询所有“通信”专业的学生学号与姓名。

```
SELECT 学号，姓名  FROM 学生表  WHERE 专业='通信'(这个作为父查询)
```

(3) 将第一步的查询嵌入到第二步的查询条件中。

```
SELECT 学号，姓名
FROM 学生表
WHERE 专业  IN (SELECT 专业  FROM 学生表  WHERE 姓名='张江')

      条件为相同专业
```

注意： 在此例中，由于第一步的子查询返回值只有一个，所以可以直接用等号将父查询与子查询连接起来。

```
SELECT 学号，姓名
FROM 学生表
WHERE 专业=(SELECT 专业  FROM 学生表  WHERE 姓名='张江')
```

【操作演示】在 BlogDb 中，查询与“Tom”在同一年发表文章的博客姓名。

注意： 嵌入的条件为同一年份，先用 year 函数将 ShiJian 列的年份取出来。

```
SELECT UserName
FROM Article
WHERE year(ShiJian) In (SELECT year(ShiJian) FROM Article WHERE UserName='Tom')
```

注意： 如果需要查询与“Tom”不在同一年发表文章的博客姓名，则需用到 NOT IN 关键字。读者自己尝试写此命令。

由此可看，利用嵌套查询分步求解，层次清楚，具有结构化程序设计的特点。有些嵌套查询可以用连接运算符替代，有些是不可以的，具体情况由用户自己的习惯决定。

4.5.2　使用比较运算符

带有比较运算符的子查询是指父查询与子查询之间用比较运算符进行连接。可用>、>=、<、<=、!=、<>等运算符。

【操作演示】在 BlogDb 中，查询在“Tom”之后注册的博客用户姓名，如图 4.15 所示。

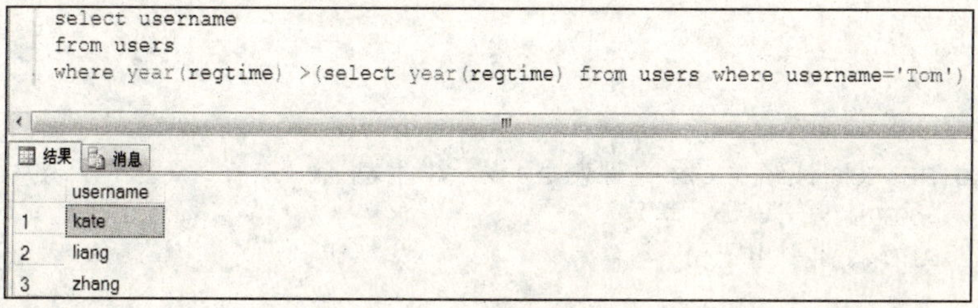

图 4.15　查询结果 15

【操作演示】在学生数据库中，查询任一选修课成绩大于选修课总平均成绩的学生学号、姓名和成绩。查询结果如图 4.16 所示。

```
select x.学号,姓名,成绩
from 学生表 x,选课表 y
where x.学号=y.学号
and 成绩 > (select avg(成绩) from 选课表)
```

结果 | 消息

	学号	姓名	成绩
1	1001	王明	80
2	1005	叶凡	78
3	2002	沈艳	82
4	2003	张鲁	80
5	2003	张鲁	89
6	3002	张明	90

图 4.16　查询结果 16

4.5.3　使用 ANY 或 ALL 操作符

如果子查询的返回值不止一个，而是一个集合时，则不能直接使用比较运算符，可以在比较运算符和子查询之间插入 ANY 或 ALL。

格式为：<字段>　<比较符>　[ANY|ALL]　<子查询>

当<子查询>的查询结果的所有值都要满足所给的比较条件时，使用 ALL 关键字。

当<子查询>的查询结果中，只要任一个值能满足所给的比较条件时，用 ANY 关键字。

【操作演示】在 BlogDb 中，查询在“Tom”和“zhang”之后注册的博客用户姓名。

```
SELECT UserName
FROM Users
WHERE year(RegTime) >ALL(SELECT year(RegTime) FROM users WHERE UserName='Tom' OR
UserName='zhang')
```

注意：子查询返回值不只一个，所以必须用 ALL 关键字。

【操作演示】在学生数据库中，查询比电子专业学生的选修成绩都要高的学生学号。

(1) 先查询出电子专业学生的选修成绩。(注意：成绩列在选课表，专业列在学生表，所以此操作要连表操作。)

```
SELECT 成绩 FROM 选课表 AS x ,学生表 AS y  WHERE x.学号=y.学号 AND 专业='电子'
```

结果为：80，82，89

(2) 查询成绩比 80、82、89 都要高的学生学号。(注意：返回值有 3 个，所以必须用 ALL 关键字。)

```
SELECT 学号
FROM  选课表
WHERE 成绩>ALL(SELECT 成绩 FROM 选课表 AS x ,学生表 AS y
              WHERE x.学号=y.学号
              AND 专业='电子')
```

结果为：3002

拓展知识

(1) 对于此例，可用两层嵌套查询，子查询也可用嵌套查询的方法完成，命令如下：

```
SELECT 学号
FROM  选课表
WHERE 成绩>ALL(SELECT 成绩 FROM 选课表
               WHERE 学号 IN (SELECT 学号 FROM 学生表 WHERE 专业='电子'))
```

(2) 对于此例，还有一种方法。在第一步中，可先查询电子专业学生选修课成绩的最高分，在第二步，只要查询比这个最高分高的学生学号就可以了。这时，不需再使用 ALL 关键字。

```
SELECT 学号
FROM  选课表
WHERE 成绩>(SELECT max(成绩) FROM 选课表
          WHERE 学号 IN (SELECT 学号 FROM 学生表 WHERE 专业='电子'))
```

(3) 如果此例要求"查询比电子专业学生的选修成绩都要高的学生姓名与班级"，则需要在父查询中再利用嵌套查询或连表查询的方法。这时查询语句就变得越来越复杂，但功能也越来越强。读者可自行尝试完成此命令。

【操作演示】在学生数据库，查询比电子专业学生的某一门选修课成绩高的学生学号。

```
SELECT 学号
FROM  选课表
WHERE 成绩>ANY(SELECT 成绩 FROM 选课表 AS x ,学生表 AS y
              WHERE x.学号=y.学号
              AND 专业='电子')
```

结果为：2002
　　　　2003
　　　　3002

注意： 虽然返回值有 3 个，但只需比其中一个值高即可，所以使用 ANY 关键字。一般情况下可以使用 IN 代替"=ANY"。所以"IN"的使用率在嵌套查询中是最高的。

4.5.4　使用 EXISTS 操作符

子查询包含普通子查询和相关子查询。前面所讲的子查询都为普通子查询，而利用 EXISTS 操作符的子查询则为相关子查询。两者有较大的区别，见表 4-8。

表 4-8　普通子查询与相关子查询的区别

	查询顺序	返回值	说明
普通子查询	由里向外	子查询的查询结果	首先执行子查询，然后把子查询的结果作为父查询的查询条件的值 普通子查询只执行一次，而父查询所涉及的所有记录行都与其查询结果进行比较，以确定查询结果集合

续表

	查询顺序	返回值	说明
相关子查询	由外向里	逻辑值“真”或“假”。当子查询的查询结果集合为非空时，外层的 WHERE 子句返回真值，否则返回假值	首先选取父查询表中的第一行记录，内部的子查询利用此行中相关的属性值进行查询 然后父查询根据子查询返回的结果判断此行是否满足查询条件。如果满足条件，则把该行放入父查询的查询结果集合中。重复执行这一过程，直到处理完父查询表中的每一行数据

【操作演示】在学生数据库中，查询选修了 B001 课程的学生姓名。

```
SELECT 姓名
FROM  学生表
WHERE EXISTS (SELECT * FROM 选课表
              WHERE 学生表.学号=选课表.学号 AND 课程号='B001')

结果为：王明
       张江
```

(1) 在父查询的 WHERE 子句中无需写明比较的字段。
(2) 在子查询的 SELECT 子句中，直接写上*号。同时在 WHERE 子句中写明两表连接的条件。

【操作演示】在学生数据库中，查询有选修课程的所有学生姓名。

```
SELECT 姓名
FROM  学生表
WHERE  EXISTS (SELECT * FROM 选课表 WHERE 学生表.学号=选课表.学号)
```

【操作演示】在 BlogDb 数据库中，查询没有发表文章的博客姓名。

```
SELECT UserName
FROM Users
WHERE NOT EXISTS (SELECT *
                  FROM  Article WHERE Users.UserName=Article.UserName)
```

强化训练

一、根据商品库，完成以下 SQL 语句。

1．查询数量比“洗衣机”的数量都少的商品名称。
2．查询产地与品牌为“春兰”或“熊猫”的产地相同的商品名称。
3．查询比所有商品的单价平均值都高的全部商品。
4．查询相同产地的商品只有一种的商品名称和产地。
5．查询商品中单价最高的商品和单价最低的商品。

二、根据学生数据库，完成以下 SQL 语句。

1．查询至少选修了一门课程的学生。
2．查询选修了两门及以上课程的学生。
3．查询没有选修任何课程的学生姓名。

4．查询至少被选修了一次的课程。

5．查询选修了“电子技术”课程的学生姓名、专业和成绩。

4.6 任务六：更新数据

【任务目标】

- 掌握利用 INSERT 语句在表中添加记录的操作
- 掌握利用 UPDATE 语句更新表中数据的操作
- 掌握利用 DELETE 语句删除数据的操作

在实际应用中，还需要对存储的数据进行插入、修改和删除操作。这时可通过 T-SQL 的数据操纵语言(DML)来进行。DML 主要包括以下 3 个语句。

(1) INSERT：向表添加行。

(2) UPDATE：更新表中的数据。

(3) DELETE：删除表中的行。

4.6.1 插入数据

1. INSERT INTO 语句

此语句是DML操纵语言向表中添加数据的较为常见的语句格式，可向表中添加一条记录。格式为：

```
INSERT INTO 表 [(字段1[,字段2[, ...]])] VALUES (值1[,值2[, ...])
```

说明：新增的记录，将依照指定字段排列的顺序插入对应的值，譬如值 1 将被插入至字段 1，值 2 将被插入至字段 2，以此类推。

```
【操作演示】向 Comment 表插入一条记录为(4,'zhang','jacky','王菲','2008-5-19')
INSERT INTO Comment(ArticleID,UserName,Name,Content,ShiJian) VALUES(4,'zhang',
'jacky','王菲','2008-5-19')
```

注意：Comment 表中有 ID,ArticleID,UserName,Name,Content,ShiJian 共 6 个列。由于 ID 列是自动标识列，不需要用户输入数据，系统会自动赋值。其余 5 个字段全部都接收数据。另外，由于所有字段都接收数据，所以字段列表可省略。此命令可改为：

```
INSERT INTO Comment VALUES(4,'zhang','jacky','王菲','2008-5-19')
```

【操作演示】向课程表插入一条记录：课程号为 B001，课程名为职业素质，学分为 2。

```
INSERT INTO 课程表 VALUES('B001','职业素质',2)
```

注意：如果某字段允许为空值时，插入时可直接写 NULL，或者省略。

2. INSERT…SELECT 语句

此语句可向表中插入多条记录，是通过 SELECT 语句生成的结果集。格式为：

```
INSERT  INTO 目标表 [(字段1[,字段2[, ...]])]  SELECT  [(字段1[,字段2[, ...]])]  FROM
源表
```

【操作演示】向课程表中插入新课程表的数据。

说明： 为了讨论方便，先在学生数据库中新建一个“新课程表”，并输入数据，然后再把新课程表的记录插入到课程表中。

(1) 创建新课程表 abc。

```
USE stu
CREATE TABLE abc
( 课程号 char(4) PRIMARY KEY,
  课程名称 varchar(50) NOT NULL,
  学分 smallint NULL)
```

(2) 利用 INSERT 语句向表 abc 输入两条记录。

```
INSERT INTO abc VALUES('B004','图像设计',3)
INSERT INTO abc VALUES('B005','办公软件应用',null)
```

(3) 将表 abc 的所有记录插入到课程表中。

```
INSERT INTO 课程表(课程号，课程名，学分) SELECT 课程号，课程名，学分 FROM abc
或  INSERT INTO 课程表  SELECT * FROM abc
```

注意： 插入记录时，SELECT 子查询的结果集的结构必须与目标表的结构相同，且目标表必须存在。

【操作演示】将新课程表中学分字段非空的记录插入到课程表中。

```
INSERT INTO 课程表  SELECT * FROM abc WHERE 学分 IS NOT NULL
```

注意： 判断学分是否为空，应写为：学分 IS NULL，判断是否非空，应在 NULL 前加 NOT 关键字。

4.6.2 更新数据

UPDATE 是对数据库中的数据进行修改的命令，利用此语句可以实现对表中单行、多行或所有行的数据进行修改。格式为：

```
UPDATE 表 SET 列名1=值1[ ,列名2=值2, ...] [WHERE 子句]
```

【操作演示】在 BlogDb 数据库中，将用户名为 liang 的性别修改为男。

```
UPDATE Users SET Sex='男' WHERE UserName='liang'
```

【操作演示】将选课表中的所有学生成绩加 10 分。

```
UPDATE 选课表 SET 成绩=成绩+10
```

【操作演示】将赵红同学的专业改为电信，班级改为 1 班。

```
UPDATE 学生表 SET 专业='电信',班级='1 班'WHERE 姓名='赵红'
```

注意： 使用 UPDATE 可以一次更新多列的值，用逗号隔开。

【操作演示】将选修了课程名为“C++”的学生成绩加 5 分。

```
UPDATE 选课表 SET 成绩=成绩+5 WHERE 课程号=(SELECT 课程号
                                          FROM 课程表 WHERE 课程名称='C++')
```

4.6.3　删除数据

随着对数据库的使用与修改，表中可能存在一些没用的数据，这时应及时将它们删除。删除语句 DELETE 可以删除数据库里表或视图中一个或者多个记录。格式为：

```
DELETE  FROM 表 [WHERE 子句]
```

【操作演示】删除 Comment 表中，jacky 用户的评论文章。

```
DELETE FROM Comment WHERE Name='jacky'
```

【操作演示】删除 comment 表中的前 3 条记录。

```
DELETE TOP (3) FROM Comment
```

拓展知识

(1) DELETE 语句不能删除单个列的值 ，只能删除整行的数据，所以此语句中没有指定列名。

(2) DELETE 语句只能删除表中的数据，但不能删除表本身。要删除整个表，必须用 DROP TABLE 语句，即可将表完全删除(包括表的内容与结构)，而 DELETE 语句只能删除表的内容。

(3) 同 INSERT 和 UPDATE 语句一样，DELETE 语句从一个表删除将引起其他表的参照完整性问题。

强化训练

一、根据商品库，完成以下 SQL 语句。

1．在商品表 1 中增加一条记录：编号为 XYJ-30，洗衣机，单价是 2500 元，数量为 20。
2．将所有电视机的数量增加 5。
3．将电冰箱和空调器的产地修改为广州。

二、根据学生数据库，完成以下 SQL 语句。

1．在学生表中增加一条记录：学号为 2008，陈刚，男，通信专业，2 班。
2．将所有课程的学分增加 1 分。
3．将 1 班所有学生的选修课成绩降低 5%。
4．删除选修课成绩低于 60 分的记录。

本 章 小 结

本章系统且详尽地讲解了 SQL 语言，SQL 语言是关系数据库语言的工业标准。

利用 T-SQL 语句的 SELECT 语句从一个或多个表中获取数据，然后使用 WHERE 子句来限定要返回的数据，同时还可以根据分组统计等需求，使用 GROUP BY、HAVING、ORDER BY 等语句。

对数据的查询，要由浅到深地学习，先熟练掌握单表查询，再掌握多表查询，最后学会嵌套查询。灵活地综合运用以上所提到的查询，基本能对数据进行灵活的获取。

当获取数据后，要掌握对数据表进行添加、更新和删除的操作，使用的 T-SQL 语句为 INSERT、UPDATE 和 DELETE。

巩 固 练 习

一、填空题

1．SQL Server 采用的结构化查询语言称为__________。

2．SQL 的数据更新功能主要包括__________、__________和__________3 个语句。

3．在字符匹配查询中，通配符“%”代表__________，“_”代表__________。

4．在 SQL 查询语句中，用于测试子查询是否为空的谓词是__________。

5．在查询操作结果中不出现重复元组，应在 SELECT 子句中使用__________保留字。

6．局部变量的开始标记为__________，全局变量的开始标记为__________。

7．在一个已存在数据的表中增加一列，一定要保证所增加的列允许__________值。

8．在 T-SQL 语句中，需要把日期时间型数据常量用__________括起来。

9．语句“SELECT ceiling(-345.20),floor(345.20)”执行的结果为__________，__________。

10．语句“SELECT substring('数据库基础与应用',4,3)”执行的结果为__________。

二、选择题

1．SQL Server 中，通常包括(　　)。

A．标量函数　　B．聚合函数

C．行集函数　　D．以上全部

2．SQL 中，下列涉及空值的操作不正确的是(　　)。

A．mark IS NULL　　B．mark IS NOT NULL

C．mark=NULL　　D．NOT (mark IS NULL)

3．语句“DELETE FROM ABC”表明(　　)

A．删除 ABC 表中的所有记录　　B．删除表 ABC

C．删除表 ABC 中的列数据　　D．删除表中的部分行

4. 下面关于 WHERE 语句和 HAVING 语句的描述正确的是：(　　)。

A. WHERE 和 HAVING 语句都引导搜索条件，它们是等价的

B. WHERE 语句和 HAVING 语句不能同时使用在一个查询操作中

C. HAVING 语句用于组或聚合函数的搜索条件，它常用于 GROUP BY 子句后

D. 一般来说，WHERE 语句的效率要高于 HAVING 语句，所以使用 WHERE 引导搜索条件更好

三、上机练习

1. 创建图书库，库中有以下 3 个表，建立好 3 表之间的关系。

```
图书：总编号(字符型，5)，书名(字符型，10)，作者(字符型，10)，出版单位(字符型，10)，单价(数值)
读者：借书证号(数值，3)，单位(字符型，8)，姓名(字符型，8)，性别(布尔型)，职称(字符型，10)
借书：借书证号(数值，3)，总编号(字符型，5)，借书日期(日期型)
```

图书

总编号	书名	作者	出版单位	单价
44550	数据库导论	李兰	科学出版社	17.9
44551	数据库导论	张三	科学出版社	20
44552	计算机基础	李明	人民出版社	18.5
44553	高等数学	马云	人民出版社	22
44554	计算机网络	周红	人民邮电社	23.5
44555	大学英语	陈中	电子工业社	20
44556	大学语文	李鹏	电子工业社	12
44557	办公软件	张池	高等出版社	29
44558	图像设计	朱玲	科学出版社	32.5

借书

借书证号	总编号	借书日期
111	44550	06-12-12
116	44550	03-11-06
113	44551	07-09-03
113	44552	03-08-23
116	44552	05-12-02
112	44553	02-05-06
111	44554	02-01-20
115	44555	03-11-21
118	44555	06-09-03

读者

借书证号	单位	姓名	性别	职称
111	信息系	王明	男	教授
112	财经系	李立	男	副教授
113	计算机系	周华发	男	副教授
114	信息系	许鹏飞	男	讲师
115	财经系	王玲	女	讲师
116	计算机系	李雪	女	讲师
117	中文系	朱海	男	副教授
118	计算机系	刘丁	男	助教

2. 完成以下查询命令。

(1) 查找科学出版社的所有图书，并按单价降序排列。

(2) 查找价格在 15 和 20 元之间的图书。

(3) 查找书名中有“基础”二字的书名及作者。

(4) 查找单价最高和最低的图书名称。

(5) 查找借阅了总编号为 44550 和 44555 两本书的借书证号及读者姓名。

(6) 查找 2003 年以后借书的读者借书证号、姓名和单位。
(7) 查找与《图像设计》一书相同出版社的书名及作者。
(8) 统计所有藏书的总册数。
(9) 统计信息系当前借阅图书的读者人次。
(10) 查找“周华发”老师所借的所有图书。
(11) 查询至少借阅了 2 本图书的读者姓名及单位。
(12) 查找信息系没有借书的读者。

第 5 章　索引与视图的应用

情景：

这天小段看到小张正拿着一本计算机书在看，他灵机一动，就说：“小张，假设现在所看的这本书没有目录，那么只能是漫无目的地翻看这本书，直到找到你想要的内容，这要浪费多少时间啊！”

“那还用说嘛，段哥，如果是一本没有目录的书，要查找所需的内容是多困难的事呀！”

“那你知道，在数据库里有如此多的数据，怎样才可以迅速地找到所需的信息呢？”

“这……”小张挠挠脑袋，答不上了。

“在 SQL Server 里提供两种对象：索引和视图，它们能大大地加快查询的效率，并且提高查询的速度。”小段说。

“哦，那怎么用呀？”

“别急，现在就告诉你。”

5.1　任务一：认识和创建索引

【任务目标】

- 理解索引的概念
- 掌握索引的类型
- 掌握利用 SMSS 和 T-SQL 语句创建索引的方法

5.1.1　认识索引

1. 索引的概念

如果把数据库看作一本书，那么书的目录就是人们所说的索引，索引是基本表的目录。显然，通过目录查书中的信息，比没有目录的书更方便、更快捷。

所以索引是一个单独的、物理的数据结构，它与目录一样，也是单独存在的，但索引的建立是依赖于表建立的，它提供了在数据库中编排表中数据的内部方法。

2. 索引的作用

(1) 加快数据检索速度。

(2) 加快表与表之间的连接速度。

(3) 在使用 ORDER BY 和 GROUP BY 子句进行检索时，可以显著地减少查询中分组和排序的时间。

(4) 保证数据记录的唯一性。唯一性索引的创建可以保证表中的数据记录不重复。

3. 索引的类型

索引可以是唯一的，即索引列不会有两行记录相同，这样的索引叫唯一索引；如果索引不唯一，称为单列索引；根据多列组合创建的索引称为复合索引。另外，在 SQL Server 2005 数据库中，为表定义一个主键，将会自动地在主键所在列上创建一个唯一索引，称为主键索引。主键索引是唯一索引的特殊类型。

根据索引的顺序与数据表的物理顺序是否相同，索引可分两种类型：一是聚集索引；二是非聚集索引。下面详细讲解一下这两种索引。

1) 聚集索引

聚集索引是根据数据行的键值，在表或视图中排序和存储数据行。一般情况下是对一个表的主码（关键字）字段建立聚集索引，所以数据的物理存储顺序和索引顺序相同。在 SQL Server 中，每个数据库中的每个表只能有一个聚集索引，因为一个表中的记录只能以一种物理顺序存放。

2) 非聚集索引

非聚集索引具有独立于数据行的结构，采用非聚集索引的数据表，其数据的物理顺序与索引顺序不相同。非聚集索引包含非聚集索引的值，并且每个键值项指向包含此键的数据行的指针。

拓展知识

(1) 两种索引的比较：从存取速度来说，从聚集索引的表中取出数据要比建立了非聚集索引的表要快。另外，因为非聚集索引是一个单独的数据结构，所以需要较大的硬盘空间和内存。表 5-1 给出了两种类型的索引对比。

表 5-1 两种索引的比较

索引类型	存取速度	索引的数量（每个表）	所需的空间
聚集索引	较快	1 个	较少
非聚集索引	较慢	多个	较大

可以这样理解：每天都有不少人去银行办理各种银行业务。以往人们都是在各办理窗口前排队，按排队的顺序来进行业务的办理。这队伍的顺序可理解为聚集索引，办理业务的顺序就是人们实际的排队顺序，且这个顺序只能有一个。

现在各银行都进行了改造，银行里都有一个号码打印机，如需要办理业务，只需打印出号码的小纸条即可。纸条上的号码就是办理业务的顺序，此顺序与人们实际的物理位置顺序无关。纸条上的号码顺序可理解为非聚集索引。

(2) 每当修改了表中数据后，都会自动维护索引。当对表列定义了 PRIMARY KEY 约束和 UNIQUE 约束时，会自动创建索引。

(3) 有一种索引叫全文索引，是一种特殊类型的基于标记的功能性索引，由 SQL Server 全文引擎服务创建和维护，用于帮助在字符串中搜索复杂的词。

5.1.2　创建索引

在 SQL Server 里可以有两种方式建立索引：一是直接方式；二是间接方式。直接方式是指系统利用 SSMS 或 T-SQL 语句创建索引。间接方式是指系统在创建 PRIMARY KEY 约束或 UNIQUE 约束时，SQL Server 会自动创建聚集索引。

1. 使用 SSMS 创建索引

【操作演示】在 BlogDb 的 Article 数据表中，将 ArticleID 设置为主键，同时创建索引。具体步骤如下。

(1) 在 SSMS 工具的【对象资源管理器】窗格中，展开 BlogDb 的数据表 Article，右击【索引】节点，选择【新建索引】命令，如图 5.1 所示。

(2) 在打开的【索引属性】对话框中，输入要创建的索引名称，然后在【索引类型】里选择“聚集”选项，再单击【添加】按钮，选择要创建索引的列，最后再指定索引其他需要的设置。单击【确定】按钮关闭对话框，如图 5.2 所示。

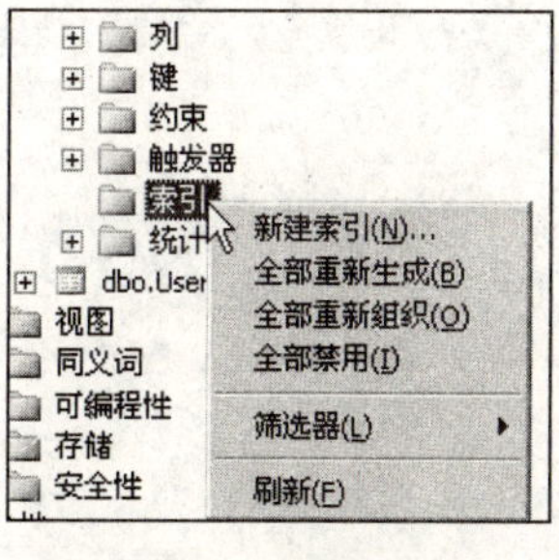

图 5.1　新建索引

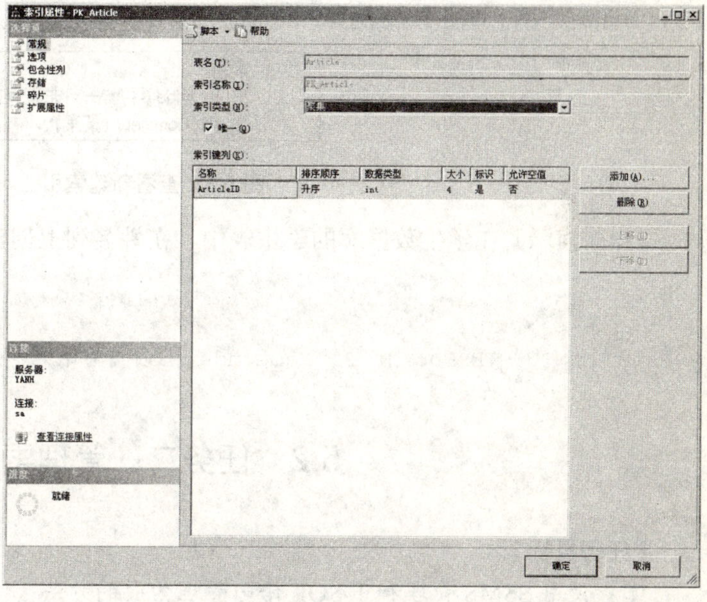

图 5.2　创建索引

通过简单的步骤就创建索引了。

2. 使用 T-SQL 语句创建索引

T-SQL 语句使用 CREATE INDEX 来创建索引，其语法格式如下：

```
CREATE [UNIQUE] [CLUSTERED|NONCLUSTERED]
INDEX <index name> ON <table or view name>(<column name> [ASC|DESC] [,...n])
```

```
INCLUDE (<column name> [, ...n])
[WITH (options)]
[ON {<filegroup> | <partition scheme name> | DEFAULT }]
```

说明：

(1) UNIQUE：创建一个唯一索引，即索引的键值不能重复。

(2) CLUSTERED：指明创建的索引为聚集索引。省略时，则创建的索引为非聚集索引。

(3) NONCLUSTERED：指明创建的索引为非聚集索引。

(4) index name：指明所创建的索引名称。

(5) table or view name：指明要创建索引的表名或视图名。

(6) ASC|DESC：指明特定索引列的排序方式。默认值是升序 ASC。

(7) INCLUDE：指定覆盖查询。通过在索引中包含特定的列，可以进入覆盖查询。

【操作演示】在 BlogDb 的 Comment 表中创建非聚集索引，将 ArticleID 作为索引列，并设置为升序排列。

(1) 新建查询窗口，输入以下代码后，单击 SSMS 工具栏的 ! 执行(X) 按钮即完成创建。

```
USE BlogDb
GO
CREATE  NONCLUSTERED  INDEX ix_atitle ON Comment(ArticleID)
```

(2) 在【对象资源管理器】窗格中单击【刷新】按钮，在【索引】目录下即可查看到新建的 ix_atitle 索引，如图 5.3 所示。

图 5.3　查看新建索引

【操作演示】在学生数据库的学生表中，在姓名列上创建非聚集索引 NameIndex。

```
USE  stu
GO
CREATE  NONCLUSTERED  INDEX  NameIndex  ON 学生表(姓名)
```

5.2　任务二：管理索引

【任务目标】

掌握使用 SSMS 管理和 T-SQL 语句管理索引的方法

5.2.1　使用 SSMS 管理

【操作演示】在 BlogDb 的 Comment 数据表中删除任务一所创建的索引 ix_atitle，具体步骤如下。

(1) 在 SSMS 工具的【对象资源管理器】窗格中，展开 BlogDb 的数据表 Comment，展开【索引】节点，右击 ix_atitle 索引，选择【删除】命令，如图 5.4 所示。

(2) 在弹出的如图 5.5 所示的【删除对象】对话框中，单击【确定】按钮，然后刷新该索引目录，检查索引已经删除。

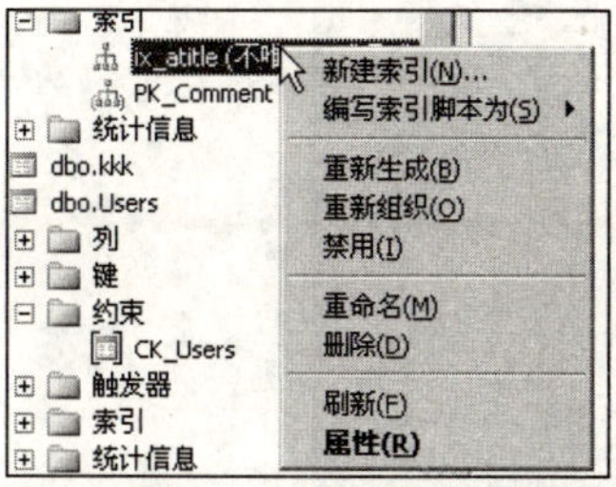

图 5.4　删除索引

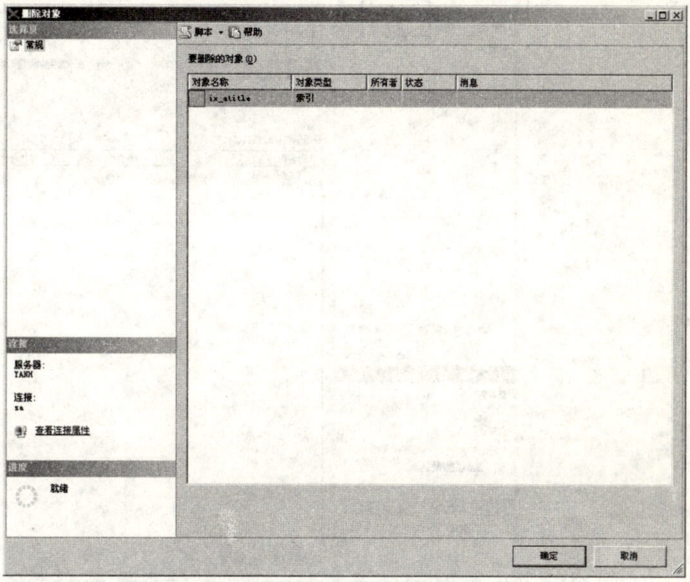

图 5.5　选择索引并删除

在 SSMS 中，还可以使用类似的方法管理索引。

【操作演示】在 BlogDb 的 Comment 数据表中分别选择【重新生成】、【重新组织】、【禁用】索引命令，具体步骤如下。

(1) 在 SSMS 工具的【对象资源管理器】窗格中，展开 BlogDb 的数据表 Comment，展开【索引】节点，右击 PK_Comment 索引，选择【重新生成】命令。

(2) 在弹出的【重新生1成索引】对话框中，单击【确定】按钮，完成操作，如图 5.6 所示。

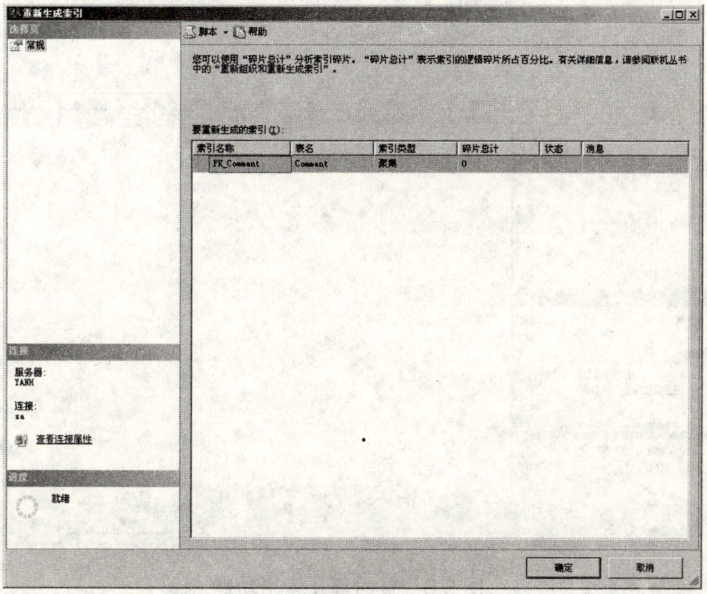

图 5.6　重新生成索引

(3) 类似地，选择【重新组织】命令，在弹出的【重新组织索引】对话框中，单击【确定】按钮，完成操作，如图 5.7 所示。

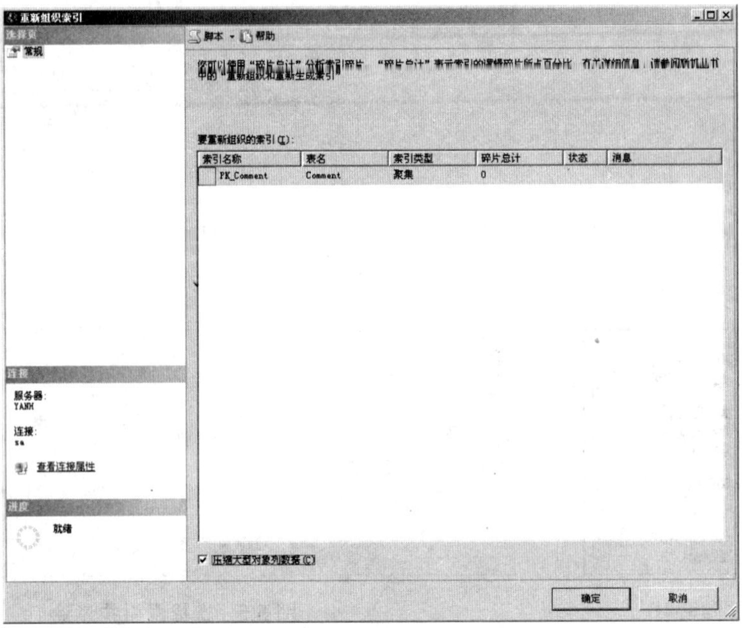

图 5.7　重新组织索引

(4) 有时只是想暂时停止索引功能，而不是想要删除索引，则可以使用【禁用】命令禁止索引生效。类似地，选择【禁用】命令，在弹出的【禁用索引】对话框中，单击【确定】按钮，完成操作，如图 5.8 所示。

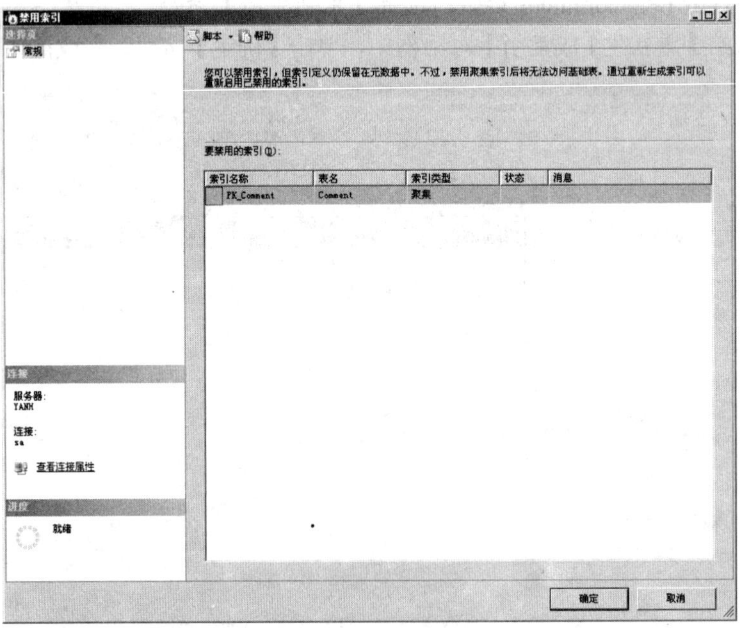

图 5.8　暂时停止索引功能

注意：如果对数据表的唯一主键禁用索引，则会引起无法访问数据表的问题，如图 5.9 所示。

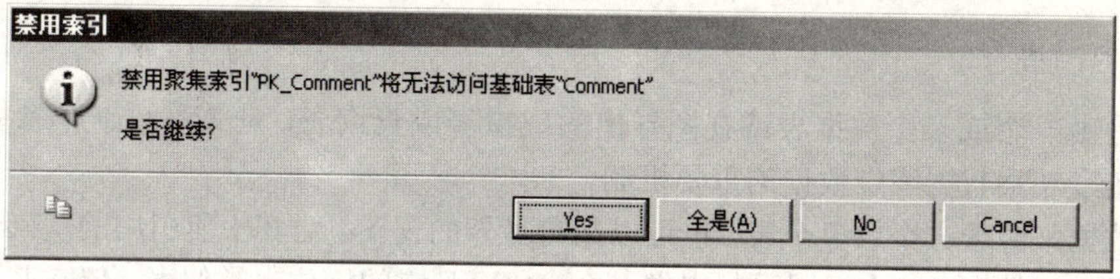

图 5.9 禁用索引

5.2.2 使用 T-SQL 语句管理

用 T-SQL 语句可以对索引进行管理，下面简单介绍一下 T-SQL 语句中删除索引的命令：DROP INDEX。语法格式如下：

```
DROP INDEX '表名.索引名'|'视图名.索引名' [,…n]
```

说明：

(1) 表名|视图名是指索引列所在的表或索引视图。

(2) 索引名是要除去的索引名称。

【操作演示】删除上面所建的索引 ix_atitle，具体步骤如下。

(1) 新建查询窗口，输入以下代码后，单击 SSMS 工具栏的 ! 执行(X) 按钮即完成删除。

```
USE BlogDb
GO
DROP INDEX Comment.ix_atitle
GO
```

(2) 在【对象资源管理器】窗格中单击【刷新】按钮，在【索引】目录下即可查看到该索引已经删除。

【强化训练】删除 Comment 数据表的 PK_Comment 索引。

注：删除聚集索引会导致重建所有非聚集索引。

5.3 任务三：认识和创建视图

【任务目标】

- 理解视图的概念及优点
- 掌握创建视图的方法

在博客系统中，用户经常要查询自己发表的所有文章的评论情况，这需要每次都要输入相同的查询语句。既然这样，可以专门创建一个表，就是人们所说的视图，用于存放所有文章的评论情况。如果需要查询数据，直接用“SELECT * FROM 视图名”就行了，其实将查询语句创建成视图，不仅仅是简化查询的动作；更重要的是，视图具备数据表的特性，还可以衍生出更多的应用。

5.3.1 认识视图

1. 视图的概念

视图是由一个或多个数据表或视图导出的虚拟表或查询表，是关系数据库系统提供给用户以多种角度观察数据库中数据的重要机制。

它的数据来源于一个或多个表，也可以来自另外的视图。对其中所引用的基础表来说，视图的作用类似于筛选。一个视图看起来像一个表，而且它的操作也类似表，但它并不是表，它只是一组返回数据的 T-SQL 语句。视图并不真正存储数据，其数据的物理存放位置仍然在数据库的表中。

2. 视图的优点

使用视图有以下优点。

(1) 检索特定数据，并达到数据安全保护的目的。在创建视图时，视图可通过指定限制条件和指定列限制用户对基本表的访问，只授予用户使用视图的权限，而不必指定用户使用表的特定列，从而达到保护数据的目的。

(2) 简化数据查询和处理操作。在应用系统设计时，从用户的角度将所需的数据从不同的表取出，定义视图将它们集中在一起，从而屏蔽数据库的复杂性，简化了数据查询操作。

(3) 便于数据交换操作。定义了视图也便于在不同表之间交换数据。

3. 使用视图的注意事项

使用视图时必须注意以下几项。

(1) 只有在当前数据库中才能创建视图。

(2) 视图的命名必须遵循标识符命名规则，不能与表同名，且对每个用户视图必须是唯一的，即对不同用户，即使是定义相同的视图，也必须使用不同的名字。

(3) 视图定义语句中的连接字段以及经常查询用的字段对应基本表的字段尽量有索引，必要时在常用视图中加必要的索引，特别是经常用于查询的字段。

(4) 使用视图查询时，若其关联的基本表中添加了新字段，则必须重新创建视图才能查询到新字段。

(5) 如果与视图相关联的表或视图被删除，则该视图将不能再使用。

5.3.2 创建视图

1. 在 SSMS 中创建视图

【操作演示】创建视图 viewcomment，用于查看文章标题、文章作者、评论者和评论内容。

(1) 在 SSMS 工具的【对象资源管理器】窗格中，展开 BlogDb 数据库文件夹，右击【视图】文件夹，选择【新建视图】命令，如图 5.10 所示。

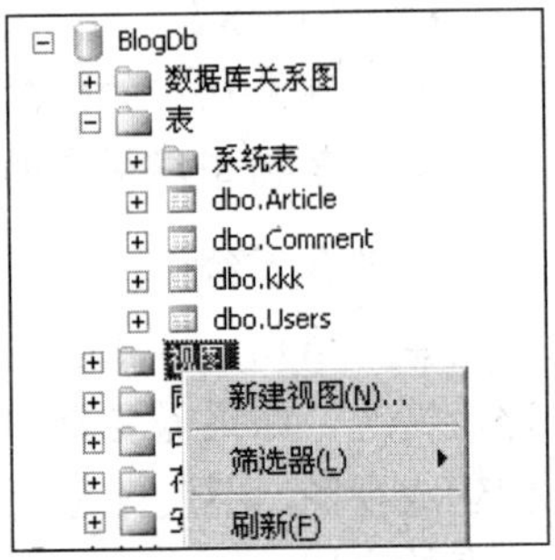

图 5.10 新建视图

(2) 在弹出的【添加表】对话框中，选择 Article 和 Comment 表，如图 5.11 所示。

(3) 在视图里，选择要显示的列，如图 5.12 所示。

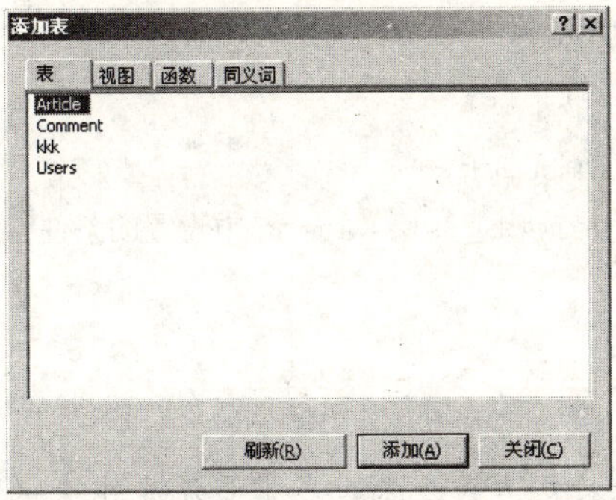

图 5.11 添加表

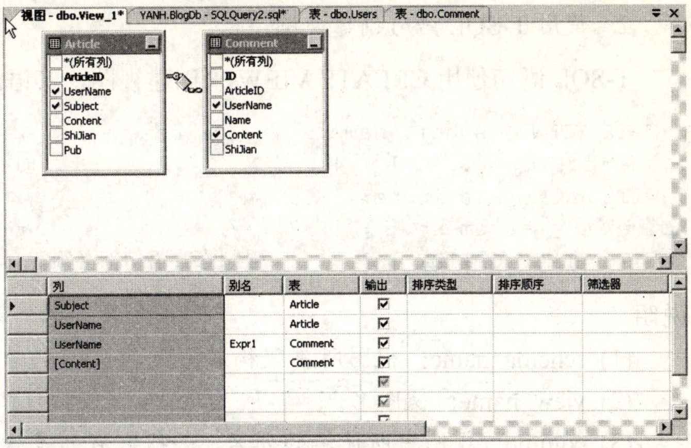

图 5.12 选择显示列

(4) 单击 SSMS 工具栏的 ! 执行(X) 按钮执行操作。在视图下方窗口显示出数据结果，如图 5.13 所示。

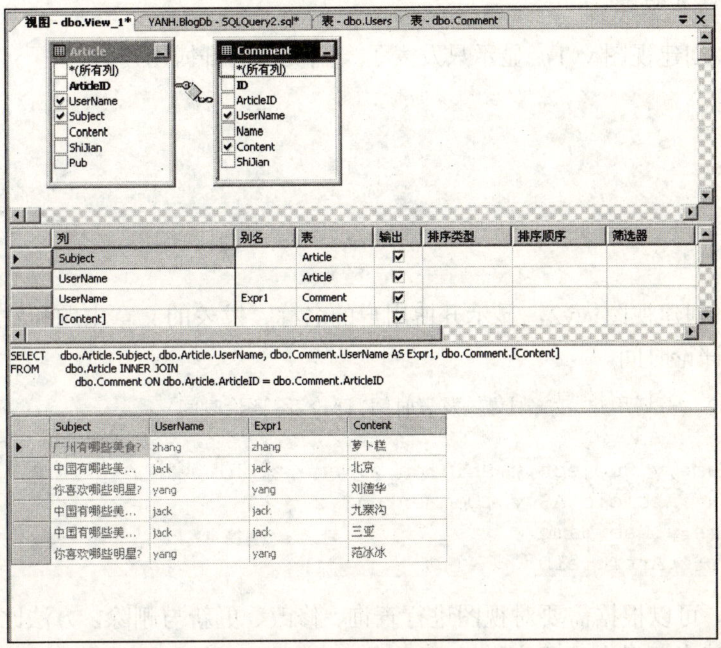

图 5.13 运行视图

(5) 关闭视图编辑框，在弹出【是否保存】窗口中，单击【是】按钮，在【选择名称】窗口中，输入视图名“viewcomment”，如图 5.14 所示。

(6) 展开数据库对应的视图文件夹，则可以查看到刚才创建的视图，如图 5.15 所示。

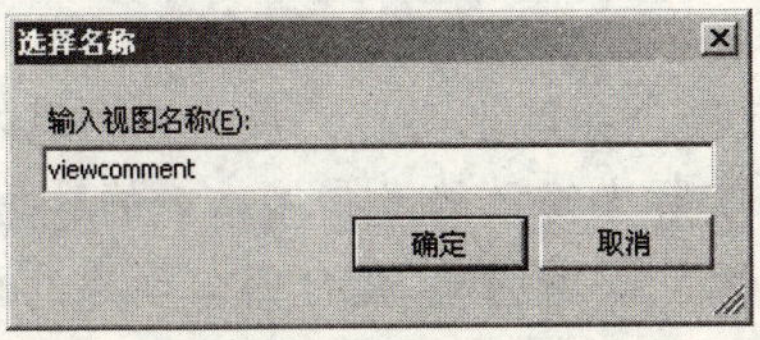

图 5.14 输入名称

图 5.15 查看视图

2. 使用 T-SQL 语句创建视图

T-SQL 语句使用 CREATE VIEW 来创建视图，其语法格式如下：

```
CREATE VIEW [ schema_name . ] view_name            --视图名
   [ (column  ,...n ] ) ]                           --列名
[ WITH <view_attribute> [ ,...n ] ]
AS select_statement [ ; ]                           --搜索语句
[ WITH CHECK OPTION ];        --强制修改语句都必须符合在 select_ statement 中设置的条件
```

说明：

(1) schema_name：视图所属架构名。

(2) view_name：视图名。

(3) column：视图中所使用的列名，一般只有列是从算术表达式、函数或常量派生出来的或者列的指定名称不同于来源列的名称时，才需要使用。

(4) select_statement：搜索语句。

(5) WITH CHECK OPTION：强制针对视图执行的所有数据修改语句都必须符合在 select_statement 中设置的条件。

【操作演示】创建视图 vv1，显示只发表了一篇文章的开博用户。

```
CREATE VIEW vv1
AS
SELECT UserName
FROM Article
GROUP BY UserName
HAVING count(*)=1
```

【操作演示】创建视图 vv2，显示开博用户的名称、发表的文章主题和发表时间以及评论文章的用户名和评论时间。

```
CREATE VIEW vv2 (开博用户,文章主题,发表时间,评论者,评论时间)
AS
SELECT x.UserName,y.Subject,y.ShiJian,z.Name,z.ShiJian
FROM Users AS x ,Article AS y ,Comment AS z
WHERE x.UserName=y.UserName
AND y.ArticleID=z.ArticleID
```

创建视图后，可以根据需要对视图进行查询、修改、更新与删除，方法比较简单，这里不再详细介绍了，读者可以自己研究。

拓展知识

(1) 视图一经定义，便存储在数据库中。对视图的操作与对表的操作一样，可进行查询、修改与删除。

(2)当修改视图中的数据时，相应的基本表的数据也会产生变化；反之，当基本表的数据发生变化时，这种变化也会自动反映到视图中。实际上修改的还是基本表的数据。

(3) 通过视图修改数据，前提是视图是简单视图，即用简单 SQL 语句创建的视图（单个表，没有聚集函数等），否则不能修改。

本章小结

本章主要介绍了索引与视图的创建与维护。索引是一种物理结构，它能够提供以一列或多列的值，使得表中的各行数据按照数列的逻辑来存取，从而提高了数据的检索速度。视图则是根据用户的需求而定义的从已有的表中导出的虚拟表。在学习时，重点掌握创建索引与视图的方法，理解聚集索引与非聚集索引的区别。

巩固练习

一、选择题

1．以下哪种情况应该尽量创建索引？（　　）

A．在 WHERE 子句中出现频率较高的列

B．具有很多 NULL 值的列

C．记录较少的基本表

D．需要频繁更新的基本表

2．视图与基本表的关系是(　　)。

A．视图随基本表的打开而打开　　B．基本表随视图的关闭而关闭

C．基本表随视图的打开而打开　　D．视图随基本表的关闭而关闭

3．数据库中只存放视图的（　　）。

A．操作　　B．对应的数据

C．定义　　D．限制

二、上机题

1．在 BlogDb 的 Users 表中创建基于“UserID”和“UserName”两个字段组合的一个唯一性聚集索引，并查看索引信息。

2．使用 SSMS 对 Article 表的索引进行重新生成操作。

3．创建视图 pp1，显示 2005 年之后发表的文章与评论内容。

第 6 章 管理存储过程

情景：

一天，小段去小张家，打算看一下小张的 SQL Server 2005 学习得怎样了，却发现小张正在玩开心网。“段哥，你看我刚找到一个空车位，正想停上去时，就被别人占了。网速慢，误事！”小张说。

小段突然灵机一动，于是笑道：“小张，开心网上大家都在查找空车位，这就是一个查询过程，可以用 SELECT 语句来完成。你设想一下，每天有几十万个用户都在网络上执行一个查询，然后再将该查询命令从他们的计算机通过网络发送到服务器，这将会累积大量的网络通信量，当然会造成通信拥挤啦！可是我们平时在百度查询信息时，全世界应该也会有大量的用户同时在执行查询，但百度很快就把结果显示出来了，你知道这其中有什么原因吗？”

“哦？不知道哦，你快告诉我吧！”小张有点迷惘。

小段一看激起了小张的学习兴趣，于是就慢慢说来。

“还是举博客的例子吧。例如，用户要在我的博客上查询 2008 年 1 月 1 日以后的日志，可以使用下列查询语句。”

```
USE BlogDb
SELECT Subject FROM  Article
WHERE ShiJian>'1/1/2008'
ORDER BY ShiJian
```

“这个查询似乎不算大，但多个用户同时执行同一查询时，就会造成网络塞车，所以必须尽量减轻网络负担，减少从客户端的计算机发送到服务器的代码量。为了达到这个目的，需要将查询变成存储过程，并把它存放在服务器上，而不是放在客户端的计算机上，用户只需通过网络发送执行此存储过程的代码就可以了。”

“哦，我明白了！今天我们要学的就是这个存储过程吧。”

6.1 任务一：认识存储过程

【任务目标】

- 存储过程的概念
- 存储过程的优点
- 系统存储过程与用户存储过程

1. 存储过程的作用

当 SQL Server 创建应用程序时，可以用两种方法存储和执行程序：一是将程序存储在本地，然后创建向 SQL Server 发送命令并处理结果的应用程序；二是将程序以存储过程的形式存储在 SQL Server 服务器中，然后创建执行存储过程并处理结果的应用程序。SQL Server 推荐使用第二种方法。

所以存储过程是一组编译好的存储在服务器上的完成特定功能的 T-SQL 代码。显然，存储过程能够有效地帮助用户解决速度与效率问题。

在 SQL Server 中使用存储过程有以下优点。

(1) 存储过程在服务器上已经注册。

(2) 存储过程具有安全特性，用户可以被授予权限来执行存储过程而不必直接对存储过程中引用的对象具有权限。

(3) 存储过程可以强制应用程序的安全性。参数化存储过程有助于保护应用程序不受 SQL Injection 攻击。

(4) 存储过程允许模块化程序设计，易于维护。

(5) 存储过程是命名代码，允许延迟绑定。

(6) 存储过程可以减少网络通信量。

2. 存储过程的分类

在 SQL Server 2005 中有 3 种存储过程：用户自定义存储过程、扩展存储过程、系统存储过程。

1) 用户自定义存储过程

用户自定义存储过程是指由用户定义的存储过程。按编写的语言，存储过程有两种类型：T-SQL 和 CLR。

(1) T-SQL 存储过程是指一组 T-SQL 语句，能够接受和返回用户提供的参数。

(2) CLR 存储过程，是指对 Microsoft .NET Framework 公共语言运行时方法的引用，CLR 存储过程可以接受和返回用户提供参数的程序。它们在.NET Framework 程序集中是作为类的公共静态方法实现的，它可以通过 SQL Server 2005 数据库引擎直接运行。

2) 扩展存储过程

扩展存储过程是在 SQL Server 2005 实例的地址空间中动态加载和运行的外部例程。

3) 系统存储过程

系统存储过程是指执行数据库基础管理工作的一类特殊存储过程，存放在 SQL Server 2005 的源数据库里，通常以“sp_”为前缀名。

用户存储过程一般由用户自己创建，系统存储过程会在新建的数据库中自动创建，扩展存储过程 SQL Server 2005 不推荐使用，在后续版本里已经取消了。推荐开发人员转向更为安全的 SQL CLR 存储过程。

6.2 任务二：创建存储过程

【任务目标】

- 使用 SSMS 创建存储过程
- 使用 T-SQL 语句创建存储过程
- 掌握运行存储过程的方法

存储过程的设计有一定的原则：存储过程名称避免使用 sp 的前缀，在存储过程内部使用限定对象名称，尽量不使用临时存储过程。

创建存储过程时，应指定所有输入参数和向调用过程返回的输出参数，编写执行数据库操作的编程语句，实现返回至调用过程的成功或失败状态值，较为重要的还尽可能包括捕获和处理潜在错误，并编写处理此错误的语句。

下面介绍创建存储过程的两种方法。

6.2.1 在 SSMS 中创建

【操作演示】在 BlogDb 中创建存储过程 testProc，用于显示 Users 表的内容。

(1) 在 SSMS 中，展开 BlogDb 数据库下的【可编程性】节点右击【存储过程】节点，选择【新建存储过程】命令，如图 6.1 所示。

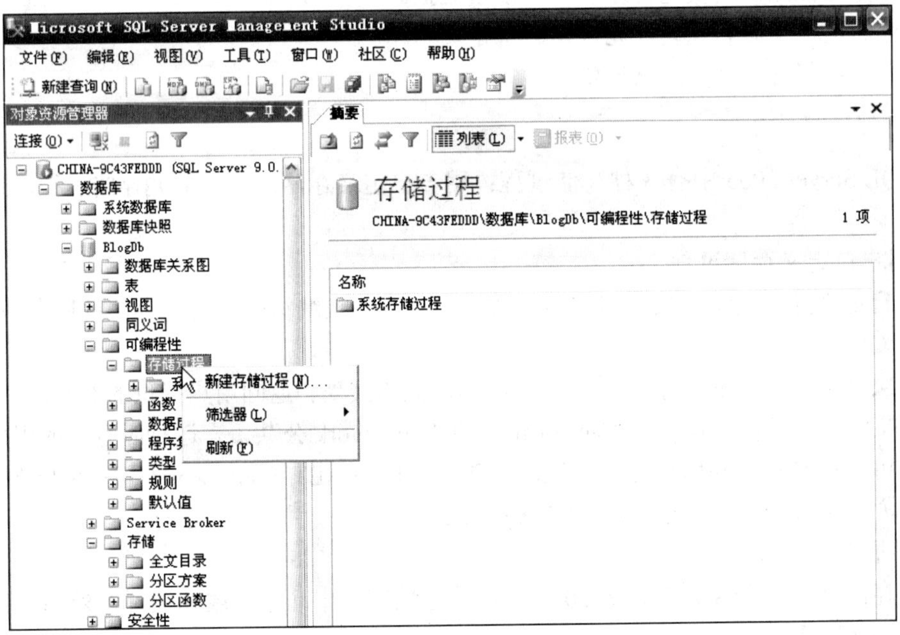

图 6.1 新建存储过程

系统自动打开代码编辑器窗口，给出了创建存储过程命令的模板，如图 6.2 所示。

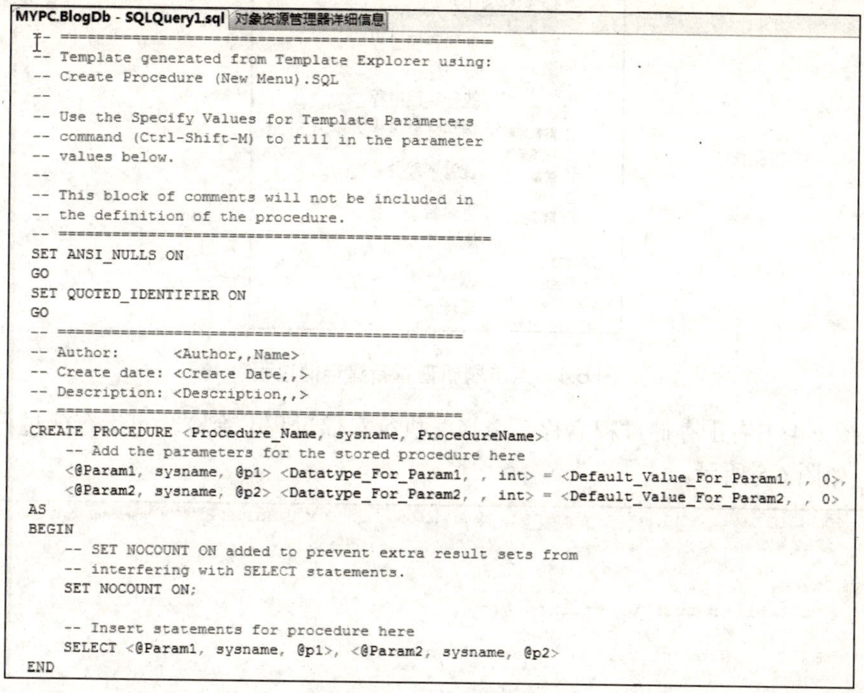


```
-- ================================================
-- Template generated from Template Explorer using:
-- Create Procedure (New Menu).SQL
--
-- Use the Specify Values for Template Parameters
-- command (Ctrl-Shift-M) to fill in the parameter
-- values below.
--
-- This block of comments will not be included in
-- the definition of the procedure.
-- ================================================
SET ANSI_NULLS ON
GO
SET QUOTED_IDENTIFIER ON
GO
-- =============================================
-- Author:        <Author,,Name>
-- Create date: <Create Date,,>
-- Description: <Description,,>
-- =============================================
CREATE PROCEDURE <Procedure_Name, sysname, ProcedureName>
    -- Add the parameters for the stored procedure here
    <@Param1, sysname, @p1> <Datatype_For_Param1, , int> = <Default_Value_For_Param1, , 0>,
    <@Param2, sysname, @p2> <Datatype_For_Param2, , int> = <Default_Value_For_Param2, , 0>
AS
BEGIN
    -- SET NOCOUNT ON added to prevent extra result sets from
    -- interfering with SELECT statements.
    SET NOCOUNT ON;

    -- Insert statements for procedure here
    SELECT <@Param1, sysname, @p1>, <@Param2, sysname, @p2>
END
```

图 6.2　代码编辑器

(2) 在模板中输入 testProc 存储过程的命令，用于显示 BlogDb 里的 Users 表，如图 6.3 所示。

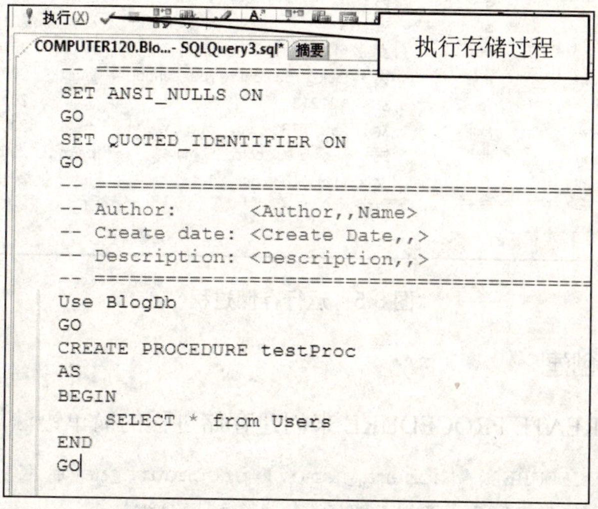


```
-- ==========================================
SET ANSI_NULLS ON
GO
SET QUOTED_IDENTIFIER ON
GO
-- ==========================================
-- Author:        <Author,,Name>
-- Create date: <Create Date,,>
-- Description: <Description,,>
-- ==========================================
Use BlogDb
GO
CREATE PROCEDURE testProc
AS
BEGIN
    SELECT * from Users
END
GO
```

图 6.3　输入命令后的模板图

(3) 单击 ! 执行(X) 按钮，在下方消息框显示“命令已成功完成。”的提示，即完成创建过程。

(4) 在【对象资源管理器】窗格中，右击【存储过程】节点，选择【刷新】菜单命令，即可查看刚才创建的存储过程 testProc，如图 6.4 所示。

图 6.4　点击刷新查看新建存储过程

(5) 在图 6.4 中右击存储过程名称，选择【执行存储过程】命令，可运行此过程，并显示运行结果，如图 6.5 所示。

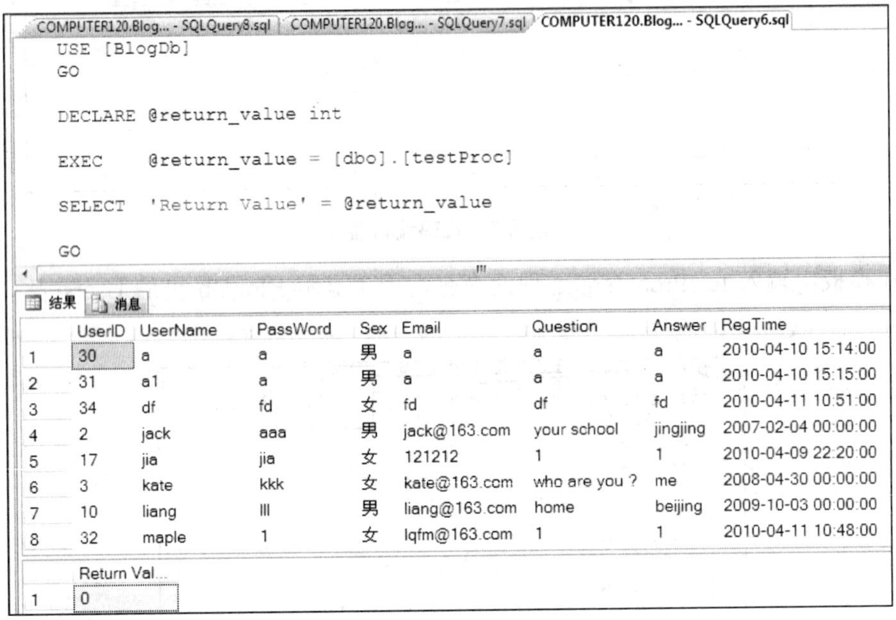

图 6.5　运行存储过程

6.2.2　用 T-SQL 语句创建

用 T-SQL 语句 CREATE PROCEDURE 来创建存储过程的简单语法规则如下：

```
CREATE { PROC | PROCEDURE } [schema_name.] procedure_name [ ; number ]
    [ { @parameter [ type_schema_name. ] data_type }
      [ VARYING ] [ = default ] [ OUT PUT ]
    ] [ ,...n ]
[ WITH <procedure_option> [ ,...n ]
[ FOR REPLICATION ] As sql_statement [...n]
AS T-SQL 语句集
```

主要参数见表 6-1。

表 6-1　参数表

参数名称	说明
procedure_name	存储过程的名称，必须是唯一的，名字前面有一个“#”表示是局部临时过程，如果有两个“##”表示是全局临时过程
;number	用于对同名过程进行分组的可选整数。如使用一个 DROP PROCEDURE 语句可将整个分组一起删除
@parameter	存储过程中的参数，可以声明一个或多个参数，每一个存储过程最多可以有 2100 个参数
data_type	存储过程中参数的数据类型
VARYING	指定作为输出参数支持的结果集
OUTPUT	指示参数是输出参数
<sql_statement>	要包含在过程中的一个或多个 Transact-SQL 语句

【操作演示】创建存储过程 testProc1，用于显示用户 zhang 发表的所有文章。

(1) 单击工具栏上的 新建查询(N) 按钮，打开一个新的查询窗口并输入如下语句。

```
USE BlogDb
GO
CREATE PROCEDURE testProc1
AS
BEGIN
   SELECT * FROM Article WHERE UserName='zhang'
END
GO
```

(2) 单击工具栏上的 ! 执行(X) 按钮，创建存储过程，若创建成功，【消息】页面将显示“命令已成功完成”的信息。

(3) 在新的查询窗口中输入命令：

```
USE BlogDb
EXECUTE testProc1
或  EXEC testProc1
```

运行此存储过程，并显示运行结果，如图 6.6 所示。

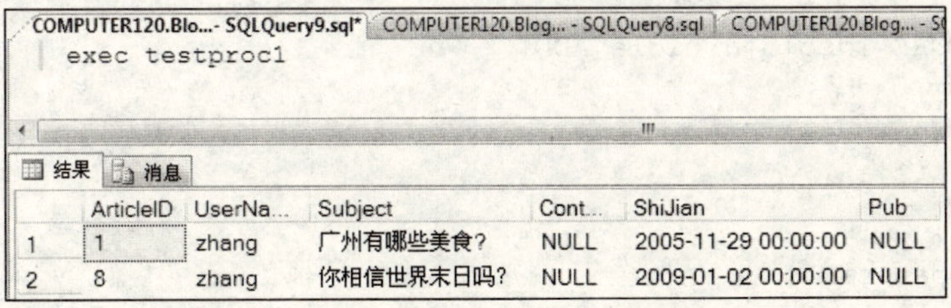

图 6.6　运行存储过程结果

至此，大家已学会创建与运行存储过程的两种方法。

有时在执行存储过程时，是根据某些参数的值进行查询的，所以可创建带参数的存储过程。定义存储过程的参数必须符合下述规定。

(1) 在创建存储过程时，在 CREATE PROCEDURE 和 AS 关键字之间定义参数。

(2) 每个参数都要指定参数名和数据类型，参数名必须以@开头，并且符合标识符命名规则。

(3) 如有多个参数，各个参数之间以逗号分隔。

【操作演示】创建带参数的存储过程 displayarticle，用于根据用户名称查询用户发表的文章。

其他步骤与以上创建存储过程的方法一样，不同的是需要对存储过程的代码进行适当的修改。

(1) 创建带参数的存储过程 displayarticle 的 T-SQL 语句如下：

```
USE BlogDb
Go
CREATE PROCEDURE displayarticle (@searchname varchar(20))
AS
SELECT * FROM Article WHERE UserName=@searchname
```

(2) 执行存储过程的 T-SQL 语句如下：

```
USE BlogDb
EXEC displayarticle @searchname='tom'
或
EXEC displayarticle 'tom'
```

注意： 在执行存储过程时，可按照“@参数名=值”进行参数传递，或者按照位置传递参数，此顺序必须与 CREATE PROCEDURE 语句中定义顺序排列一致。

拓展知识

创建复杂的存储过程。

【操作演示 1】：将博客系统里用户发表文章插入一条记录的操作写成存储过程 article_ADD。

1) 创建存储过程

```
USE BlogDb
GO
CREATE PROCEDURE [dbo].[article_ADD]
@id int OUTPUT,
@user varchar(20),
@subject varchar(50),
@content text,
@indate smalldatetime,
@ispub char(2),
 AS
 INSERT INTO
 Article([ArticleID],[UserName],[Subject],[Content],[ShiJian],[Pub])
  VALUES(@id,@user,@subject,@content,@indate,@ispub)
  SET @id = @@IDENTITY
```

2) 执行存储过程

```
DECLARE @id int
DECLARE @user varchar(50)
DECLARE @subject varchar(50)
DECLARE @content text
DECLARE @indate datetime
DECLARE @ispub int
EXECUTE @RC = [BlogDb].[dbo].[article_ADD]
   @id OUTPUT
  ,@user ,@subject  ,@content  ,@indate  ,@ispub
```

【操作演示 2】：将博客系统里注册新用户的操作写成存储过程 Users_CreateUser。

1) 创建存储过程

```
USE [BlogDb]
GO
CREATE PROCEDURE [dbo].[Users_CreateUser]
    @UserName        nvarchar(256),
    @password          char(6),
@sex              char(2),
@email              varchar(50),
@question           varchar(50),
@answer        varchar(50),
@regtime            DATETIME,
@UserId          uniqueidentifier OUTPUT
AS
BEGIN
    IF( @UserId IS NULL )
       SELECT @UserId = NEWID()
    ELSE
    BEGIN
       IF( EXISTS( SELECT UserId FROM dbo.Users
                WHERE @UserId = UserId ) )
          RETURN -1
    END
    INSERT dbo.aspnet_Users (UserId, UserName, PassWord, Sex, Email,Question,
    Answer,RegTime)
    VALUES (@UserId, @UserName, @password, @sex, @email,@question,@answer,
    @regtime)
    RETURN 0
END
```

2) 执行存储过程

```
DECLARE @RC int
DECLARE @UserName varchar(20)
DECLARE @password char(6)
DECLARE @sex char(2)
```

```
DECLARE @email varchar(50)
DECLARE @question varchar(50)
DECLARE @answer varchar(50)
DECLARE @regtime DATETIME
DECLARE @UserId uniqueidentifier
EXECUTE @RC = [BlogDB].[dbo].[Users_CreateUser]
  @UserName
,@password,@sex,@email,@question,@answer,@regtime,@UserId OUTPUT
```

修改任务二的 displayarticle 存储过程，按发表时间(ShiJian)进行查询。

强化训练

1．在 BlobDb 数据库中创建存储过程 pp1，用于显示所有博客用户的姓名、发表的文章主题及发表时间。

2．在 BlobDb 数据库中创建存储过程 pp2，按日期查询所有博客发表的文章。

3．在 BlobDb 数据库中创建存储过程 getemail，根据开博用户名查询其邮箱地址。要求用两种方法完成。

6.3　任务三：修改存储过程

【任务目标】

- 使用 SSMS 修改存储过程
- 使用 T-SQL 语句修改存储过程

6.3.1　在 SSMS 中修改

存储过程创建好以后，如果需要修改，同样可以使用 SSMS 和 T-SQL 语句进行修改。

(1) 展开【数据库】节点，单击 BlogDb，展开【可编程性】节点和【存储过程】节点，右击 testProc 存储过程，选择【修改】命令，如图 6.7 所示。

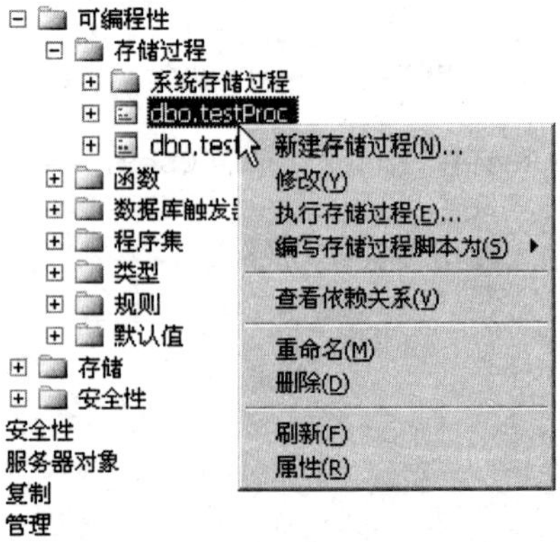

图 6.7　修改存储过程

(2) 修改存储过程后，同样单击 ! 执行(X) 按钮，显示“命令已成功完成”消息，表示修改成功。

6.3.2 用 T-SQL 语句修改

修改存储过程的 T-SQL 语句为 ALTER PROCEDURE，其语法是：

```
ALTER { PROC | PROCEDURE } [schema_name.] procedure_name [ ; number ]
    [ { @parameter [ type_schema_name. ] data_type }
    [ VARYING ] [ = default ] [ OUT PUT ]
    ] [ ,...n ]
[ WITH <procedure_option> [ ,...n ] ]
[ FOR REPLICATION ] AS sql_statement [...n]
AS T-SQL 语句集
```

主要参数见表 6-2。

表 6-2 参数列表

参数说明	说明
procedure_name	要更改过程的名称
;number	现有的可选整数，该整数用来对具有同一名称的过程进行分组
@parameter	过程中的参数，最多可以指定 2100 个参数
VARYING	指定支持作为输出参数的结果集
OUTPUT	指示参数是返回参数
<sql_statement>	过程中要包含的任意数目和类型的 Transact-SQL 语句

【操作演示】修改“testProc”存储过程，查询结果只显示博客名。

(1) 在查询分析器编辑窗口，输入以下代码：

```
ALTER PROCEDURE testProc
AS
SELECT UserName FROM Users
```

(2) 修改好后，单击 ! 执行(X) 按钮，修改成功后，在下方【消息】页面显示“命令已成功完成”的信息。

6.4 任务四：删除存储过程

【任务目标】

- 使用 SSMS 删除存储过程
- 使用 T-SQL 语句删除存储过程

如果用户定义的存储过程不再需要时，可以从数据库中删除它。同样，可以在 SSMS 中删除或使用 T-SQL 语句删除。

6.4.1 在 SSMS 中删除

【操作演示】删除存储过程 testProc。

(1) 在数据库目录下，展开【可编辑性】的【存储过程】节点，查找到要执行的存储过程 testProc，右击该节点，在弹出的菜单中，选择【删除】命令，如图 6.8 所示。

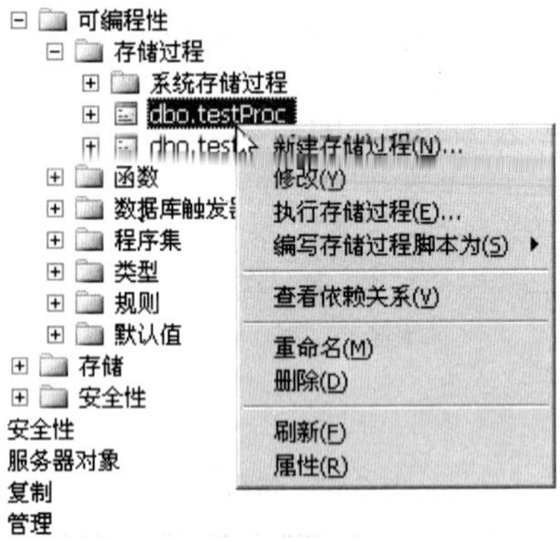

图 6.8 选择【删除】命令

(2) 在弹出的【删除对象】对话框中，单击【确定】按钮即可删除存储过程，如图 6.9 所示。

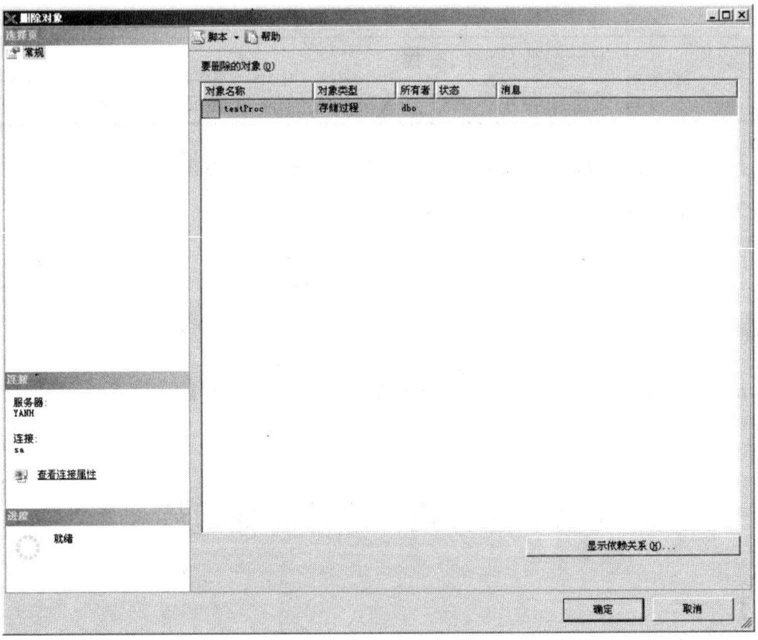

图 6.9 删除存储过程

6.4.2 用 T-SQL 语句删除

删除存储过程的 T-SQL 语句是 DROP PROCEDURE，其语法如下：

```
DROP { PROC | PROCEDURE}{[schema_name.] procedure}[ ,…n]
```

说明：(1) schema_name 项，是指过程所属的架构名称。

(2) procedure 项，是指要删除的存储过程或存储过程组的名称。

【操作演示】删除 BlogDb 数据库中 testProc 存储过程。

```
DROP PROCEDURE testProc
```

注意：这种删除是永久性的。

拓展知识

不能在同一批处理中既删除又重建某个存储过程。因为在执行之前，SQL Server 2005 将分析整个批处理，当分析器遇到 CREATE PROC 语句时，它将确保在建立过程之前没有同名的过程存在，如存在，则发生错误，如图 6.10 所示。

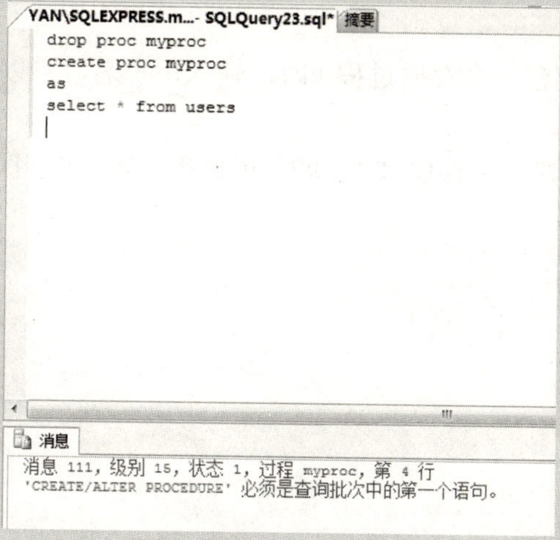

图 6.10　删除错误

通过以上 4 个任务，已学会创建、修改、执行和删除存储过程的方法了。

本 章 小 结

本章主要对以下内容进行了叙述。

(1) 存储过程的概念。存储过程是独立存在于表之外的数据库对象，由被编译在一起的一组 T-SQL 语句组成。它可以被客户调用，也可以被另一个存储过程或触发器调用，它的参数可以被传递，它的出错代码也可以被检验。

(2) 存储过程按存储方式可以分为：用户自定义存储过程、系统存储过程。系统存储过程主要在服务器上运行，用于收集关于服务器的专门信息。用户自定义存储过程可以使用 SSMS 管理器或 T-SQL 语句来进行创建、更改、执行、删除操作。

巩 固 练 习

一、填空题

1. __________是已经存在于 SQL Server 2005 服务器中的一组预编译过的 T-SQL 语句。

2. 建立一个存储过程的语句关键字为__________，执行一个存储过程的语句关键字为__________。

3. 系统存储过程通常以__________为前缀开头

二、简述题

1. 简述存储过程的优点。

2. 修改一个存储过程与重建一个存储过程哪个更有效率？说明理由。

三、上机题

1. 在“BlogDb”中创建一个存储过程 kk1，输入用户名，可以查看用户发表的文章与评论文章。

2. 在“BlogDb”中创建一个存储过程 kk2，根据用户输入的用户名和密码修改用户信息。

第 7 章 管理触发器

情景：

这天小张正在编写存储过程，办公室里的一位美眉来找小张帮忙重装计算机。小张乐呵呵地答应了，屁颠屁颠地去了。

很快小张就回来了，小段问：“咋地，这么快就回来了？”小张说：“我拿了张 GHOST 碟，是无人值守版的，只要设为光驱启动，咔咔地，也不用自己动手，十几分钟的工夫就装完了。”

“呵呵，所以你没有什么利用价值，只好回来了。”小段笑着说，“正好，说到这个‘无人值守’啊，我还正有话要说。前面讲的存储过程虽然优化了语句，加快了 T-SQL 语句的执行速度，但存储过程必须由应用程序通过一个调用来执行，但在 SQL Server 2005 里还有一种特殊的存储过程，叫触发器，只要满足某个规定的条件，它就可以自动执行了。”

“哇，还有这种存储过程？太厉害了，快教教我吧！”

7.1 任务一：认识触发器

【任务目标】

- 了解触发器的工作原理
- 掌握触发器的作用

7.1.1 触发器的概念

触发器是一种特殊类型的存储过程，它主要是通过事件进行触发而被执行的，而存储过程可通过存储过程名称而直接调用。当使用 UPDATE、INSERT 或 DELETE 语句对数据表进行操作时，所设置的触发器会自动执行，以维护数据的完整性。

触发器的优点如下。

(1) 触发器是自动的：它们在对表的数据作了任何修改(比如手工输入或者应用程序采取的操作)之后立即被激活。

(2) 触发器可以通过数据库中的相关表进行层叠更改。

(3) 触发器可以强制限制，这些限制比用 CHECK 约束所定义的更复杂。与 CHECK 约束不同的是，触发器可以引用其他表中的列。

7.1.2 触发器的作用

SQL Server 主要提供了两种机制来强制业务规则和数据完整性：约束和触发器。触发器可以支持约束的所有功能，但有时并不一定是最好的方法。但是，触发器的主要作用是能实现主键和外键所不能保证的参照完全性和数据一致性。所以触发器主要有以下的作用。

(1) 触发器能够实现数据的完整性和数据的一致性，允许一个工作组的所有成员在保证数据完整性的前提下进行修改操作。

例如：在 BlogDb 数据库中，开博用户修改了某文章的标题，则必须同时修改文章评论中此文章的标题，因为两者是有关联的。

(2) 增强约束。触发器能够实现比“CHECK”语句更为复杂的约束。

(3) 跟踪、监督数据库。触发器可以检测到数据库内的所有操作，杜绝所有未经许可的更新操作。

(4) 级联触发。触发器可以检测到数据库内的操作，并自动地级联触发影响整个数据库的相关表的触发器。例如：在 BlogDb 数据库中，管理员删除了某个开博用户，则此用户发表的文章与评论文章也应一并删除。

(5) 存储过程的调用。触发器可以调用一个或多个存储过程，甚至可以通过外部过程的调用而在 SQL Server 2005 系统本身之外进行操作。

7.1.3 触发器的类型

SQL Server 2005 数据库有两类触发器，一类是 DML 触发器，另一类是 DDL 触发器。

(1) DML 触发器是当数据库服务器中发生数据操作事件时执行的操作。DML 事件包括对表或视图发出的 UPDATE、INSERT 或 DELETE 语句。

(2) DDL 触发器是特殊的触发器，它在响应数据定义语句时触发操作，如审核以及规范数据库操作。

将 DML 触发器分为 INSERT、DELETE、UPDATE 这 3 类。

(1) INSERT 触发器：是当数据库表的 INSERT 触发器执行时，同时插入新记录到该数据库表和 inserted 表。

(2) DELETE 触发器：是当数据库的 DELETE 触发器执行时，从数据库表删除的数据首先放到一个 deleted 表。

(3) UPDATE 触发器：是当数据库的 UPDATE 触发器执行时，原始数据被移到 deleted 表，修改后的数据被插入到 inserted 表。UPDATE 触发器同时变更 deleted 表和 inserted 表，以及更新数据库。

注意： inserted 表是保存插入的数据行副本的虚拟表，deleted 表是保存被删除的数据行副本的虚拟表。

拓展知识

存储过程与触发器有什么区别?

存储过程是保存起来的可以接收和返回用户提供的参数的 T-SQL 语句的集合。存储过程单独存在于数据库中，需要手工调用。

触发器是一种特殊的存储过程，在用户试图对指定的表执行指定的数据修改语句时自动执行。允许为任何指定的 INSERT、UPDATE 或 DELETE 语句创建多个触发器。触发器存在于库中的某个表，当表中的数据发生变化时，自动触发工作。

触发器就好像生活中的闹钟，先调好早上 7 点钟的闹铃，只要时间一到，闹钟就被自动触发，闹钟就响起来了。

7.2　任务二：创建触发器

【任务目标】

- 学习 DDL 触发器操作步骤
- 创建触发器并应用

创建触发器，可以在 SQL Server Management Studio 中创建，也可以利用 T-SQL 语句创建。

7.2.1　在 SSMS 中创建

【操作演示】在 BlogDb 的 Article 数据表中创建名为“trig_sample”的触发器，当用户修改 Article 数据表时，显示被修改的记录个数。具体步骤如下。

(1) 在 SSMS 工具的【对象资源管理器】窗格中，展开 BlogDb 的数据表 Article，右击【触发器】节点，选择【新建触发器】命令，如 7.1 图所示。

(2) 系统打开新的命令窗口，给出创建触发器的命令模板，如图 7.2 所示。

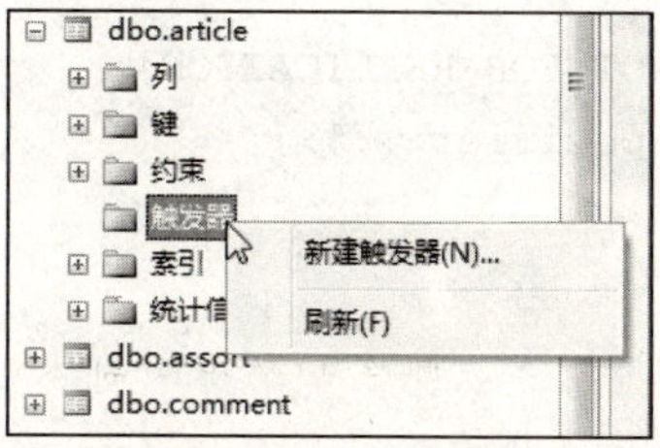

图 7.1　新建触发器

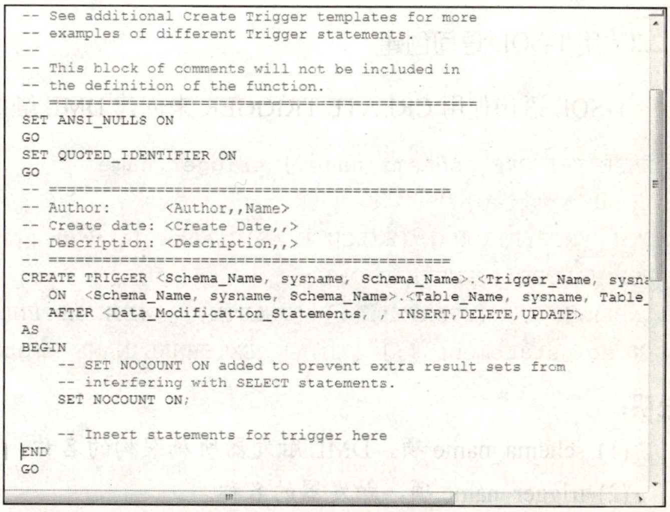

```
-- See additional Create Trigger templates for more
-- examples of different Trigger statements.
--
-- This block of comments will not be included in
-- the definition of the function.
-- ================================================
SET ANSI_NULLS ON
GO
SET QUOTED_IDENTIFIER ON
GO
-- =============================================
-- Author:       <Author,,Name>
-- Create date: <Create Date,,>
-- Description: <Description,,>
-- =============================================
CREATE TRIGGER <Schema_Name, sysname, Schema_Name>.<Trigger_Name, sysna
   ON  <Schema_Name, sysname, Schema_Name>.<Table_Name, sysname, Table_
   AFTER <Data_Modification_Statements, , INSERT,DELETE,UPDATE>
AS
BEGIN
    -- SET NOCOUNT ON added to prevent extra result sets from
    -- interfering with SELECT statements.
    SET NOCOUNT ON;

    -- Insert statements for trigger here

END
GO
```

图 7.2　命令模板

(3) 在模板中输入以下代码创建触发器后，单击 SSMS 工具栏的 ! 执行(X) 按钮即可创建，如图 7.3 所示。

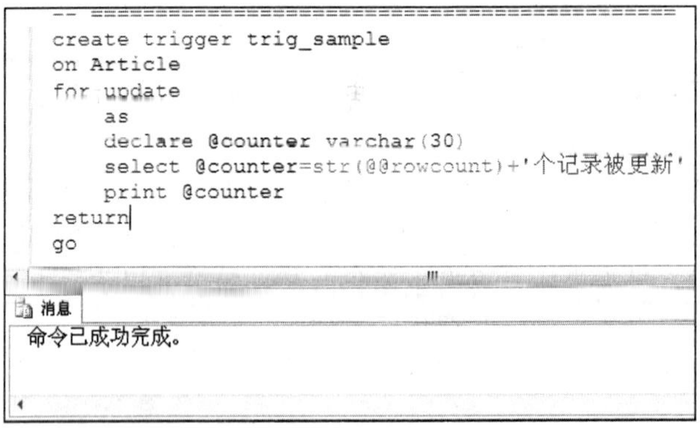

图 7.3　命令模板

(4) 在【对象资源管理器】窗格中单击【刷新】按钮，在【触发器】目录下即可查看到新建的 trig_sample 触发器，如图 7.4 所示。

(5) 在新的 SQL 命令窗口中，更新表 Article 的数据，输入以下命令：

```
UPDATE Article SET Pub='否'
```

则看到如图 7.5 所示的结果：11 个记录被更新。

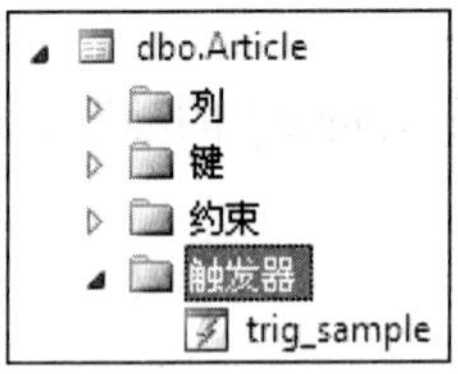

图 7.4　完成新建

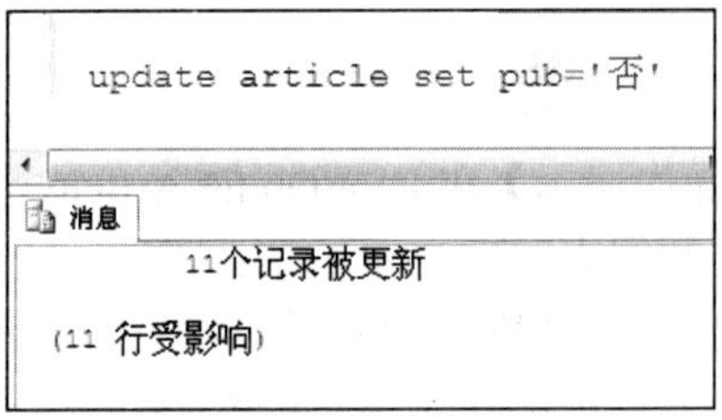

图 7.5　更新记录

7.2.2　用 T-SQL 语句创建

T-SQL 语句使用 CREATE TRIGGER 来创建 DML 触发器，其语法格式如下：

```
CREATE TRIGGER [schema_name.] trigger_name
On {table |view}
[WITH  ENCRYPTION ] [EXECUTE AS Clause [, … n ]]
{ FOR |AFTER | INSTEAD OF}
{[INSERT] [,] [UPDATE] [,] [DELETE]} [WITH APPEND]  [NOT FOR REPLICATION]
AS { sql_statement [;] [...n] |  EXTERNAL NAME <method specifier [;]>}
```

说明：

(1) schema_name 项，DML 触发器所属架构的名称。

(2) trigger_name 项，触发器的名称。

(3) table|view 项，对其执行 DML 触发器的表或视图，有时称为触发器表或触发器视图。

(4) WITH ENCRYPTION 项，对 CREATE TRIGGER 语句的文本进行加密。

(5) EXECUTE AS 项，指定用于执行该触发器的安全上下文。

(6) AFTER 项，在触发 T-SQL 语句中，指定的所有操作都已成功执行时才被激发。

(7) INSTEAD OF 项，指定 DML 触发器是替代 T-SQL 语句执行的。其优先级别高于触发语句的操作。每个表或视图，对于每条 INSERT、UPDATE、DELETE 语句最多可定义一个 INSTEAD OF 触发器。

(8) { [INSERT] [,] [UPDATE] [,] [DELETE] }项，指定数据修改语句。

(9) NOT FOR REPLICATION 项，指示当复制代理修改涉及触发器的表时，不应执行触发器。

(10) sql_statement 项，触发条件和操作。

【操作演示】在 BlogDb 的 Users 表中创建“change_name”触发器，功能是：当修改 Users 表中的用户名时，Article 表和 Comment 表中对应的用户名也同时修改。

(1) 新建查询窗口，输入以下代码后，单击 SSMS 工具栏的 ! 执行(X) 按钮即完成创建。

```
USE BlogDb
GO
CREATE TRIGGER change_name ON Users                    --在表 Users 上定义触发器
FOR UPDATE                                              --触发器类型为 UPDATE
AS
IF UPDATE(UserName)                                     --对 UserName 列的修改
BEGIN
   DECLARE @username varchar(20)                        --定义变量存放旧的用户名
   DECLARE @username2 varchar(20)                       --定义变量存放新的用户名

   --被删除的记录存放在 deleted 表，提取 UserName 的值赋给变量@username
   SELECT @username=deleted.UserName FROM deleted

   --被插入的记录存放在 inserted 表，提取 UserName 的值赋给变量@username2
   SELECT @username2=inserted.UserName FROM inserted

   --更新 Article 与 Comment 表的 UserName 字段
   UPDATE Article SET UserName=@username2 WHERE UserName=@username
   UPDATE Comment SET UserName=@username2 WHERE UserName=@username
END
```

(2) 在新的 SQL 命令窗口中，输入以下命令更新 Users 表的记录：

```
UPDATE Users SET UserName='Zhang' WHERE UserName='zhang'
```

则看到如图 7.6 所示的结果。

(3) 打开 Article 表和 Comment 表查看 UserName 是否已被修改，验证触发器的作用。

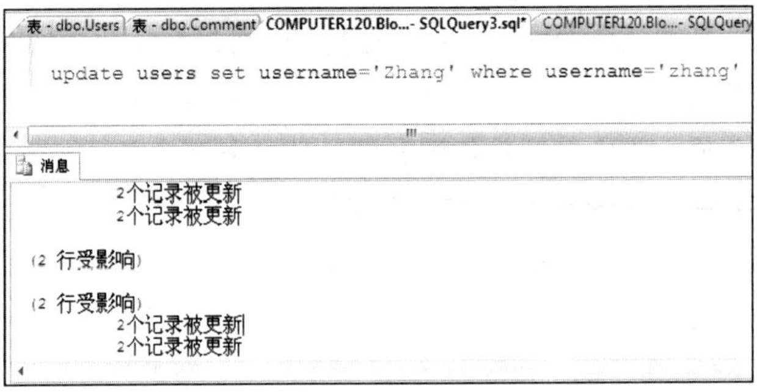

图 7.6 验证触发器

强化训练

在 BlogBb 数据库的 Users 表创建 del_user 触发器，当删除某一用户时，同时将此用户在 Article 表与 Comment 表里相关的记录删除。

7.3 任务三：修改触发器

【任务目标】

- 学习在 SSMS 里修改触发器
- 学习用 ALTER TRIGGER 语句修改触发器

当创建触发器后，需要对此进行修改，可在 SSMS 里或用 T-SQL 语句进行修改。

7.3.1 在 SSMS 里修改

右击触发器的名称，选择【修改】命令，即可打开命令窗口。根据需要对代码进行修改后，单击 ! 执行(X) 按钮，在出现“命令已成功完成”的提示后，即完成修改，如图 7.7 所示。

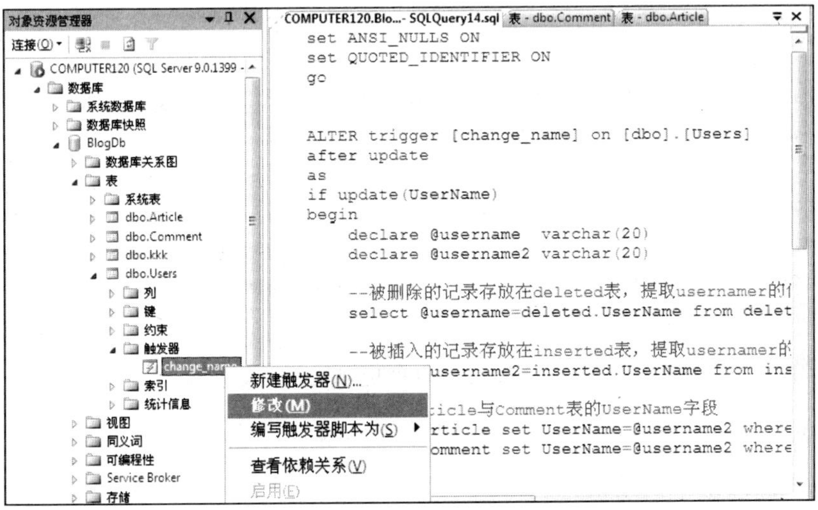

图 7.7 修改触发器

7.3.2　用 T-SQL 语句修改

T-SQL 语句使用 ALTER TRIGGER 来修改 DML 触发器，其语法格式如下：

```
ALTER TRIGGER schema_name.trigger_name
ON ( table | view )
  [ ENCRYPTION ][ <EXECUTE AS Clause> ]
  [WITH<dil_trigger_option> [ , …n ] ]
( FOR | AFTER | INSTEAD OF )
{ [ DELETE ] [,] [ INSERT ] [,] [ UPDATE ]}
[ NOT FOR REPLICATION ]
AS {sql_statement [;] […n] | EXTERNAL NAME <method specifier> [;]}
```

说明：

(1) AFTER 项，指定 DML 触发器只有在触发它的 SQL 语句执行成功后才激发。

(2) INSTEAD OF 项，指定执行 DML 触发器，而不是触发 SQL 语句。

(3) { [DELETE] [,] [INSERT] [,] [UPDATE] }项，指定数据修改语句在修改表或视图时，激活 DML 触发器。

注意：ALTER TRIGGER 命令与 CREATE TRIGGER 参数大致一样。

【操作演示】在文章表(Comment)中，创建名为 del_comment 的触发器，用于根据 ArticleID 的值来删除某篇评论文章。

(1) 新建查询分析器编辑窗口，输入以下代码。

```
USE BlogDb
GO
CREATE TRIGGER del_comment on comment
FOR DELETE
AS
 BEGIN
    SET nocount OFF
    DECLARE @aid int
    SELECT @aid=ArticleID FROM deleted
    IF NOT EXISTS(SELECT * FROM Comment WHERE ArticleID=@aid)
    PRINT '此文章不存在，不能删除！'
   ROLLBACK TRANSACTION
 END
```

(2) 单击 ! 执行(X) 按钮，保存触发器。

(3) 在新的命令窗口中，输入以下代码，由于值为 10 的 ArticleID 不存在，所以引发 del_comment 触发器，执行结果如图 7.8 所示。

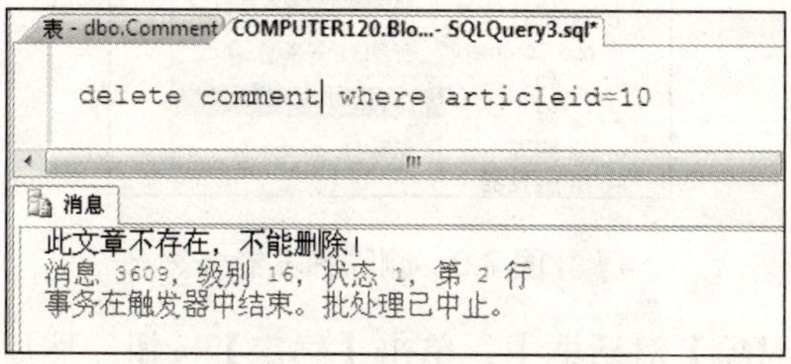

图 7.8　引发触发器

【操作演示】若对以上的操作修改为：根据评论人(Name)的值来删除某篇评论文章，则必须对触发器进行修改。

在新建的命令窗口中输入以下代码后，单击 ! 执行(X) 按钮，保存触发器。

```
USE BlogDb
GO
ALTER  TRIGGER del_comment            --CREATE 命令改为 ALTER，对触发器进行修改
FOR DELETE
AS
 BEGIN
    SET nocount OFF
    DECLARE @delname varchar(20)
    SELECT @delname=Name FROM deleted
    IF NOT EXISTS(SELECT * FROM Comment WHERE Name=@delname)
    PRINT '此用户不存在，不能删除！'
  ROLLBACK TRANSACTION
 END
```

读者可自己尝试完成验证触发器的代码。

强化训练

修改 del_comment 触发器，要求根据 Name 与 ArticleID 值删除文章记录。

7.4 任务四：删除触发器

【任务目标】

- 学习使用 SSMS 删除触发器
- 学习使用 T-SQL 语句删除触发器

7.4.1 使用 SSMS 删除

(1) 在 SSMS 工具的【对象资源管理器】窗格中，展开 BlogDb 的数据表 Article，展开【触发器】节点，右击触发器名称，选择【删除】命令，如图 7.9 所示。

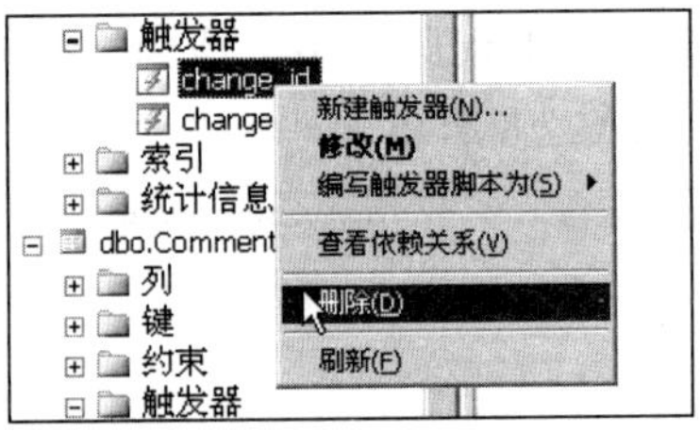

图 7.9　删除触发器

(2) 在弹出的【删除对象】对话框中，单击【确定】按钮，然后刷新该触发器目录，检查触发器已经删除，如图 7.10 所示。

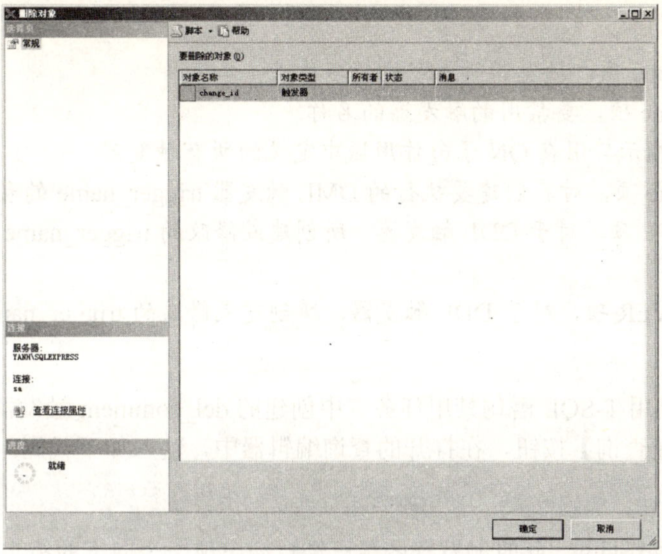

图 7.10 删除触发器

7.4.2 用 T-SQL 语句删除

删除触发器的 T-SQL 命令是 DROP TRIGGER，其语法格式为：

```
DROP TRIGGER schema_name.trigger_name [,…n ] [ ; ]
```

说明：

(1) schema_name 项，是 DML 触发器所属架构的名称。

(2) trigger_name 项，是要删除的触发器的名称。

【操作演示】删除 Users 表的 change_name 触发器。

(1) 单击【新建查询】按钮，在打开的命令窗口中，输入如下代码：

```
DROP TRIGGER change_name
```

(2) 刷新该触发器目录，检查触发器已经删除。

7.5 任务五：禁用/启用触发器

【任务目标】

学习如何禁用与启用触发器

触发器创建后，如果要使它不响应对应的触发动作，则可以通过启用或禁止的方法来实现。触发器的禁用并不会删除该触发器，该触发器仍作为对象存在数据库里。

7.5.1 禁用触发器

禁用触发器的 T-SQL 语句为 DISABLE TRIGGER，格式为：

```
DISABLE TRIGGER { [ schema_name . ] trigger_name [ ,… n ] | ALL }
ON { object_name | DATABASE |ALL SERVER } [ ; ]
```

说明：

(1) schema_name 项，触发器所属架构的名称。

(2) trigger_name 项，要禁用的触发器的名称。

(3) ALL 项，指示禁用在 ON 子句作用域中定义的所有触发器。

(4) object_name 项，对其创建要执行的 DML 触发器 trigger_name 的表或视图的名称。

(5) DATABASE 项，对于 DDL 触发器，所创建或修改的 trigger_name 将在数据库作用域内执行。

(6) ALL SERVER 项，对于 DDL 触发器，所创建或修改的 trigger_name 将在服务器作用域内执行。

【操作演示】利用 T-SQL 语句禁用任务三中创建的 del_comment 触发器。

(1) 单击【新建查询】按钮，在打开的查询编辑器中，输入如下代码：

```
DISABLE TRIGGER del_comment  ON Comment
```

(2) 刷新该触发器目录，此时触发器图标已经自动出现一个向下的箭头 del_comment，表示该触发器已经被禁用。

【操作演示】在 SSMS 里禁用任务二中创建的 chang_name 触发器。

(1) 在 SSMS 工具的【对象资源管理器】窗格中，展开 BlogDb 的数据表 Article，展开【触发器】节点，右击触发器名称，选择【禁用】命令，如图 7.11 所示。

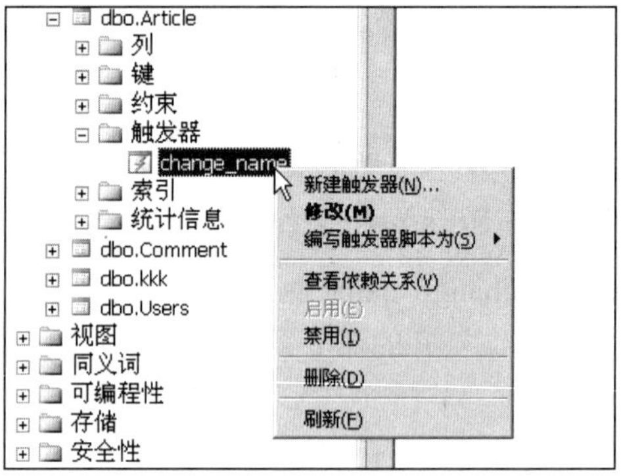

图 7.11　禁用触发器

(2) 在【对象资源管理器】窗格的该触发器目录下，查看触发器已经禁用。

7.5.2　启用触发器

启用触发器，可使禁用的触发器恢复到可用状态，而不是重新创建它。

启用触发器的 T-SQL 语句为 ENABLE TRIGGER，语法格式为：

```
ENABLE TRIGGER { [ schema_name . ] trigger_name [ , … ] |ALL }
ON
{ object_name | DATABASE | ALL SERVER} [ ; ]
```

说明：

(1) trigger_name 项，要启用的触发器的名称。

(2) ALL 项，指示启用在 ON 子句作用域中定义的所有触发器。

(3) 其余项参数与禁用触发器语法说明一样。

【操作演示】将前面禁用的 change_name 触发器启用。

(1) 单击【新建查询】按钮，在打开的命令窗口中，输入如下代码：

```
ENABLE TRIGGER change_name ON Users
```

(2) 刷新该触发器目录，此时触发器图标已经恢复为原来图标 del_comment，表示该触发器已经启用。

利用 SSMS 工具启用触发器的方法与禁用触发器的方法类似，读者不妨自己尝试完成。

本 章 小 结

本章详细介绍了触发器的概念和工作原理。触发器是一种特殊的存储过程，但触发器不能直接调用，只能通过某些操作触发。

触发器在对数据库数据完整性维护方面具有不可替代的作用。

巩 固 练 习

一、填空题

1．触发器定义在一个表中，当在表中执行插入、__________和__________操作时被触发自动执行。

2．用__________语句来创建触发器。

3．当删除__________时，与其相关的触发器同时被删除。

4．触发器可引用视图或临时表，并产生两个特殊的表是__________和__________。

二、简述题

1．SQL Server 2005 中提供了两种类型的触发器，分别是什么？

2．能否在当前库中为其他库创建触发器？

3．简述一下触发器的工作原理。

三、上机练习

1．创建一触发器，当修改表 A 时，显示“此信息表被修改了”。

2．在“BlogDb”数据库的 Article 表中创建触发器 change_pub，将新发表的文章自动设置为公开状态。

3．在“BlogDb”数据库的 Article 表中创建触发器 del_pub，用于删除文章，但当文章状态为公开时不能删除。

第8章 安全管理

情景：

周末晚上，师徒俩又在网上碰面了。

"徒弟，上次教的存储过程与触发器，练习做得如何了？"小段问。

"唉，别提了，这几天工作忙着呢！"小张垂头丧气地说。

"忙什么来着？"

"公司来了一批实习员工，要进行技术培训。老板叫我设置一个新员工账号，允许他们访问公司信息管理系统的基本信息，其他重要信息不能访问。我搞了半天，不知如何设置。"

"正好！这正是我今天要说的，数据库的安全管理问题。SQL Server 2005 提供了一整套保护数据安全的机制，包括角色、架构、用户、权限等手段，可以有效地实现对系统访问和数据访问的控制。"

"能解决我刚才所说的问题吗？"

"哈哈，当然能解决。利用安全机制里的权限和角色，就能确定不同用户所拥有的操作以及访问的数据库对象。"

"哦，看来我要学习的东西可真不少呀！"

8.1 任务一：了解安全机制

【任务目标】

- 理解 SQL Server 2005 的安全机制
- 理解 SQL Server 2005 的体系结构
- 掌握两种验证模式的设置方法

作为数据库管理员，如何更好地管理数据库系统的安全，保护数据不受内部和外部的侵害是一项非常重要的工作。SQL Server 2005 为维护数据库系统的安全性提供了较为完善的管理机制，使得管理员应用 SQL Server 的安全管理工具构造灵活的、可管理的安全策略。

8.1.1　SQL Server 2005 的安全机制

1．安全机制

SQL Server 2005 的安全机制可分为 4 个等级，包括操作系统的安全性、SQL Server 2005 的登录安全性、数据库的使用安全性及数据库对象的使用安全性。每个等级就好像一道门，如果门没上锁，或者用户有钥匙，则用户都可通过此门到达下一等级。

(1) 操作系统的安全防线。Windows(Windows NT 或 Windows 2000 Server 等) 网络管理员负责建立用户组，设置账号并注册，同时决定不同的用户对不同系统资源的访问级别。用户只有拥有了一个有效的 Windows NT 登录账号才能对网络系统资源进行访问。

(2) SQL Server 2005 的运行安全防线。SQL Server 通过登录账号设置来创建附加安全层。用户只有登录成功，才能与 SQL Server 建立一次连接。

(3) SQL Server 数据库的安全防线。SQL Server 的特定数据库都有自己的用户和角色，该数据库只能由它的用户或角色访问，其他用户无权访问其数据。数据库系统可以通过创建和管理特定数据库的用户和角色来保证数据库不被非法用户访问。

(4) SQL Server 数据库对象的安全防线。SQL Server 可以对权限进行管理。SQL Server 完全支持 SQL 标准的 DCL 功能，Transact-SQL 的 DCL 功能保证合法用户即使进入了数据库也不能有超越权限的数据存取操作，即合法用户必须在自己的权限范围内进行数据操作。

2．安全体系结构

网络安全机制的三大支柱分别是身份验证、授权和审计，在 SQL Server 2005 安全机制中也是如此。SQL Server 2005 安全体系结构如图 8.1 所示。

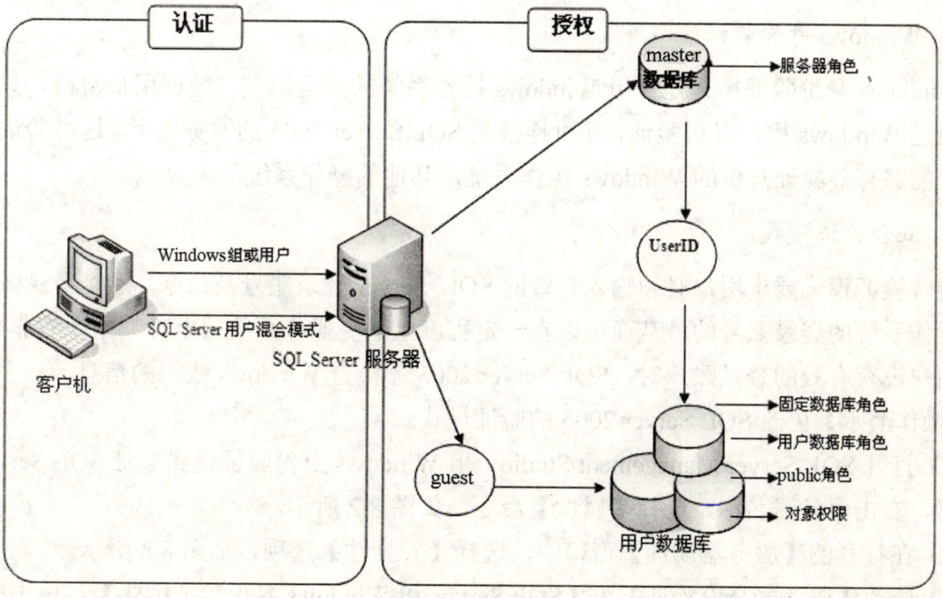

图 8.1　安全体系结构

认证的目的是验证“我是谁”，用于确定访问者身份。

授权的目的是解决访问者“允许我干什么”的问题。用于将一个通过身份验证的身份映射到数据库用户的过程中。该过程确定用户在数据库内部能做什么。

审核的目的是在不同级别跟踪安全相关的事件，并记录在审核日志中，以便于事后参考。

从图 8.1 也可以看出，整个安全体系结构从顺序上可以分为认证和授权两部分；从访问级别上又可以分为 3 个不同的安全层面，分别如下。

(1) 基于服务器级别的用户登录认证，对应于身份认证，控制用户是否可以连接到数据库服务器。

(2) 基于数据库级别的用户权限许可，对应于数据库级别的用户授权，控制用户是否可以访问具体数据库。

(3) 基于数据库对象级别的权限许可，对应于对象级别的用户授权，控制用户是否可以操作数据库中具体的对象。

同时整个安全流程涉及登录模式、安全账户、角色、用户等各个不同概念。

8.1.2 服务器级别的验证模式

要想使用 SQL Server 2005 数据库服务器，首先必须登录。登录就是数据库服务器检查用户是否有访问的权限，对用户输入的登录名称和密码进行验证。验证通过后，用户就可以登录到服务器，进行下一步的操作。

SQL Server 有两种验证模式：Windows 身份验证模式和混合验证模式。其中 Windows 身份验证由 Windows 操作系统来验证用户身份；混合验证模式则由 SQL Server 2005 自身来验证用户身份。

1. Windows 身份验证

Windows 身份验证模式是使用 Windows 操作系统的安全机制来验证用户身份，只要用户能够通过 Windows 用户身份验证，即可连接到 SQL Server 2005 的服务器上。这种验证模式只适用于能够有效验证身份的 Windows 操作系统，其他的操作系统下无效。

2. 混合验证模式

混合验证模式要求用户必须输入有效的 SQL Server 登录账号及口令。这个登录账号是独立于操作系统的登录账号的，从而可以在一定程度上避免操作系统层上对数据库的非法访问。仅当用户没有有效的登录账户时，SQL Server 2005 才检查 Windows 账户的信息。

【操作演示】更改 SQL Server 2005 的验证模式。

(1) 打开 SQL Server Management Studio，用 Windows 身份验证模式登录 SQL Server 2005 服务器，右击服务器名称，选择【属性】命令，如图 8.2 所示。

(2) 在打开的【服务器属性】窗口中，选择【安全性】选项，如图 8.3 所示。

(3) 修改【服务器身份验证】为【SQL Server 和 Windows 身份验证模式】，单击【确定】按钮保存修改。

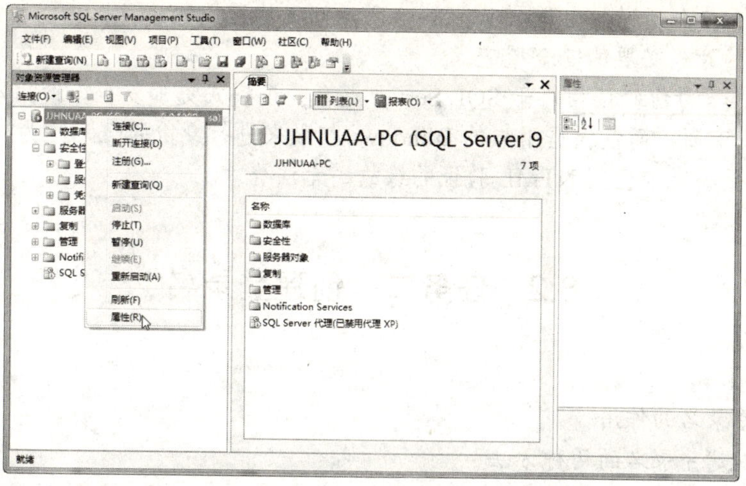

图 8.2　修改属性

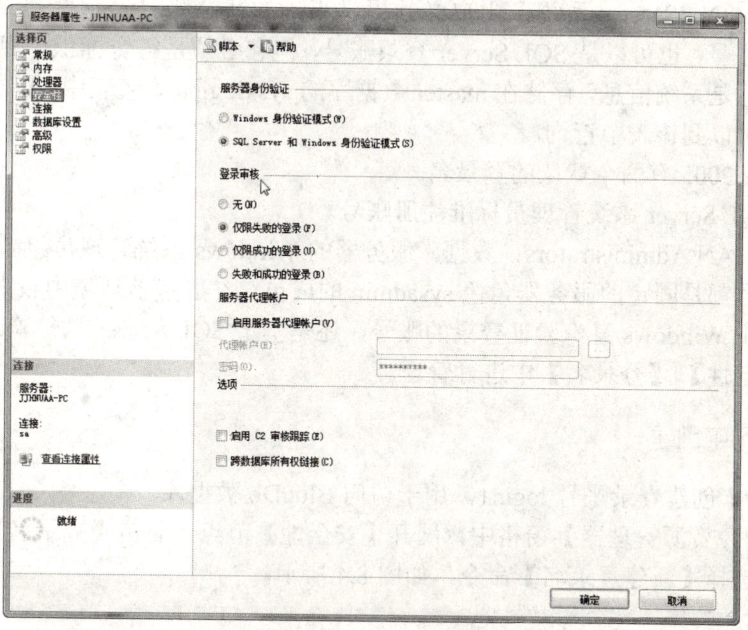

图 8.3　设置安全性

在更改身份验证模式后，需要重新启动 SQL Server 实例才能使其生效。

拓展知识

(1) Windows 身份验证模式，要登录到 Windows 2000/2003/XP 机器上，必须提供用户名。关于这一点，没有选择的余地(不像 Windows 9x/ME 那样，用户名是可选的)。因此，要登录到 Windows，必须先验证用户名和密码。当完成这一步时，Windows 事实上是在域控制器中根据用户名凭据验证用户；或者，如果 SQL Server 在本地的独立机器上运行，则进行本地验证。凭据检查用户所属的访问组(用户权限)。用户可以上至管理员，具有改变计算机中任何事物的能力，也可以下至基本用户，只拥有极其有限的权限。于是这就给出了一种信任连接，换句话说，在登录 Windows 之后启动的应用程序可以相信，经 Windows 校验，账户已经通过了必要的安全检查。

(2) Windows 身份验证相对于 SQL Server 混合验证模式更加安全，使用本连接模式时，SQL 不判断 sa 密码，而仅根据用户的 Windows 权限来进行身份验证，称为“信任连接”，但是在远程连接的时候会因 NTML 验证的缘故，无法登录。

8.2 任务二：创建登录名

【任务目标】

- 理解登录名的作用
- 掌握创建登录名的两种方法

登录账号也称为登录用户或登录名，是服务器级用户访问数据库系统的标识。

为了访问 SQL Server 系统，用户必须提供正确的登录账号，这些登录账号既可以是 Windows 登录账号，也可以是 SQL Server 登录账号，但它必须是符合标识符规则的唯一名字。登录账号的信息是系统信息，存储在 master 数据库的 sysxlogins 系统表中，用户如需要有关登录账号的信息可以到该表中查询。

SQL Server 2005 有两个默认的登录名。

(1) sa：SQL Server 系统管理员标准注册账号。

(2) BUILTIAN\Administrators：数据库服务器的 Windows 系统管理员组。

这两个账号都是固定的服务器角色 sysadmin 的成员，在服务器环境中权限是无限制的。

不论是基于 Windows 身份验证登录的账号，还是基于 SQL Server 身份验证的登录账号，都可以在【安全性】|【登录名】中进行管理。

8.2.1 在 SSMS 中创建

【操作演示】创建登录账号 login1，用于访问 BlogDb 数据库。

(1) 在【对象资源管理器】窗格中，展开【安全性】节点，右击【登录名】节点，在弹出的快捷菜单中选择【新建登录名】命令，如图 8.4 所示。

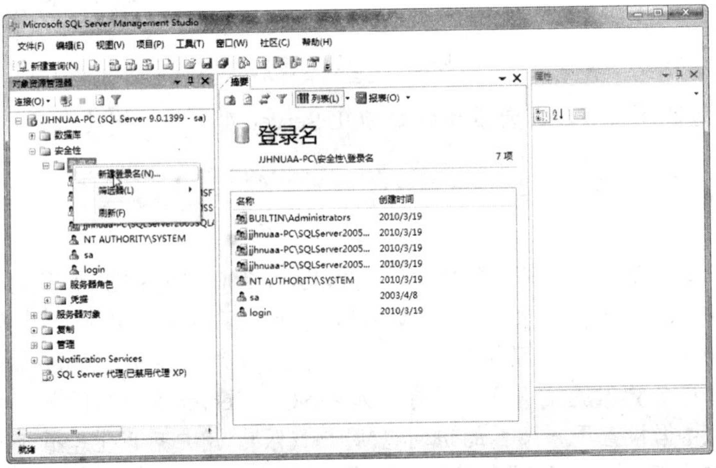

图 8.4　新建登录名

(2) 在打开的窗口中，输入登录名 login1，选中【SQL Server 身份验证】单选按钮，并输入密码，选择【默认数据库】为 BlogDb，如图 8.5 所示。

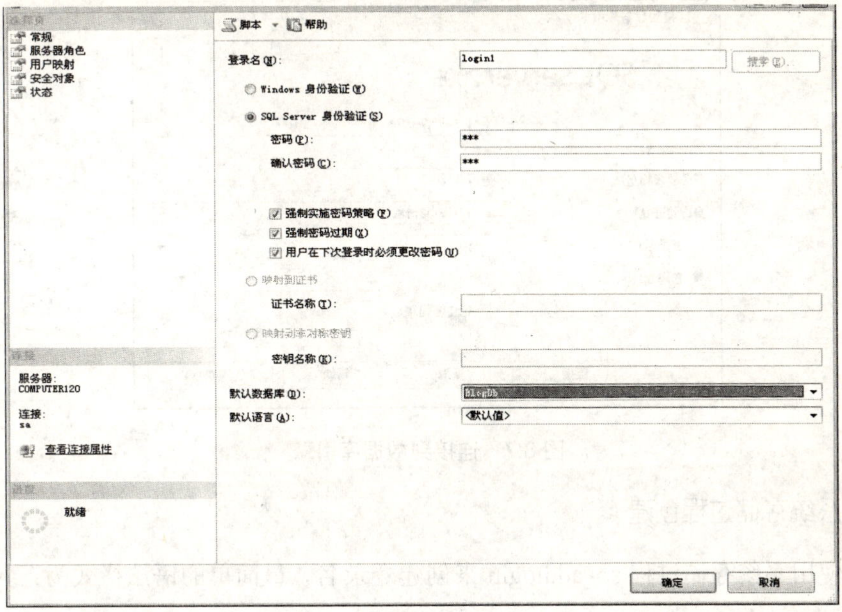

图 8.5　【登录名-新建】窗口

(3) 选择【用户映射】选项，可以设置登录账户对应的数据库 BlogDb，如图 8.6 所示。

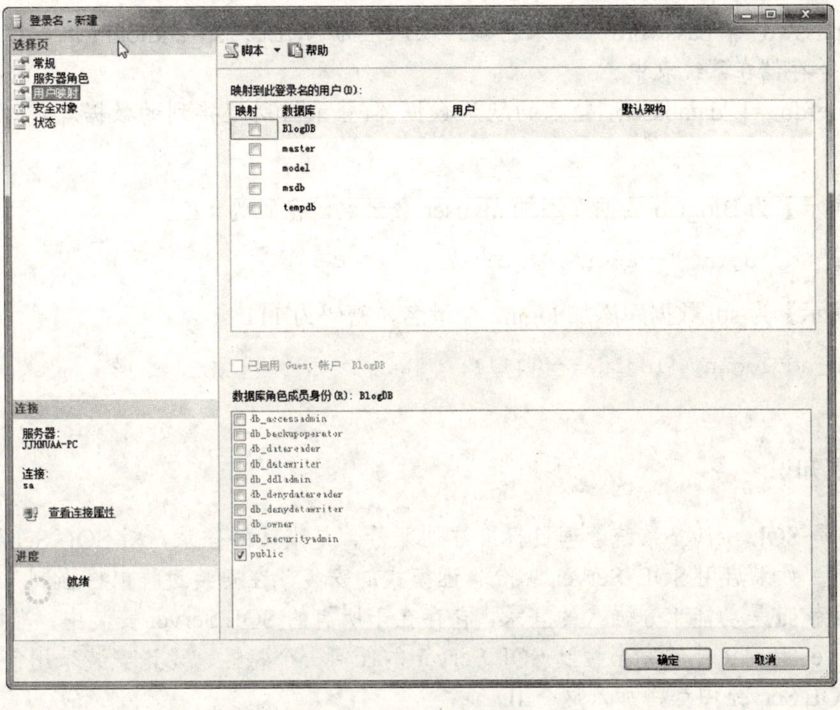

图 8.6　用户映射设置

(4) 设置完毕后，单击【确定】按钮，即可完成登录账户的创建。

(5) 在 SSMS 窗口中，单击【新建查询】按钮，打开【连接到数据库引擎】窗口，选择【SQL

Server 身份验证】选项，输入登录名 login1 和密码，单击【连接】按钮，如图 8.7 所示。

如果登录成功，login1 用户只能使用 BlogDb 数据库。

图 8.7　连接到数据库引擎

8.2.2　使用系统存储过程创建

还可以使用系统存储过程 sp_addlogin 来创建登录名。最简单的语法格式为：

```
sp_addlogin [ @loginame = ] 'login' [ , [ @passwd = ] 'password' ]  [ , [ @defdb = ] 'database' ]
```

说明：

(1) [@loginame =] 'login'：登录的名称。

(2) [@passwd =] 'password'：登录密码。默认值为 NULL。sp_addlogin 执行后，password 被加密并存储在系统表中。

(3) [@defdb =] 'database'：登录的默认数据库(登录后所连接到的数据库)。默认设置为 master。

【操作演示】为 BlogDb 数据库添加 myuser 登录名，密码为 123。

```
EXECUTE  sp_addlogin  'myuser', '123', 'BlogDb'
```

【操作演示】为 stu 数据库添加 login2 登录名，密码为 111。

```
EXECUTE  sp_addlogin  'login2', '111', 'stu'
```

拓展知识

(1) sa 是 SQL Server 系统管理员标准注册账号，是默认的登录，对 SQL Server 有完全的管理权限。如果启用 SQL Server 身份验证模式的安装，在安装过程中将强制为该账户设置密码，因为 sa 是功能十分强大的登录，它存在于所有的 SQL Server 安装中。当用 sa 登录到 SQL Server 时，将能够完全控制 SQL Server 的任何一个特性。无论安装采用何种身份验证模式，SQL Server 中都将加入这一 ID。

(2) 展开【安全性】|【登录名】节点后，右击列表中的登录名可以进行各种日常操作，如重命名登录名、删除或者查看等操作。

8.3　任务三：管理用户和角色

【任务目标】

- 理解登录名与数据库用户名之间的关系
- 掌握用户的管理方法
- 掌握角色的管理方法

8.3.1　用户管理

1. 用户账号

用户账号也称为用户名，或简称为用户。它是数据库级用户，即是某个数据库的访问标识。在 SQL Server 的数据库中，对象的全部权限均由用户账号控制。登录用户只有成为数据库用户(或数据库角色)后才能访问数据库。

用户账号可以与登录账号相同也可以不相同，但数据库用户必须是登录用户。用户账号与具体的数据库有关。例如，BlogDb 数据库中的用户账号 login1 不同于 stu 数据库中的用户账号 login2。

2. 创建新的数据库用户

创建新的数据库用户有两种方法。一种方法是在创建登录用户时，指定他作为数据库用户的身份。例如，在任务二中已指定登录用户 login1 只能访问 BlogDb 数据库，所以此用户同时也是 BlogDb 的数据库用户。展开 BlogDb 节点，可看到 login1 用户已存在，如图 8.8 所示。

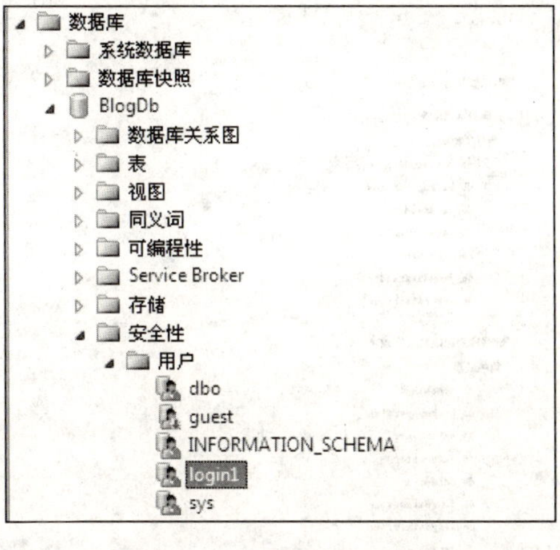

图 8.8　BlogDb 数据库用户

另一种方法是单独创建数据库用户，这种方法适于在创建登录账号时没有创建数据库用户的情况。

【操作演示】在任务二中，已利用此语句“EXECUTE sp_addlogin 'login2', '111', 'stu'”创建了登录名 login2，现在要求创建数据库用户名 stu_user，用于访问数据库 stu。

(1) 在【对象资源管理器】窗格中，展开 stu 节点，展开【安全性】节点，右击【用户】节点，在弹出的快捷菜单中选择【新建用户】命令，如图 8.9 所示。

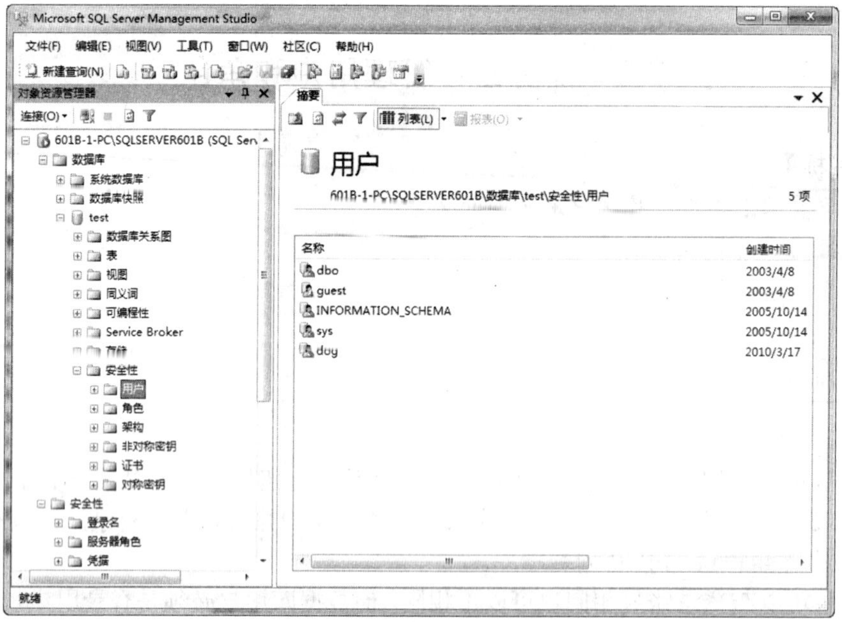

图 8.9　新建用户

(2) 在弹出的【数据库用户-新建】窗口中，输入用户名 stu_user，如图 8.10 所示。

图 8.10　【数据库用户-新建】对话框

(3) 选中【登录名】单选按钮，选择该数据库用户对应的登录名 login2，在【数据库角色成员身份】中选中 db_owner 复选框。

(4) 单击【确定】按钮，完成新数据库用户的创建。展开 stu 数据库节点下的【用户】节点，可看到新建的用户。

拓展知识

创建数据库的用户称为数据库所有者(dbo)，他具有这个数据库的所有权限。创建数据库对象的用户称为数据库对象的所有者(dbo)，他具有该对象的所有权限。

在每一个 SQL Server 2005 数据库中，至少有一个名称为 dbo 用户。系统管理员 sa 是他所管理系统的任何数据库的 dbo 用户。

3. 使用系统存储过程创建

还可以使用系统存储过程 sp_adduser 来创建数据库用户。最简单的语法格式为：

```
sp_adduser [ @loginame = ] 'login'  [ , [ @name_in_db = ] 'user' ]  [ , [ @grpname = ]
'role' ]
```

说明：

(1) [@loginame =] 'login'：SQL Server 登录或 Windows 登录的名称。login 必须是现有的 SQL Server 登录名或 Windows 登录名。

(2) [@name_in_db =] 'user'：新数据库用户的名称。如果未指定 user，则新数据库用户的名称默认为 login 名称。如果指定 user，将为数据库中新用户赋予一个不同于服务器级别的登录名名称。

(3) [@grpname =] 'role'：新用户成为其成员的数据库角色。role 必须是当前数据库中的有效数据库角色。

【操作演示】为数据库 stu 添加用户 stu_user，对应的登录名是 login2。

```
EXECUTE sp_adduser 'login2','stu_user'
```

拓展知识

展开某数据库的节点，展开【安全性】|【用户】节点，右击列表中的用户名可以进行各种日常操作，如重命名登录名、删除或者查看等操作。

8.3.2 角色管理

1. 角色

为方便管理，SQL Server 2005 设置了角色管理。角色类似与人们日常生活中的职务，具有相同职务的人具有相同的权力。在数据库中，如果想给 A 和 B 两个用户相同的权限，只要把它们加入到同一个角色就可以了，这就方便了数据库管理员的管理和控制。例如，A 和 B 都必须有人事权和财权，那么可以把 A 和 B 两个用户都设为经理的角色，图 8.11 所示为经理和部门主管两种角色。

当几个用户需要在某个特定的数据库中执行类似的动作时，就可以向该数据库中添加一个角色(Role)，这些用户称为该角色的成员。数据库角色指定了可以访问相同数据库对象的一组数据库用户。

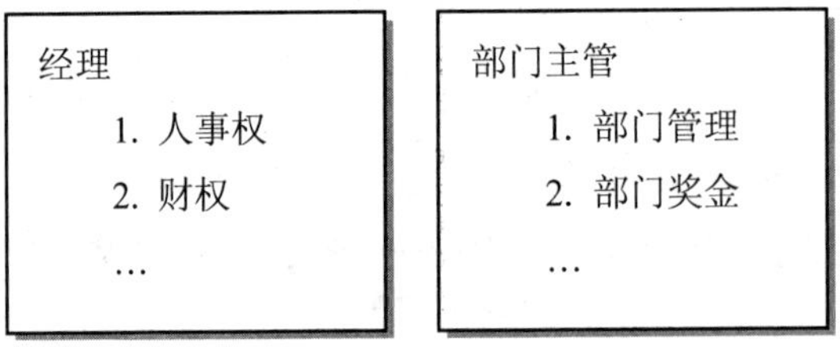

图 8.11 角色

SQL Server 中有两种角色，即服务器角色和数据库角色。

2. 服务器角色

一台计算机可以承担多个 SQL Server 服务器的管理任务。固定服务器角色是对服务器级用户即登录账号而言的。它是指在登录时授予该登录账号对当前服务器范围内的权限。这类角色可以在服务器上进行相应的管理操作，完全独立于某个具体的数据库。表 8-1 列出了所有现有的固定服务器角色。

表 8-1 固定服务器角色

固定服务器角色	说明
sysadmin	执行 SQL Server 中的任何动作
serveradmin	配置服务器设置
setupadmin	安装复制和管理扩展过程
securityadmin	管理登录和 CREATE DATABASE 的权限以及阅读审计
processadmin	管理 SQL Server 进程
dbcreator	创建和修改数据库
diskadmin	管理磁盘文件

3. 数据库角色

在一个服务器上可以创建多个数据库。数据库角色对应于单个数据库。数据库的角色分为固定数据库角色和用户定义的数据库角色。

固定数据库角色是指 SQL Server 2005 为每个数据库提供的固定角色。SQL Server 2005 允许用户自己定义数据库角色，称为用户定义的数据库角色。

表 8-2 列出了所有的固定数据库角色。

表 8-2 固定数据库角色

固定数据库角色	说明
db_owner	可以执行数据库中所有动作的用户
db_accessadmin	可以添加、删除用户的用户
db_datareader	可以查看所有数据库中用户表内数据的用户
db_datawriter	可以添加、修改或删除所有数据库中用户表内数据的用户
db_ddladmin	可以在数据库中执行所有 DDL 操作的用户
db_securityadmin	可以管理数据库中与安全权限有关所有动作的用户

续表

固定数据库角色	说明
db_backoperator	可以备份数据库的用户(并可以发布 DBCC 和 CHECKPOINT 语句，这两个语句一般在备份前都会被执行)
db_denydatareader	不能看到数据库中任何数据的用户
db_denydatawriter	不能改变数据库中任何数据的用户

拓展知识

(1) 要注意固定服务器角色是不能被删除、修改和增加的，另外，固定服务器角色的任何成员都可以将其他的登录账号增加到该服务器角色中。

(2) public 角色是一种特殊的固定数据库角色， 数据库的每个合法用户都属于该角色。它为数据库中的用户提供了所有默认权限。执行一些不需要一些权限的语句(例如 PRINT)。所以任何授予给 public 角色的许可都自动授予给当前数据库的所有用户。

4. 使用 SSMS 添加数据库角色

在许多情况下，固定数据库角色不能满足要求，需要用户自定义数据库新角色，给予他们对数据库相同的权限。

【操作演示】为 BlogDb 数据库定义一个数据库角色 manager，该角色有两个成员：login1 和 guest，此角色对数据库不具有查询权限(即不具有 SELECT 权限)。

(1) 在【对象资源管理器】窗格中，展开 BlogDb 数据库节点下的【安全性】节点，右击【角色】节点选择【新建】|【新建数据库角色】命令，如图 8.12 所示。

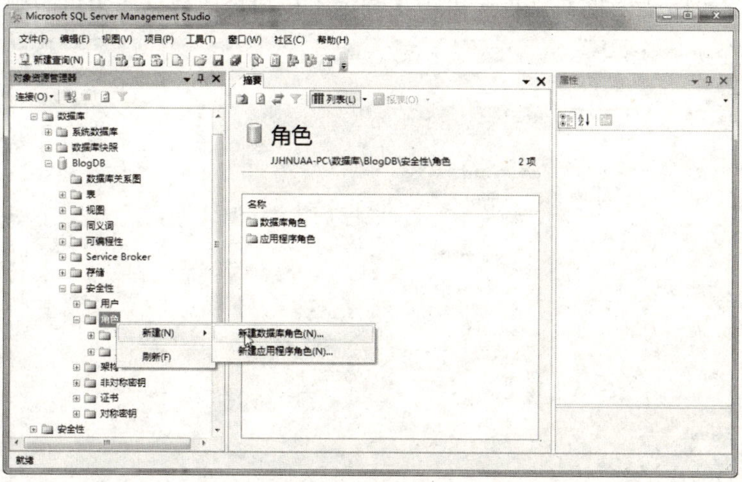

图 8.12　新建数据库角色

(2) 在弹出的【数据库角色-新建】对话框中，输入角色名称 manager。

(3) 在角色中添加数据库用户。单击【添加】按钮，弹出如图 8.13 所示的对话框。

(4) 单击【浏览】按钮，弹出如图 8.14 所示的对话框，选择添加的两个用户：login1 和 guest。单击【确定】按钮返回。

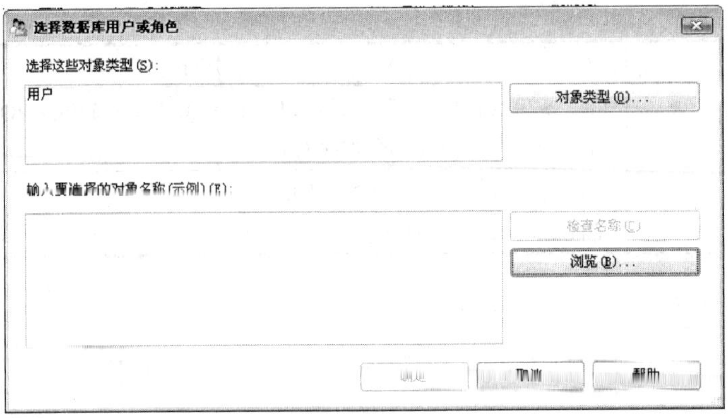

图 8.13　选择数据库用户或角色

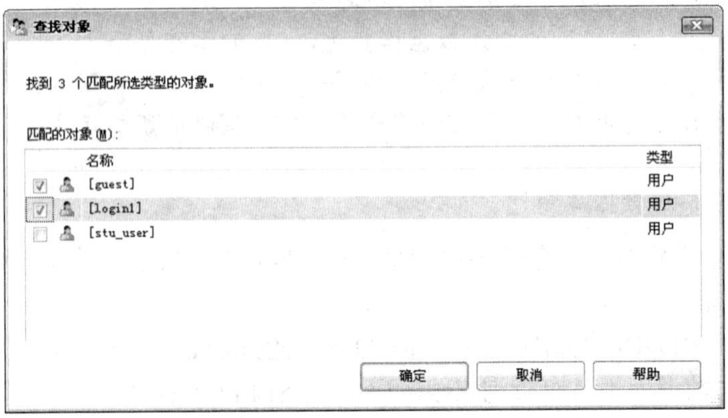

图 8.14　查找对象

(5) 回到如图 8.15 所示的对话框，单击【确定】按钮完成数据库角色的操作。

图 8.15　新建数据库角色

至此，已创建角色 manager，有两个成员，下面对此角色设置权限。

(6) 选择“安全对象”选项，单击【添加】按钮，在打开的【添加对象】对话框中选中【特定对象】单选按钮，如图 8.16 所示。

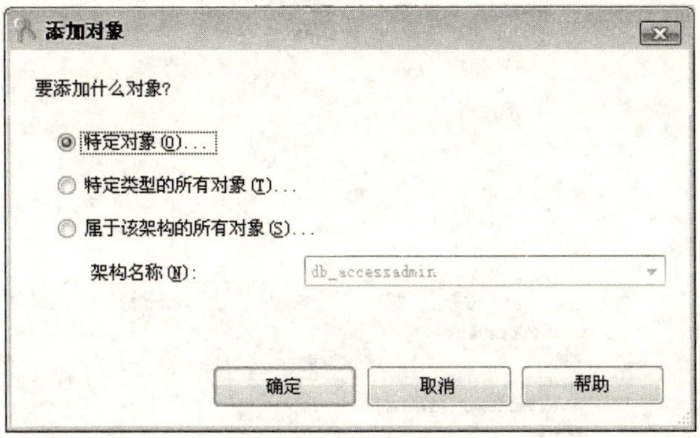

图 8.16　添加对象

(7) 单击【确定】按钮，打开【选择对象】对话框，单击【对象类型】按钮，在打开的【选择对象类型】对话框中选择“数据库”选项，单击【确定】按钮返回。再单击【浏览】按钮，在打开的【查找对象】对话框中，选择 BlogDb 数据库，单击【确定】按钮返回，如图 8.17 所示。

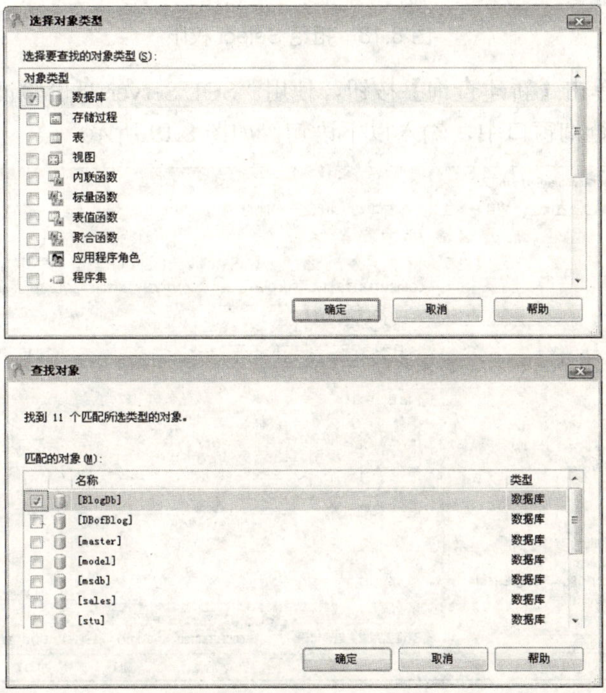

图 8.17　选择对象类型、查找对象

(8) 选择【安全对象】选项，选择 BlogDb 数据库，再从下方的权限列表中选中 Select 右面的【拒绝】复选框，设置角色 manager 拒绝进行 Select 权限。单击【确定】按钮保存设置，如图 8.18 所示。

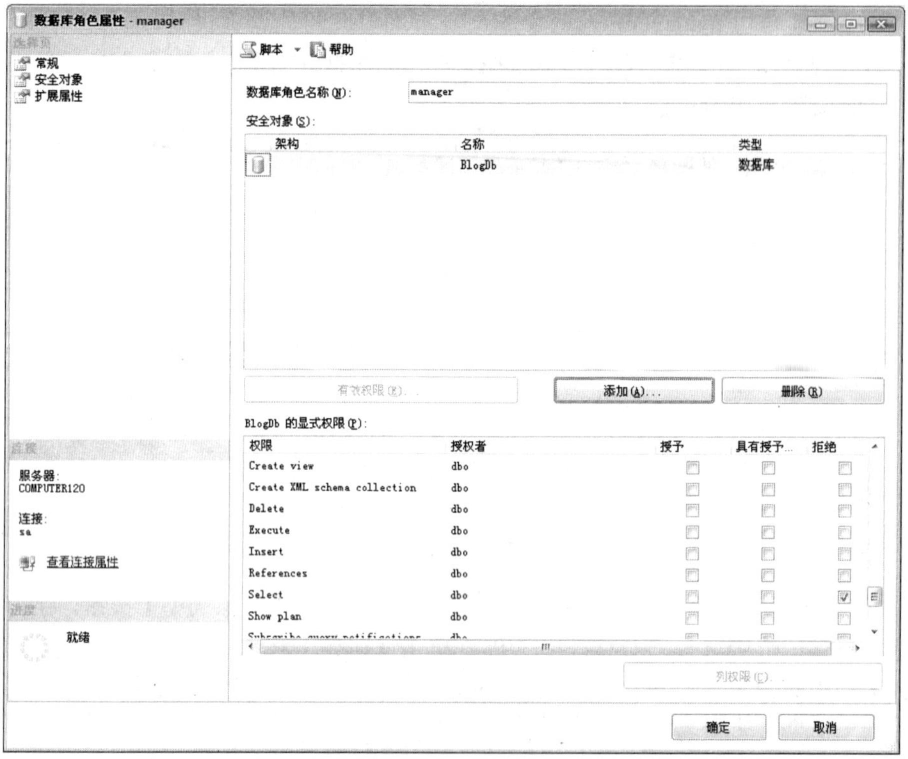

图 8.18　拒绝 Select 权限

(9) 测试权限。单击【新建查询】按钮，使用“SQL Server 身份验证”方式登录，登录名为 login1，在新建的查询窗口中，输入以下语句，如图 8.19 所示。

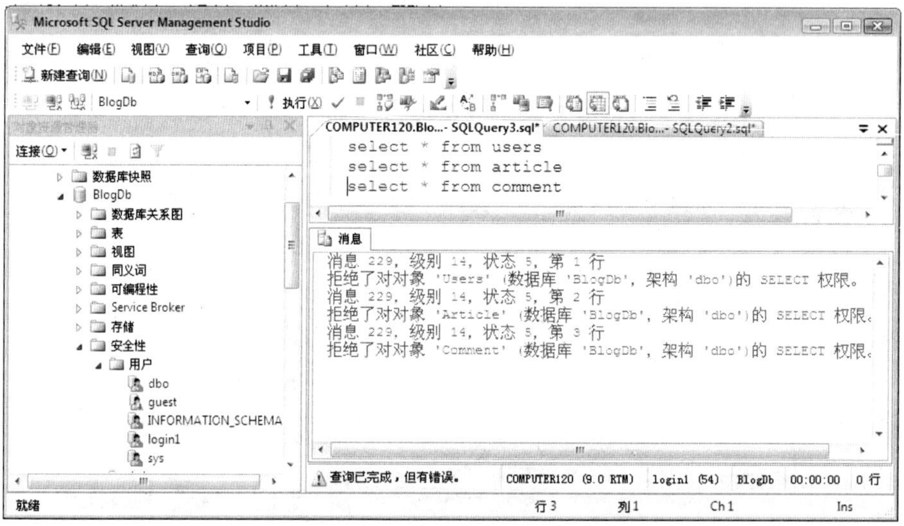

图 8.19　执行结果

由图 8.19 可得出，因为设置了角色 manager 在数据库 BlogDb 上拒绝 Select 的权限，login1 为此角色的成员，所以在执行 Select 操作时被拒绝。

读者可尝试一下另外一个角色成员在执行 Select 时是否具有相同的结果。

拓展知识

展开某数据库的节点，展开【安全性】|【角色】节点，右击列表中的用户名可以进行各种日常操作，如重命名登录名、删除或者查看等操作。

读者们可自己尝试操作。

8.4 任务四：权限管理

【任务目标】

- 了解数据库用户权限的类型
- 掌握常用的权限管理方法
- 掌握最基本的 T-SQL 语句管理权限

8.4.1 权限的种类

在数据库级别对用户进行权限分配后，用户就可以对数据库进行访问了。但若要进行任何涉及更改数据库定义或访问数据的活动，则必须进行相应的数据库对象级别的权限许可。

SQL Server 数据库中有 3 种类型的许可：对象权限、语句权限和隐含权限。

不论是哪一种许可，都可以使用 GRANT、REVOKE 和 DENY 命令进行管理。

其中：GRANT 用于显式给用户或角色授权许可。

DENY 用于显式拒绝用户或角色使用某个许可。

REVOKE 执行与 GRANT 或 DENY 相反的操作，可以理解为取消。

1) 对象权限

对象权限是用于控制用户对数据库对象执行某些操作的权限。数据库对象通常包括表、视图、存储过程。

对象权限是针对数据库对象设置的，它由数据库对象所有者授予、禁止或撤销。对象权限适用的数据库对象和 Transact-SQL 语句在表 8-3 中列出。

表 8-3 对象权限适用的对象和语句

Transact-SQL	数据库对象
SELECT(查询)	表、视图、表和视图中的列
UPDATE(修改)	表、视图、表的列
INSERT(插入)	表、视图
DELETE(删除)	表、视图
EXECUTE(调用过程)	存储过程
DRI(声明参照完整性)	表、表中的列

2) 语句权限

语句权限是用于控制数据库操作或创建数据库中的对象操作的权限。语句权限用于语句本身，它只能由 sa 或 dbo 授予、禁止或撤销。语句权限的授予对象一般为数据库角色或数据库用户。语句权限适用的 Transact-SQL 语句和功能见表 8-4。

表 8-4　语句权限适用的语句和权限说明

Transact-SQL 语句	权限说明
CREATE DATABASE	创建数据库，只能由 sa 授予 SQL 服务器用户或角色
CREATE DEFAULT	创建默认
CREATE PROCEDURE	创建存储过程
CREATE RULE	创建规则
CREATE TABLE	创建表
CREATE VIEW	创建视图
BACKUP DATABASE	备份数据库
BACKUP LOG	备份日志文件

3) 隐含权限

隐含权限指系统预定义而不需要授权就有的权限，包括固定服务器角色成员、固定数据库角色成员、数据库所有者(dbo)和数据库对象所有者(dboo)所拥有的权限。

例如，sysadmin 固定服务器角色成员可以在服务器范围内做任何操作，dbo 可以对数据库做任何操作，dbo 可以对其拥有的数据库对象做任何操作，对他不需要明确赋予权限。

8.4.2　权限管理

对象权限的管理可以通过两种方法实现：一种是通过对象管理它的用户及操作权限，另一种是通过用户管理对应的数据库对象及操作权限。具体使用哪种方法要视管理的方便性来决定。

1. 使 SSMS 管理权限

【操作演示】修改角色 manager 对数据库 BlogDb 的权限，具有 Select 的权限，拒绝 Update 的权限。

(1) 在 SSMS 中，右击 BlogDb，选择【属性】命令，如图 8.20 所示。

图 8.20　选择【属性】命令

(2) 在弹出的【数据库属性-BlogDb】对话框中，选择【权限】选项，可看到此数据库各用户和角色的权限。单击 manager 角色，修改如图 8.21 所示的权限。

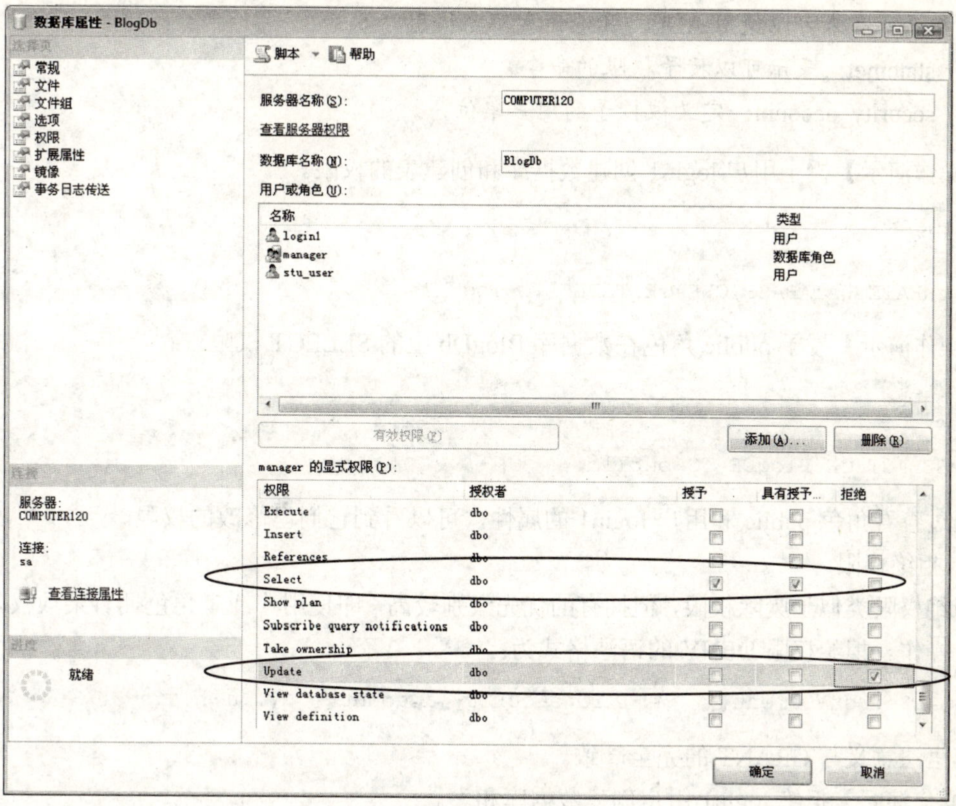

图 8.21 修改权限

可以自己测试一下 manager 成员是否具有 Select 权限、不具有 Update 权限。

由此可看到，可以对数据库对象授予、撤销或禁止对应用户的操作权限。

拓展知识

如果要为一个用户或角色同时授予、撤销或者禁止多个数据库对象的使用权限，则可以通过用户或角色的方法进行。展开 BlogDb 节点，展开【安全性】|【角色】节点，选择所要设置的角色名，打开对话框，可同时对用户或角色进行权限的设置。

2. 使用 T-SQL 语句管理权限

SQL Server 2005 的安全性管理，不仅可以通过 SQL Server 的 SSMS 进行操作，还可以通过 T-SQL 语句实现权限管理。权限分为 3 种状态：授予、拒绝和撤销，对应的有 3 种语句命令：GRANT、DENY 和 REVOKE。

1) 授予权限

授予权限 GRANT 的语法格式为：

```
GRANT {ALL | statement[,...n]} TO security_account [ ,...n ]
```

说明：

(1) ALL：表示授予指定用户所有可用的权限。sysadmin、db_owner 角色成员以及数据库对象的所有者可以使用 ALL，其他角色不可使用。

(2) statemet：表示可以授予权限的命令。

(3) security_account：定义被授予的用户单位。

【操作演示】授予用户 login1 创建数据库和创建表的权限。

```
USE BlogDb
GO
GRANT CREATE DATABASE,CREATE TABLE TO login1
```

【操作演示】授予 public 角色在数据库 BlogDb 上的 SELECT 权限。

```
USE BlogDb
GO
GRANT SELECT ON BlogDB TO public
```

通过查看角色 public 和用户 login1 的属性，可以看到它们已修改的权限。

2) 拒绝权限

拒绝权限类似于废除权限，但拥有的优先级别较高，即使用户或者角色拥有某项权限，也不允许操作。拒绝权限 DENY 的语法格式为：

```
DENY {ALL | statement[,...n]} TO security_account [ ,...n ]
```

其语法意义与 GRANT 的完全一致。

【操作演示】拒绝 login1 用户创建数据库和表。

```
USE BlogDb
GO
DENY CREATE DATABASE,CREATE TABLE TO login1
```

3) 撤销权限

通过撤销权限可以停止以前授予或拒绝的权限，用 REVOKE 语句完成。其格式为：

```
REVOKE {ALL | statement[,...n]} TO security_account [ ,...n ]
```

其语法意义与 GRANT 的完全一致。

【操作演示】撤销 login1 用户的 CREATE TABLE 权限。

```
REVOKE CREATE TABLE FROM login1
```

拓展知识

架构(Schema)：在 SQL Server 2005 中，每个对象都属于一个数据库架构。数据库架构是一个独立于数据库用户的非重复命名空间，可以将架构视为对象的容器。可以在数据库中创建和更改架构，并且可以授予用户访问架构的权限。任何用户都可以拥有架构，并且架构所有权可以转移。

在 SQL Server 2005 中，一个对象的完整引用方式是：

```
[DatabaseServer].[DatabaseName].[DatabaseSchema].[DatabaseObject]
```

在 SQL Server 2000 中，架构和用户没有多大的区别，一般是指所有者。但在 SQL Server 2005 中，用户和架构开始明确分开，架构可以理解为对象的容器或者命名空间。架构的主要特点如下。

(1) 一个架构中不能包含相同名称的对象，相同名称的对象可以在不同的架构中存在。

(2) 一个架构只能有一个所有者，所有者可以是用户、数据库角色、应用程序角色。

(3) 一个数据库角色可以拥有一个默认架构和多个架构。

(4) 多个数据库用户可以共享单个默认架构。

(5) 由于架构与用户独立，删除用户不会删除架构中的对象。

图 8.22 显示了 BlogDb 数据库的架构。

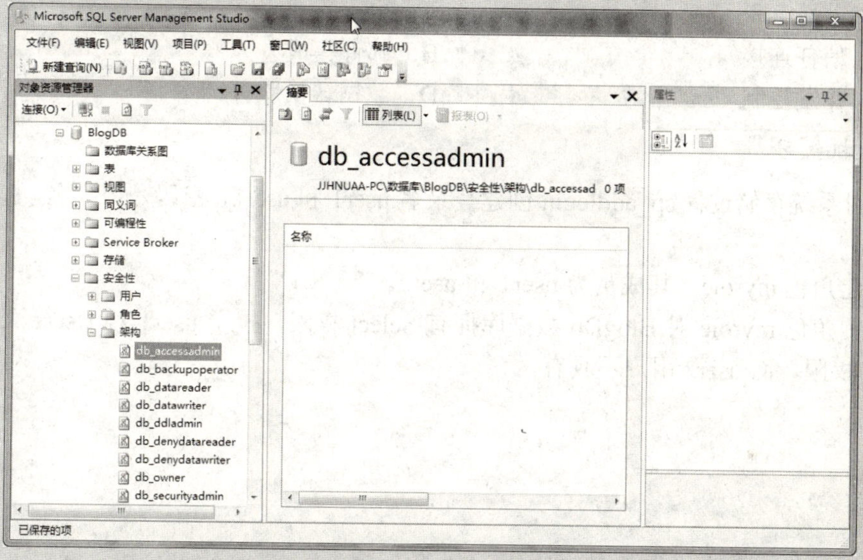

图 8.22　SQL Server 2005 数据库中的架构

使用架构有很多好处。因为用户不再是对象的直接所有者，从数据库中删除用户是非常简单的任务。不再需要在删除对象的用户之前重命名对象。多个用户可以共享单个默认架构，这样使得授权访问共享对象变得更容易。

对于架构的使用，有兴趣的读者可以自己研究。

本章小结

本章主要讨论了 SQL Server 的安全性管理问题，介绍了 SQL Server 2005 的安全机制，同时也讲解了登录账户、用户、角色和权限等。作为一名数据库管理员，应该熟练掌握实现数据库系统安全性的技术和多种方法，这样才能更好地保护好数据。

巩 固 练 习

一、选择题

1．SQL Server 2005 采用的身份验证模式有(　　)。

A．仅 Windows 身份验证模式　　B．仅 SQL Server 身份验证模式

C．仅混合模式　　D．Windows 身份验证模式和混合模式

2．在数据库系统中，对存取权限的定义称为(　　)

A．固定服务器角色　　B．标准数据库角色

C．Public 角色　　D．固定数据库角色

3．当采用 Windows 认证方式登录数据库服务器时，SQL Server 客户端软件会向操作系统请求一个(　　)。

A．信任连接　　B．邮件集成

C．并发控制　　D．数据转换服务

二、上机练习

1．使用系统存储过程 sp_addlogin 创建登录名 user1 和 user2，密码是用户名，默认数据库是 BlogDb。

2．创建角色 myrole，其成员为 user1 和 user2。

3．设置角色 myrole 对 BlogDb 数据库拥有 Select 权限，授予 user1 对 Users 表的 Update 和 Insert 的权限，而 user2 用户不具有。

第 9 章 应用 ASP.NET 技术开发数据库

情景：

不知不觉地，小张已向小段学习了有一个多月了。

这天，小张充满疑惑地问小段："师傅，SQL Server 2005 数据库管理系统，我已学习一段时间了，但都只是围绕着博客数据库的维护与管理、SQL 语句的应用，以及视图、触发器等对象的应用，我怎样才能在网上创建自己的博客系统，让其他人都能看到我的博客呢？"

"哈哈，你能这样问，说明你有很大的进步了！"小段高兴地说。

"SQL Server 2005 只是一个后台的数据库管理系统，它只是向应用程序提供数据，供用户使用。对于用户来说，直接面向的是程序，而不是数据库。"

"你的意思是说，我们还需要开发一个面向用户的应用程序？"小张问。

"你说对了！我们今天就开始学习博客系统的设计与开发，并且是基于当前最为流行的 Microsoft Visual Studio 2005 平台。"小段说。

"又是一些很新的技术喔，看来我要继续努力学习了！"

9.1 任务一：创建数据库连接

【任务目标】

- 了解 ADO.NET 数据库访问技术
- 认识 ADO.NET 常用的对象
- 理解命名空间的使用
- 掌握连接数据库的代码编写

9.1.1 ADO.NET 数据库访问技术

1. ADO.NET 的认识

ADO.NET 的名称起源于 ActiveX Data Objects，是一组用于和数据源进行交互的面向对象类库。之所以使用 ADO.NET 名称，是因为 Microsoft 希望这是在.NET 编程环境中优先使用的数据访问接口。通过 ADO.NET 不仅能访问关系型数据库中的数据，而且还能访问文本文件、Excel 表格或者 XML 文件。

可以说，ADO.NET 是访问 SQL Server 数据库和 ODBC 数据库的最佳解决方案。

2. ADO.NET 常用对象

其主要包括以下几个。

(1) 用于连接和管理数据库事务的 Connection 对象。

(2) 用于向数据库发送命令的 Command 对象。

(3) 用于对驻留内存中的数据进行存储和操作的 DataSet 对象。

(4) 提供内存中数据集与数据库交换数据通道的 DataAdapter 对象(也称为“数据适配器”)。

(5) 用于直接读取流数据的 DataReader 对象。

这些对象之间的关系如图 9.1 所示。

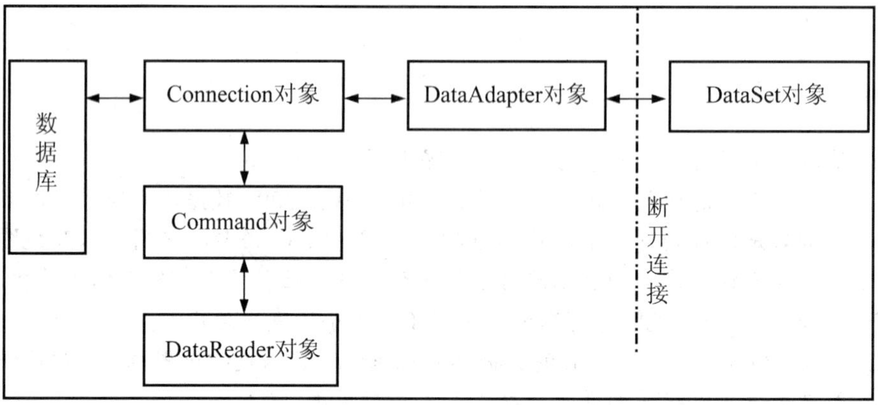

图 9.1　ADO.NET 对象之间的关系

3. 命名空间

在企业中，应用得最多的数据库是 SQL Server，所以 Microsoft 在 ADO.NET 中专门为 SQL Server 开发了一套类库 System.Data.SqlClient，在访问数据之前必须在文件的开始处添加如下代码来引用命名空间。

【操作演示】在 C#代码文件中引用。

```
Using System.Data;
Using System.Data.SqlClient;
```

【操作演示】在 VB 代码文件中引用。

```
Imports System.Data;
Imports System.Data.SqlClient;
```

9.1.2　使用 ADO.NET 连接数据源

Connection 主要用于与数据源之间的连接，ADO.NET 提供了不同的 Connection 对象，用于连接不同的数据源，包括 OleDbConnection、SqlConnection、OdbcConnection 和 OracleConnection 这 4 类。主要讲解针对 SQL Server 数据库的连接对象 SqlConnection，此对象常用的方法有 3 个。

(1) open 方法：打开数据连接。

(2) close 方法：关闭数据连接。

(3) Connectionstring 属性：设置连接字符串。

对于连接字符串，常用参数见表 9-1。

表 9-1　SqlConnection 连接字符串参数表

参数	说明
Data Source | Server	SQL Server 数据库服务器的名称，可以是(local)、localhost，也可以是具体的服务器名称
Initial Catalog	连接的数据库名称
Integrated Security	决定连接是否安全，取值可以是 True、False 和 SSPI
User ID	SQL Server 登录账户
Password	SQL Server 登录账户的密码

【操作演示】连接博客数据库 BlogDb 的代码(C#)。

```
//引入命名空间
 Using System.Data;
 Using System.Data.SqlClient;
//定义连接字符串
 String strcon="Data Source=(local);Initial Catalog=BlogDb;Integrated Security=True;
 User ID=sa;Password=";
//定义数据库连接字符串，并初始化
 SqlConnection Con =new SqlConnection(strcon);
//打开连接
 Con.open();
//各种数据库操作
 ......
//关闭连接
 Con.close();
```

拓展知识

ASP.NET 技术与 ADO.NET 技术的区别

(1) ASP.NET 是 Microsoft 公司推出的新一代建立动态 Web 应用程序开发平台，是一种建立动态 Web 应用程序的新技术。它是.NET 框架的一部分，可以使用任何.NET 兼容的语言(如 Visual Basic、C#)编写 ASP.NET 应用程序。当建立 Web 页面时，可以使用 ASP.NET 服务器端控件来建立常用的 UI(用户界面)元素，并对它们进行编程来完成一般的任务，这可以把程序开发人员的工作效率提升到与其他技术都无法比拟的程度。

(2) ADO.NET 是数据库的一种访问方式，它有效地从数据操作中将数据访问分解为多个可以单独使用或一前一后使用的不连续组件。ADO.NET 包含用于连接到数据库、执行命令和检索结果的.NET Framework 提供程序。

9.2 任务二：系统设计与网站规划

【任务目标】

- 掌握博客系统各模块的功能
- 掌握开博用户对应的页面的功能
- 创建相应的网页文件

9.2.1 博客系统总体设计

博客系统的功能主要面向两种用户：游客(未登录用户)和开博用户。其功能有如下区别。

游客：浏览所有博客公开的文章，并对文章进行评论。

开博用户：浏览自己的文章和对评论文章进行管理；修改用户信息等。

本书只对开博用户的功能进行讲解，读者可根据所学知识，自己完成游客功能。下面介绍各功能模块。

(1) 注册模块：完成用户的注册功能，完成用户名、密码、邮箱等基本信息的填写。

(2) 登录模块：实现开博用户的登录功能，登录后可对自己的文章及评论文章进行管理。

(3) 文章管理模块：实现开博用户登录后对自己的文章进行编辑、删除操作，以及发表新的文章。

(4) 浏览文章模块：实现未登录用户浏览其他博客公开的文章及详细内容。

(5) 评论管理模块：实现开博用户对评论文章的管理。(与文章管理模块功能相近。)

(6) 系统模块：实现登录的开博客用户对个人信息的修改以及退出系统的功能。

本书详细讲解了第 1～4 个功能模块。各功能模块的关系如图 9.2 所示。

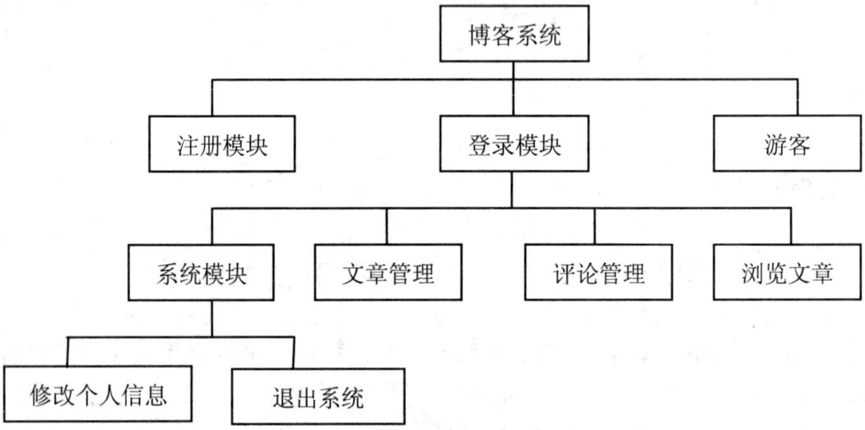

图 9.2　博客系统模块图

9.2.2 数据库设计

在第 3 章中，已完成数据库的创建，在 E:\site\db 目录下创建名为 BlogDb 的数据库，并在其中创建了 Users 表、Article 表和 Comment 表，结构见表 3-4、表 3-5、表 3-6，同时已在 3 个表中输入数据，如图 3.22 所示。所以在这里不再讲解了。

9.2.3　网站规划

在进行数据库开发之前，要先对整个网站的文件根据各功能模块进行规划。表 9-2 是实现与开博用户相关的页面列表。

表 9-2　开博用户相应的功能页面表

名称	功能说明
index.aspx	首页，实现开博用户列表及实现用户登录
user/register.aspx	用户注册
user/changeinfo.aspx	修改用户信息
user/exit.aspx	退出系统
article/ManageArticle.aspx	文章管理页，对自己的文章进行管理
article/ViewArticle.aspx	浏览文章，对自己文章进行浏览及编辑
article/NewArticle.aspx	博客发表文章
article/ShowComment.aspx	评论文章的管理

根据以上列表，在网站文件夹中创建 3 个目录，如图 9.3 所示。

(1) user 目录：用于存放注册模块与系统模块的页面。

(2) article 目录：用于存放开博用户相关的功能页面。

(3) image 目录：用于存放图片文件。

Db 目录用于存放数据库文件。(在第 3 章已完成。)

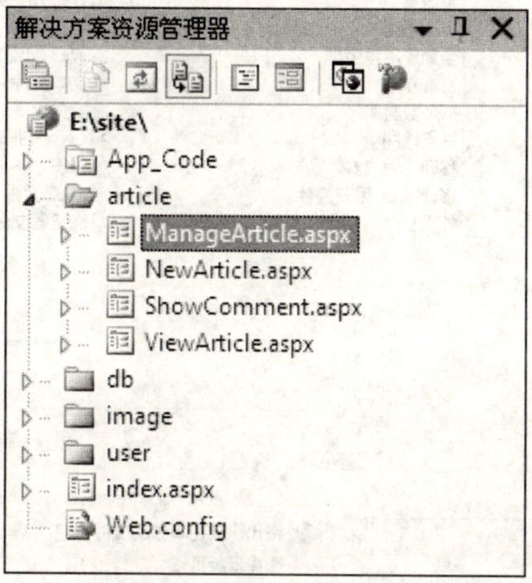

图 9.3　BlogDb 网站结构图

【操作演示】在 Visual Studio 2005 中，打开网站目录 E:\site，并按上述要求创建页面文件。

(1) 如图 9.4 所示，在【开始】菜单中选择 Microsoft Visual Studio 2005 程序并运行。

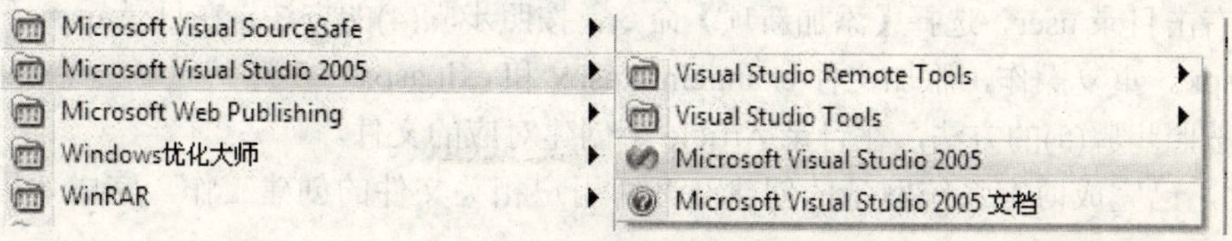

图 9.4　运行 VS 2005 程序

(2) 在 VS 2005 的主界面中，选择【文件】|【打开】|【网站】命令，如图 9.5 所示，并在打开的窗口中选择“E: \site”目录。

(3) 在 VS 2005 主界面的右侧有【解决方案资源管理器】窗格，如图 9.6 所示，右击 E:\site 节点，选择【新建文件夹】命令，创建 3 个目录，分别为 user、article 和 image。

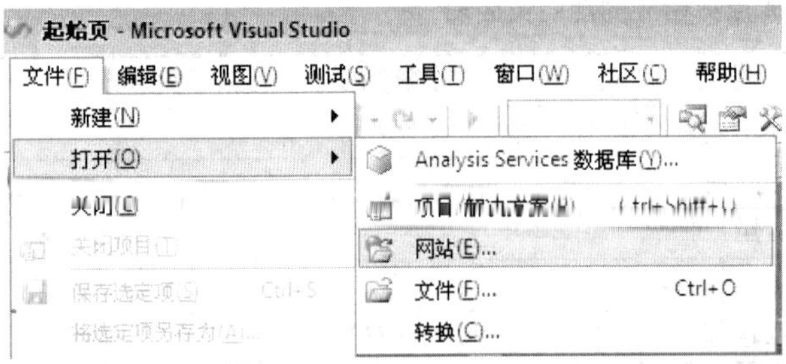

图 9.5 选择命令

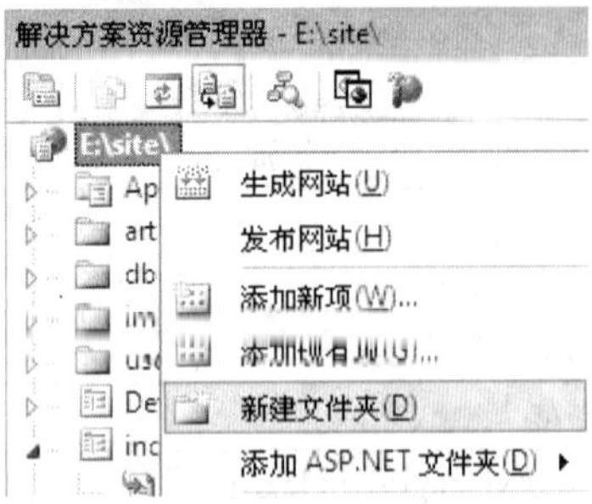

图 9.6 新建文件夹

(4) 右击 E:\site 节点，选择【添加新项】命令，打开如图 9.7 所示的窗口，选择【Web 窗体】选项，在【名称】中输入“index.aspx”，在语言中选择“Visual C#”，单击【添加】按钮完成文件的添加。

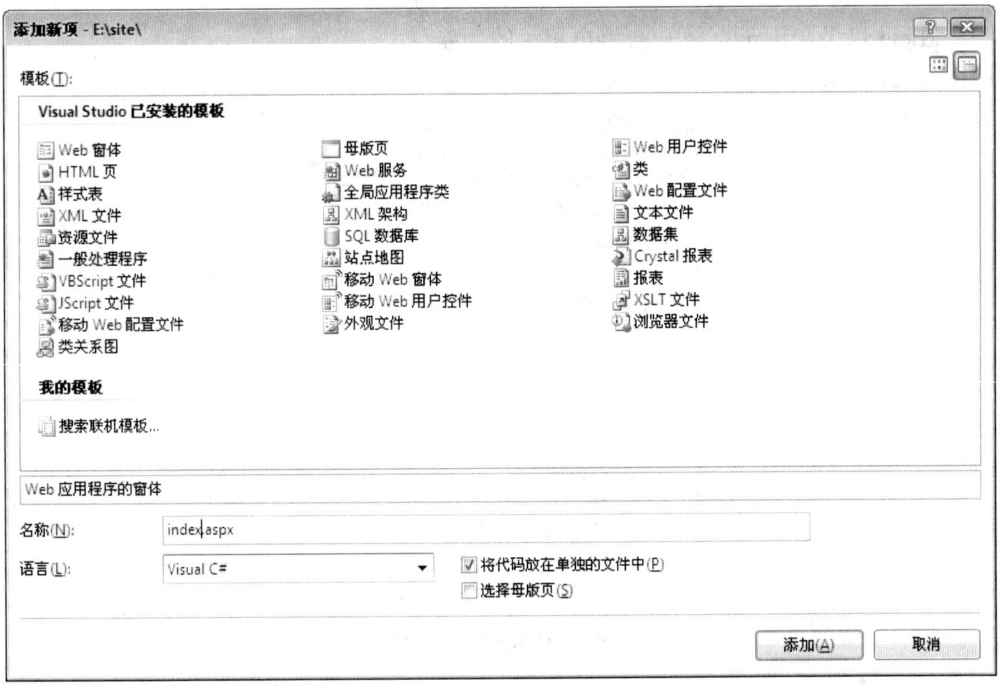

图 9.7 添加新项

(5) 右击目录 user，选择【添加新项】命令，按照步骤(4)的方法，在目录 user 下添加文件 register.aspx。重复操作，添加文件 changeinfo.aspx 和 exit.aspx。

(6) 按照步骤(5)的方法，在目录 Article 下创建对应的文件。

至此，已完成博客系统网站的创建及开博用户相关文件的创建工作。完成效果如图 9.3 所示。

9.3　任务三：博客首页的实现

【任务目标】

- 掌握博客系统各模块的功能
- 掌握开博用户对应页面的功能
- 创建相应的网页文件

9.3.1　设计首页界面

首页为 index.aspx，功能包括开博用户的列表显示和登录注册，如图 9.8 所示。设计包括两部分，一部分是 header，另一部分显示博客用户。所需的控件见表 9-3。

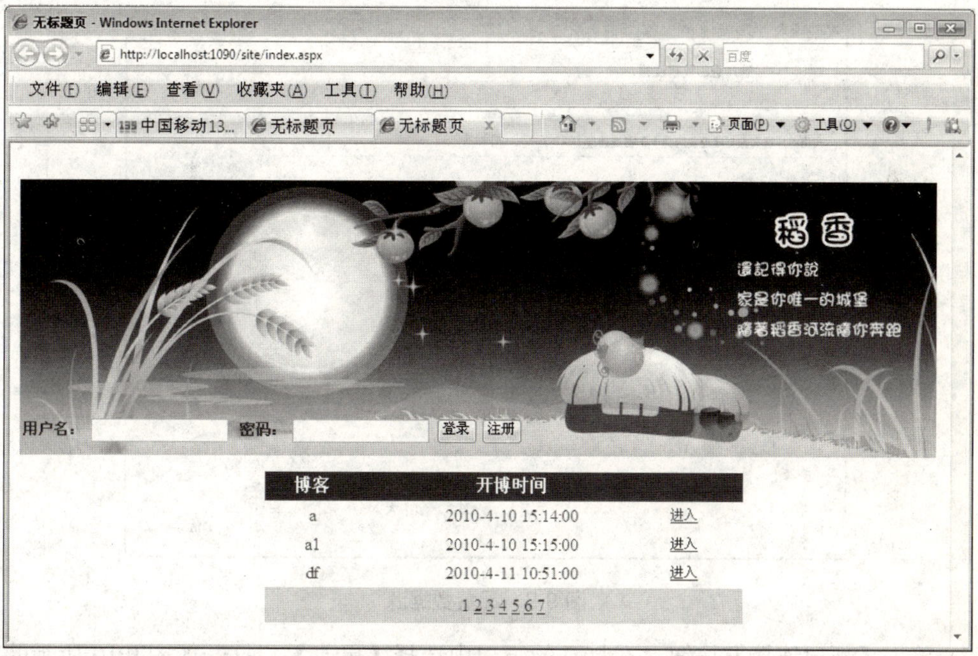

图 9.8　首页 index.aspx

表 9-3　控件列表

控件 ID	控件类型	说明
Table	HTML 控件:Table	
tn	TextBox	用于输入用户名
tp	TextBox	用于输入密码
blogin1	Button	【登录】按钮
blogin2	Button	【注册】按钮
sqlds	SqlDataSource	数据源控件
gw1	GridView	显示博客用户

9.3.2 显示博客用户

在 VS 2005 中，显示数据库的数据表的方法用两种，一种是完全应用数据源控件，如 SqlDataSource 控件，不需要写任何代码，只通过对控件进行适当的设置即可完成数据浏览的功能。这种方法非常简单。另一种方法则运用 ADO.NET 的常用对象，对数据进行添加、删除、修改等操作。此方法更利于程序员对数据库的开发。

可以根据不同的需要，采用不同的方法。这里先介绍采用数据源控件的方法。步骤如下。

(1) 进入 index 页面的设计视图，展开工具箱面板上“数据”一栏，双击“SqlDataSource”，则在页面上添加了一个名为“SqlDataSource1”的控件，在属性窗口中将其 ID 改为：sqlds。再双击面板上的“GridView”，添加一个名为“GridView1”的控件，在属性窗口中将其 ID 改为：gw1。

(2) 单击控件 sqlds 右上角的小三角形，点击【配置数据源】，打开如图 9.9 所示的窗口。

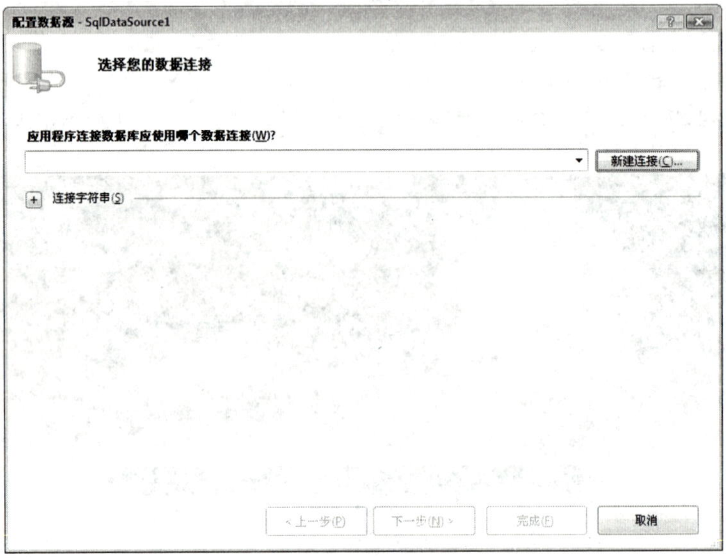

图 9.9 配置数据源

(3) 单击【新建连接】按钮，在打开的窗口中选择【更改】，打开如图 9.10 所示的窗口。选择“Microsoft SQL Server”选项，单击【确定】按钮。

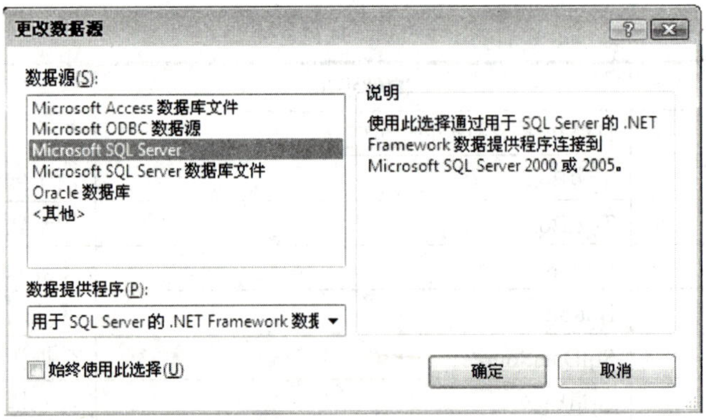

图 9.10 更改数据源

(4) 在打开的【添加连接】窗口中，如图 9.11 所示，选择当前的服务器，使用 SQL Server 身份验证，用户名为 sa，连接数据库选择 BlogDb 数据库。单击【测试连接】按钮，如果测试成功，单击【确定】按钮。

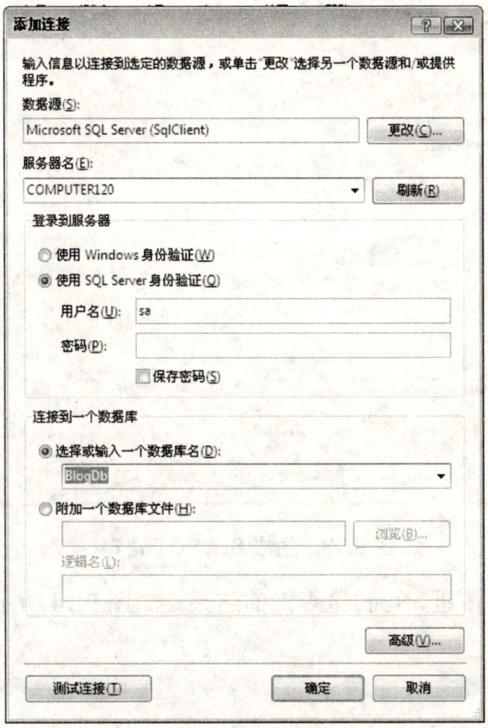

图 9.11　添加连接

(5) 单击【下一步】按钮，打开如图 9.12 所示的窗口，选择将连接另存为"Blogcon"。单击【下一步】按钮。

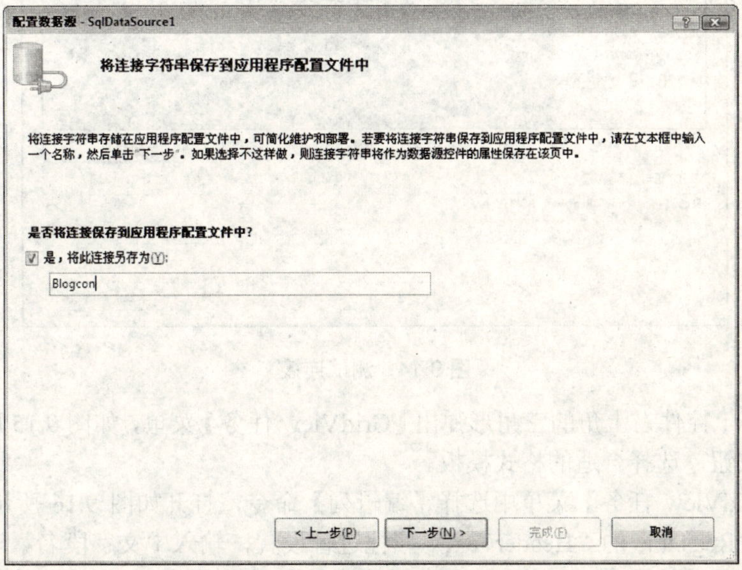

图 9.12　连接另存为 Blogcon

(6) 在如图 9.13 所示的窗口中，在【名称】中选择 Users，选择列字段：UserName，RegTime。在下面的框中可看到自动生成的 SELECT 语句。单击【下一步】按钮。

图 9.13　生成 SELECT 语句

(7) 单击【测试查询】按钮，可预览查询的结果，如图 9.14 所示。单击【完成】按钮，回到页面视图。

图 9.14　测试连接

(8) 单击 gw1 控件右上角的三角形弹出【GridView 任务】菜单，如图 9.15 所示，单击【自动套用格式】按钮，选择合适的格式模板。

(9) 在【GridView 任务】菜单中选择【编辑列】命令，打开如图 9.16 所示的窗口，对字段 UserName 和 RegTime 的"HeaderText"属性进行设置，输入中文字段名。

(10) 在【可用字段】中选择"HyperLinkField"选项，单击【添加】按钮，并修改 Text 属性为"进入"，如图 9.17 所示。

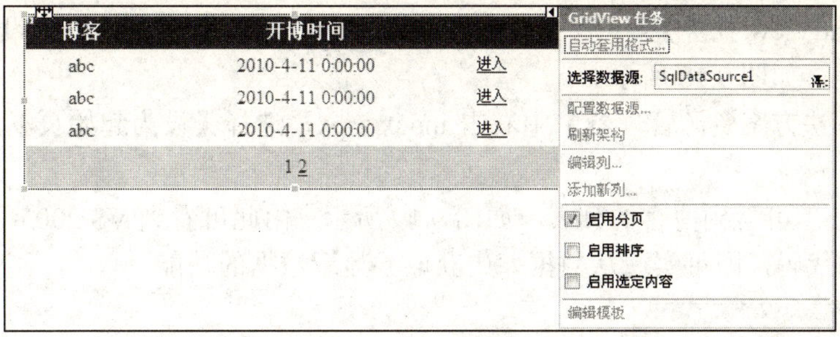

图 9.15　GridView 弹出菜单

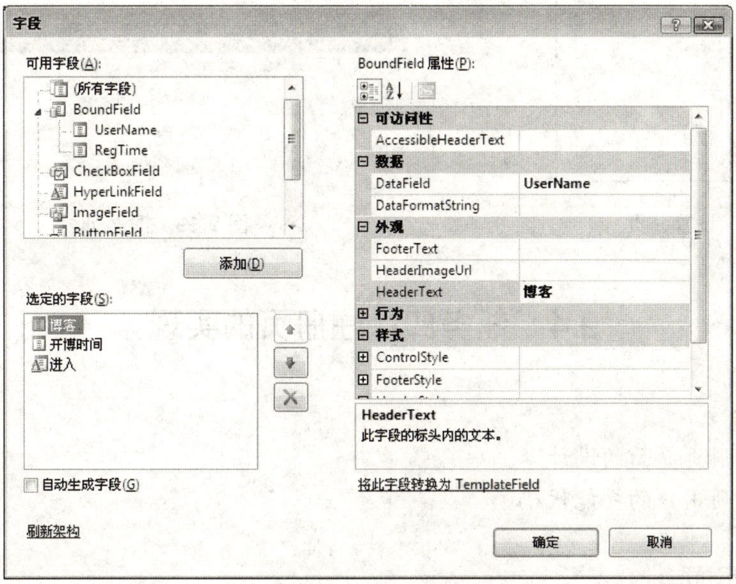

图 9.16　修改字段属性

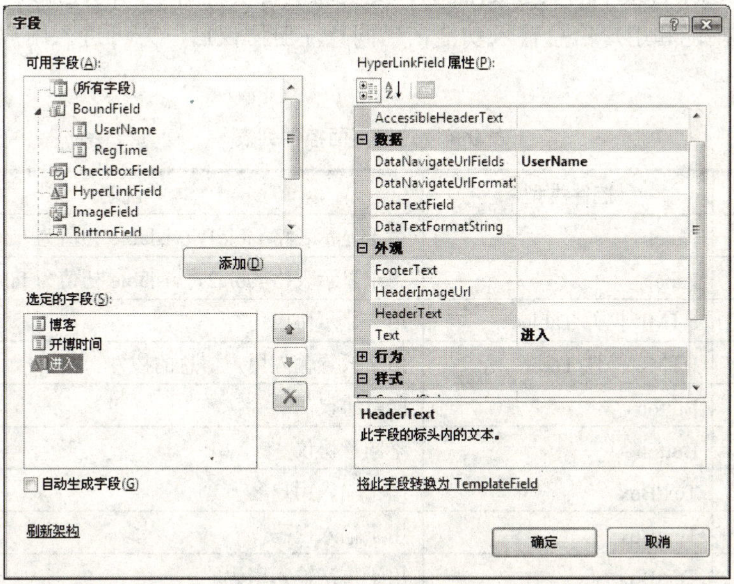

图 9.17　添加字段

(11) 在【GridView 任务】菜单中选中【启用分页】复选框，并在属性框中设置 AllowPaging 和 PageSize 属性，如图 9.18 所示。

(12) 在【解决方案资源管理器】中右击 index.aspx，选择【设为起始页】命令。按 F5 键运行程序。

至此，在 IE 上可看到博客的列表，如图 9.19 所示。由此可看到 VS 2005 强大的功能，不需要写任何一句代码，即可实现从数据库中获取并显示数据的功能。

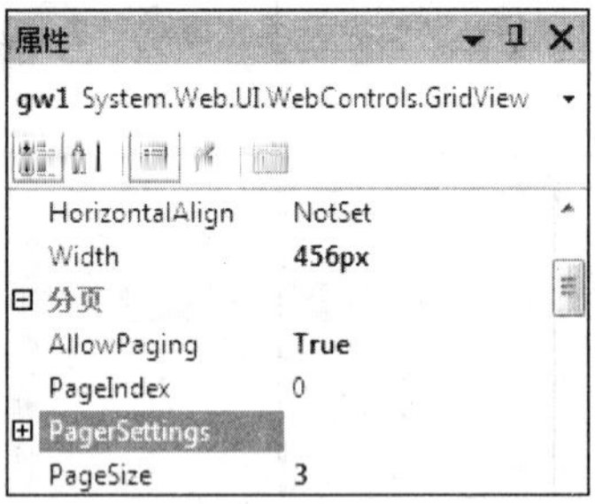

图 9.18 设置分页

图 9.19 博客列表

9.4 任务四：注册页的实现

【任务目标】

- 掌握注册页界面的设计
- 掌握注册用户的功能代码

9.4.1 设计注册页面

注册页为在 user 目录下的 register.aspx，此页面主要实现新用户的注册功能，主要有两个步骤，阅读协议功能和用户信息输入功能，当同意注册协议后，方可进入用户信息输入界面，主要控件见表 9-4。

表 9-4 注册页面控件列表

控件 ID	控件类型	说明
xieyi	Panel	用于显示表格 table1，visiable 初值为 true
zhuce	Panel	用于显示表格 table2，visiable 初值为 false
table1	HTML 控件:Table	用于显示协议内容
table2	HTML 控件:Table	用于放置输入用户信息的控件
agree	Button	同意协议
dont	Button	不同意协议
tname	TextBox	用于输入用户名
tpass	TextBox	用于输入密码
Tpass2	TextBox	用于再次输入密码
tquestion	TextBox	用于输入密码提示

续表

控件 ID	控件类型	说明
tanswer	TextBox	用于输入密码答案
temail	TextBox	用于输入 Email 地址
rsex	TextBox	用于选择性别
userok	Button	提交按钮
tno	Button	取消按钮
backlink	HyperLink1	返回首页

设计效果如图 9.20、图 9.21 所示。

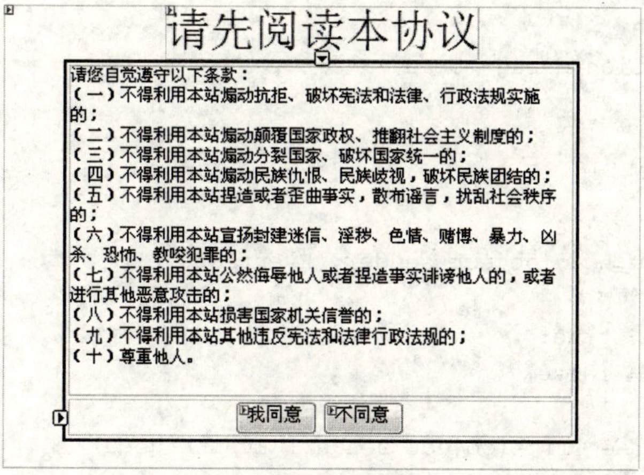

图 9.20　协议界面

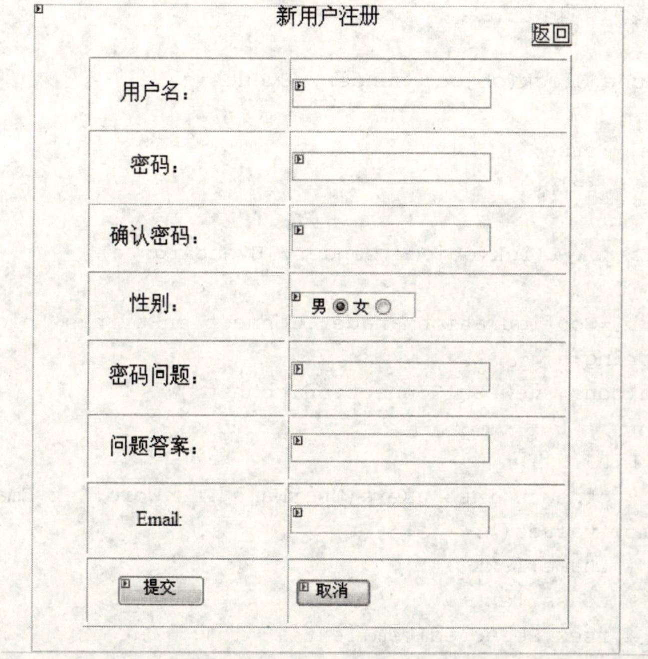

图 9.21　注册界面

9.4.2 程序代码

1. 在 Web.Config 配置文件中保存数据库连接字符串

为解决方案添加一个 Web.Config 配置文件，打开此文件，设置数据库连接信息如下，以后所有的数据库连接操作可直接从此文件中提取字符串。

```
<configuration>
  <connectionStrings>
  <add name="blogcon" connectionString="Data Source=(local);Initial Catalog=
  BlogDb;Integrated Security=True;User ID=sa;Password="  />
 </connectionStrings>
  <system.web>
        <compilation debug="true"/>
  </system.web>
</configuration>
```

2. 程序代码

```
protected void Page_Load(object sender, EventArgs e)
 {
    xieyi.Visible = true;
    zhuce.Visible = false;
 }
 protected void Agree_Click(object sender, EventArgs e)
 { //同意协议按钮
    xieyi.Visible = false;
    zhuce.Visible = true;
  }
 protected void Dont_Click(object sender, EventArgs e)
 {//不同意协议按钮
    xieyi.Visible = true;
    zhuce.Visible = false;
 }
 protected void userok_Click(object sender, EventArgs e)
 {   //定义连接
    String connstr =ConfigurationManager.ConnectionStrings["blogcon"]
    .ConnectionString;
    SqlConnection con = new SqlConnection(connstr);

    //执行 INSERT INTO  语句
    string mysql = "insert into users(UserName,PassWord,Sex,Email,Question,
    Answer,RegTime) values(";
    mysql += "'" + tname.Text + "',";
    mysql += "'" + tpass.Text + "',";
    mysql += "'" + rsex.SelectedItem.Text + "',";
    mysql += "'" + temail.Text + "',";
    mysql += "'" + tquestion.Text + "',";
```

```
    mysql += "'" + tanswer.Text + "',";
    mysql += "'" + DateTime.Now.AddDays(0).ToString()+"'"+")";
    SqlCommand cmd = new SqlCommand(mysql, con);

    //建立新用户名的临时数据集
    string mysql1 = "select * from users where UserName='" + tname.Text + "'";
    SqlDataAdapter da = new SqlDataAdapter(mysql1, con);
    DataSet ds = new DataSet();

    con.Open();
    da.Fill(ds, "users");
    //判断返回的数据集是否为空，如果为空，可注册新用户，否则提示用户名已存在
    if (ds.Tables["users"].Rows.Count==0){
         cmd.ExecuteNonQuery();
         Response.Write("<script>alert('成功注册新用户！请登录!');</script>");
      }
      else
        Response.Write("<script>alert('此用户名已存在，请重新注册')</script>");

        tname.Text = ""; tpass.Text = "";
        temail.Text = ""; tquestion.Text = "";
        tanswer.Text = "";
        tname.Focus();
 }
protected void tno_Click(object sender, EventArgs e)
{
   tname.Text = ""; tpass.Text = ""; temail.Text = "";
   tquestion.Text = ""; tanswer.Text = "";
   tname.Focus();
 }
```

9.5　任务五：文章管理页的实现

【任务目标】

- 掌握文件管理页的界面设计
- 掌握 GridView 控件的使用方法
- 掌握模糊查询的方法

此页面为 article 目录下的 ManageArticle.aspx 文件，主要实现开博用户浏览、查询(根据标题、发表时间和是否公开字段进行查询)、删除自己发表的文章。

9.5.1　界面设计

界面如图 9.22 所示，在工具箱里拖拉一个 Table 控件、Label 控件、Dropdownlist 控件、TextBox 控件、LinkButton 控件和 GridView 控件。

图 9.22　文章管理页的界面

界面设计代码如下：

```
<%@ Page Language="C#" AutoEventWireup="true" CodeFile="ManageArticle.aspx.cs"
Inherits="article_ManageArticle" %>
<!DOCTYPE html PUBLIC "-//W3C//DTD XHTML 1.0 Transitional//EN" "http://www.w3.org/
TR/xhtml1/DTD/xhtml1-transitional.dtd">
<html xmlns="http://www.w3.org/1999/xhtml" >
<head runat="server">    <title>无标题页</title>
</head>
<body>
   <form id="form1" runat="server">
     <table>
         <tr><td colspan="3" style="width: 707px; height: 204px;">
   <img id="IMG1" src="../image/head0.jpg" onclick="return IMG1_onclick()" />
   <asp:Label ID="Label1" runat="server" Font-Bold="True" Font-Italic="False"
   Font-Names="幼圆"
              Font-Size="18px" ForeColor="Maroon" Height="26px" Style="z-index:
              100; left: 33px;
                   position: absolute; top: 253px" Width="569px"></asp:Label>
         </td></tr>
         <tr><td style="height: 16px" >
            <asp:DropDownList ID="dpfind" runat="server" Width="131px">
               <asp:ListItem Value="Subject">标题</asp:ListItem>
               <asp:ListItem Value="Shijian">发表时间</asp:ListItem>
               <asp:ListItem Value="Pub">是否公开</asp:ListItem>
            </asp:DropDownList> 
  <asp:TextBox ID="tfind" runat="server" Width="130px"></asp:TextBox>
```

```
<asp:LinkButton ID="btfind" runat="server" Font-Size="15px" OnClick="btfind_Click">
搜索</asp:LinkButton></td>
<td style="height: 16px"><asp:LinkButton Font-Size="15px" ID="btnew" PostBackUrl=
"~/article/NewArticle.aspx" runat="server" Width="84px">发表文章</asp:LinkButton>
</td>
        </tr><tr>
    <td colspan="3" rowspan="2" >
    <asp:GridView ID="gw2" runat="server" CellPadding="4" Width="956px"
    OnRowDeleting="gw2_delete" Height="214px" OnSelectedIndexChanged=
    "gw2_SelectedIndexChanged" AutoGenerateColumns="False"
    Font-Size="15px" ForeColor="#333333" GridLines="None" AllowPaging="True"
    PageSize="5" OnPageIndexChanging="gw2_page">
        <FooterStyle BackColor="#990000" ForeColor="White" Font-Bold="True" />
        <RowStyle BackColor="#FFFBD6" ForeColor="#333333" />
        <SelectedRowStyle BackColor="#FFCC66" Font-Bold="True" ForeColor=
        "Navy" />
        <PagerStyle BackColor="#FFCC66" ForeColor="#333333" HorizontalAlign=
        "Center" />
        <HeaderStyle BackColor="#990000" Font-Bold="True" ForeColor="White" />
        <Columns>
            <asp:BoundField DataField="articleid" HeaderText="文章编号" Visible=
            "False" />
            <asp:BoundField DataField="UserName" HeaderText="博客" Visible=
            "False" />
            <asp:BoundField DataField="subject" HeaderText="标题">
                <ItemStyle HorizontalAlign="Center" />
            </asp:BoundField>
            <asp:BoundField DataField="content" HeaderText="内容" Visible=
            "False">
                <ItemStyle HorizontalAlign="Center" />
            </asp:BoundField>
            <asp:BoundField DataField="shijian" HeaderText="发表时间">
                <ItemStyle HorizontalAlign="Center" />
            </asp:BoundField>
            <asp:BoundField DataField="Pub" HeaderText="公开">
                <ItemStyle HorizontalAlign="Center" />
            </asp:BoundField>
            <asp:HyperLinkField DataNavigateUrlFields="ArticleID"
            DataNavigateUrlFormatString="~\article\ViewArticle.aspx?ArticleID={0}"
                HeaderText="编辑" Text="编辑">
                <ItemStyle HorizontalAlign="Center" />
            </asp:HyperLinkField>
            <asp:CommandField HeaderText="删除" ShowDeleteButton="True">
                <ItemStyle HorizontalAlign="Center" />
            </asp:CommandField>
        </Columns>
        <EditRowStyle BorderWidth="1px" HorizontalAlign="Center" />
        <AlternatingRowStyle BackColor="White" />
    </asp:GridView>
            </td> </tr>
        <tr>
        </tr></table>
```

```
   </form>
</body></html>
```

9.5.2 浏览与查询文章

此页面主要包括两人功能，一是通过 GridView 控件浏览开博用户自己的文章，二是根据标题、发表时间和是否公开字段进行文章浏览。实现的程序代码如下：

```
protected void bind() {
      //绑定数据控件
      String connstr = ConfigurationManager.ConnectionStrings["blogcon"]
      .ConnectionString;
      SqlConnection con = new SqlConnection(connstr);
      string sqlstr = "select * from article where username='"+Session
      ["loginname"].ToString()+"'";
      SqlDataAdapter da = new SqlDataAdapter(sqlstr, con);
      DataSet ds = new DataSet();
      con.Open();
      da.Fill(ds, "Article");
      con.Close();
      gw2.DataSource = ds.Tables["Article"].DefaultView;
    //   gw2.DataKeyNames = new string[] { "ArticleID" };
      gw2.DataBind();
   }
   protected void Page_Load(object sender, EventArgs e)
   {   if (!IsPostBack)
      { bind();
        }
       Label1.Text = Session["loginname"].ToString() + "的博客 " +
       DateTime.Now.ToShortDateString()+DateTime.Now.ToShortTimeString();
       //显示博客名称和时间
   }
    protected void gw2_delete(object sender, GridViewDeleteEventArgs e)
   { //删除文章记录
      String connstr = ConfigurationManager.ConnectionStrings["blogcon"]
      .ConnectionString;
      SqlConnection con = new SqlConnection(connstr);
     string id = gw2.DataKeys[e.RowIndex].Value.ToString();    //定义所选记录的 ID
     string delsql = "delete from Article where ArticleID=@k";  //删除命令
     SqlCommand cmd = new SqlCommand(delsql, con);
     cmd.Parameters.Add("@k", SqlDbType.Int, 8).Value = int.Parse(id); //参数赋值
     con.Open();
     cmd.ExecuteNonQuery();
     con.Close();
     gw2.EditIndex = -1;
     bind();
    }
   protected void gw2_page(object sender, GridViewPageEventArgs e) {
      //分页功能
      gw2.PageIndex = e.NewPageIndex;
      bind();
```

```
    }
  protected void btfind_Click(object sender, EventArgs e)
  {  //按关键字查询文章
      String connstr = ConfigurationManager.ConnectionStrings["blogcon"]
      .ConnectionString;
      SqlConnection con = new SqlConnection(connstr);
      string kk = dpfind.SelectedValue.ToString();      //选择的下拉列表中的字段名
string sql = "select * from article where  username='" + Session["loginname"]
.ToString() + "' and ";
      sql=sql+ kk + " like @myfind";                    //模糊查询命令
      SqlCommand cmd = new SqlCommand(sql, con);

      //@myfind参数的定义与赋值,tfindo.Text存放用户输入的查询关键字
      cmd.Parameters.Add("@myfind",SqlDbType.VarChar, 50).Value = "%" + tfind.
      Text.Trim() + "%";
      SqlDataAdapter da = new SqlDataAdapter();         //定义数据适配器
      da.SelectCommand = cmd;                           //执行查询命令
     DataSet ds = new DataSet();                        //定义数据集
      da.Fill(ds, "Article");                           //填充数据集
      DataView dw = new DataView(ds.Tables[0]);         //定义数据视图
      gw2.DataSource = dw;                              //数据源赋值
      gw2.DataKeyNames = new string[] { "ArticleID" }; //定义数据源中的关键字
      gw2.DataBind();
      con.Close();
  }
```

9.6　任务六：编辑文章页的实现

【任务目标】

- 掌握 DetailsView 控件的使用方法
- 掌握更新记录的代码编写方法

编辑文章页为 article 目录下的 ViewArticle.aspx，主要实现对在文章管理页(ManageArticle.aspx)中所选择的文章记录进行修改的功能。

9.6.1　浏览文章的详细内容

此页主要用到 DetalisView 控件、SqlDataSource 控件、Lable 控件和 HyperLink 控件。

在任务五中，如图 9.22 所示的文章管理页，单击 GridView 控件中某一记录的【编辑】按钮，即跳转到 ViewArticle.aspx，并显示对应的记录内容。所以必须对【编辑】按钮进行设置，步骤如下。

(1) 在 ManageArticle.aspx 文件中，单击 GridView 控件的【GridView 任务】的【编辑列】按钮，在打开的窗口中，在【选定的字段】中选择【编辑】字段，进行如图 9.23 所示的设置。主要有两个属性。

① DataNavigateUrlFields 属性：输入“ArticleID”，此属性主要实现绑定到超链接的属性字段。

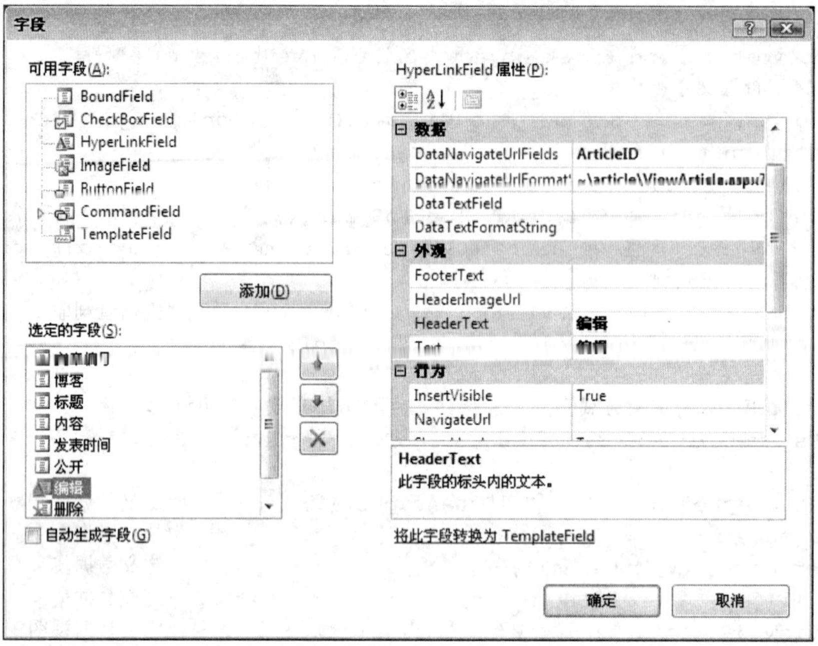

图 9.23　编辑字段的属性设置

② DataNavigateUrlFormatString 属性：输入字符串“～\article\ViewArticle.aspx?aid={0}”，此属性的功能是对绑定的超链接的 ArticleID 属性的值进行格式设置。

(2) 在工具箱中选择“SqlDataSource 控件”和“DetailsView 控件”。单击【SqlDataSource 任务】的【配置数据源】按钮，按任务三的方法连接好博客数据库。

(3) 在【配置 Select 语句】对话框中进行如图 9.24 所示的设置，并单击【WHERE...】按钮打开窗口。

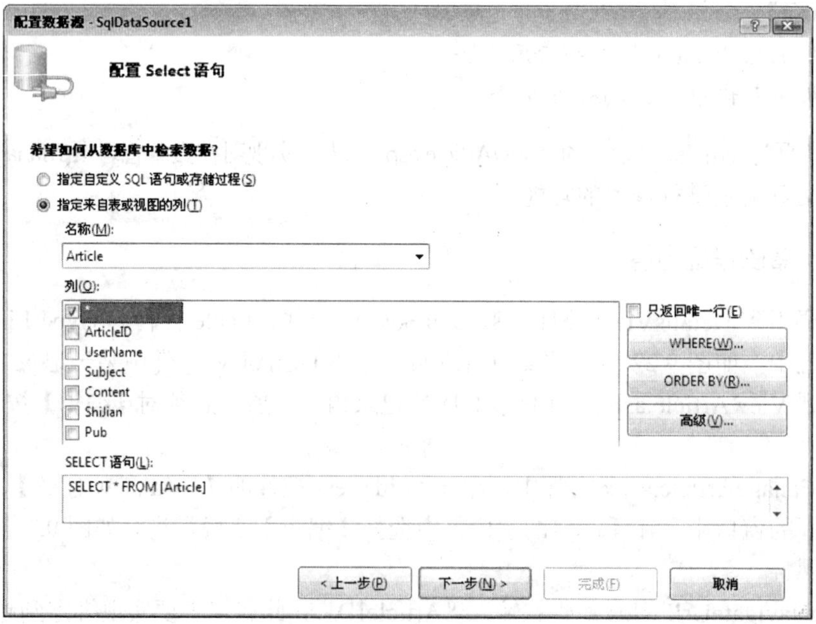

图 9.24　配置 Select 语句

(4) 在【添加 WHERE 子句】对话框中进行如图 9.25 所示的设置，其中 QueryString 字段为步骤 2 中所设置的字段 aid，默认值为 1。单击【添加】按钮添加 WHERE 子句后，单击【确定】按钮保存设置。

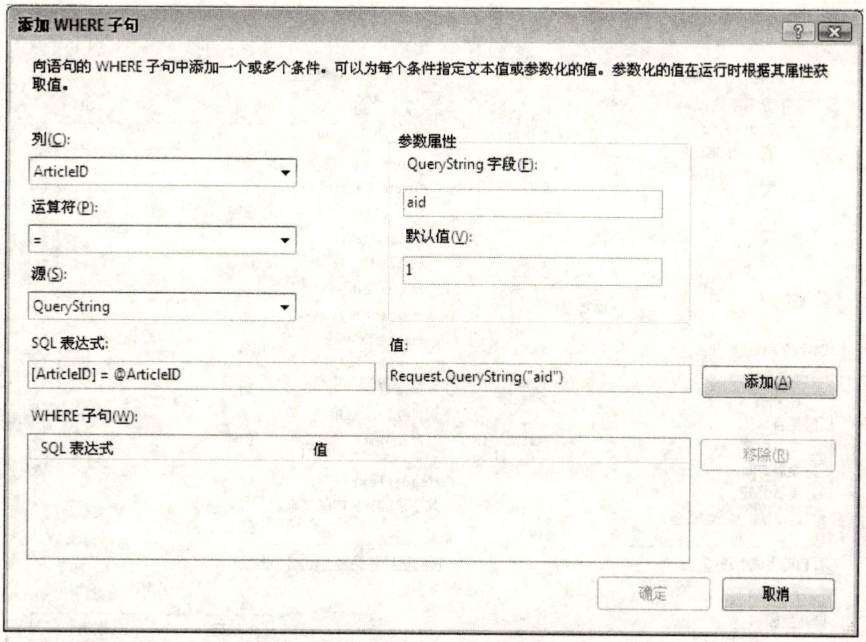

图 9.25　【添加 WHERE 子句】对话框

(5) 单击【下一步】按钮进入【测试查询】对话框，如图 9.26，单击【测试查询】按钮查看测试结果。结果以默认值为 aid=1 来显示。

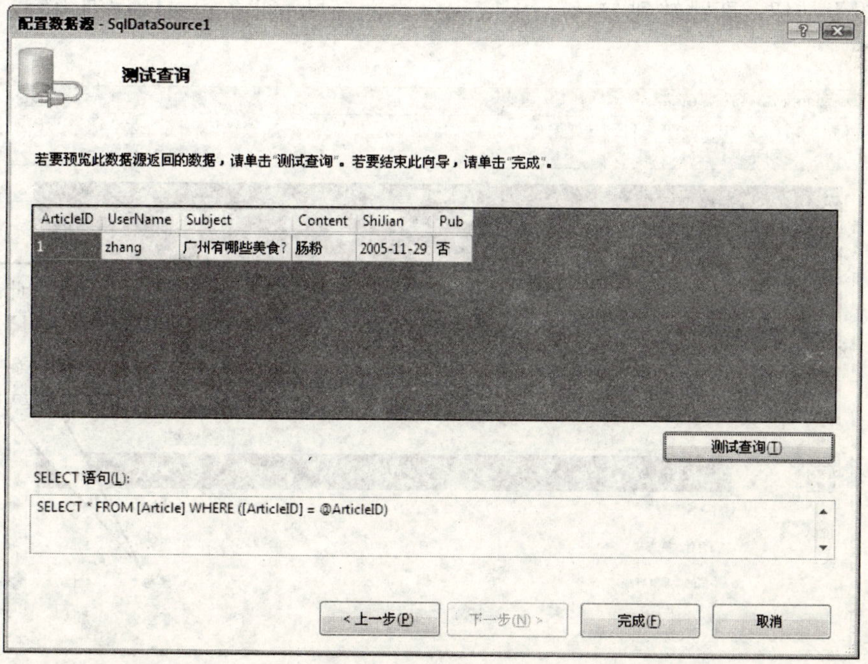

图 9.26　测试查询

(6) 单击【完成】按钮完成 SqlDataSource 控件的设置。

(7) 单击 DetailsView 控件的【DetailsView 任务】的【编辑列】按钮，打开窗口，进行如图 9.27 所示的设置。

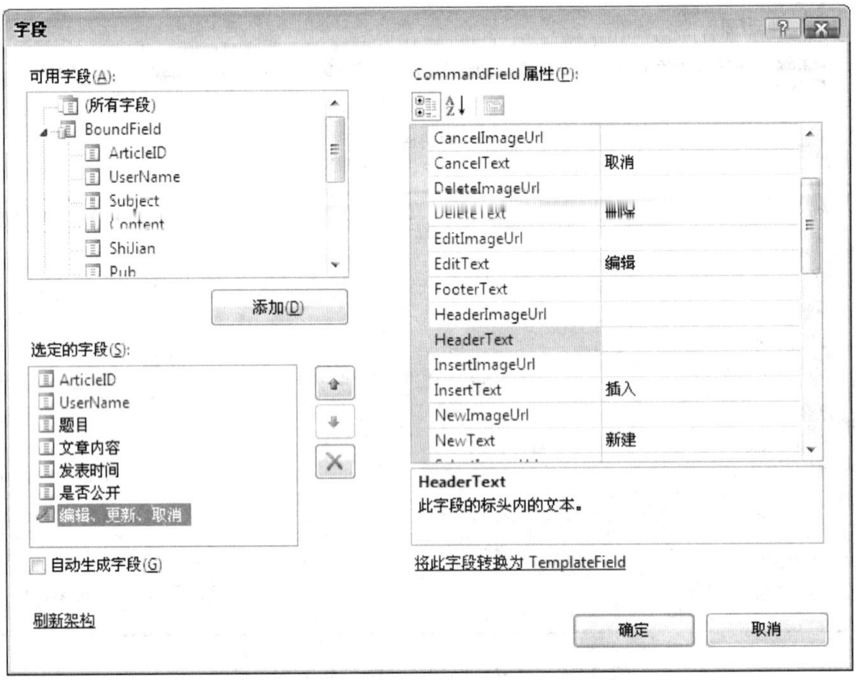

图 9.27 DetailsView 控件列的设置

(8) 单击【确定】按钮保存设置。运行程序，进入 ManageArticle.aspx 页面，单击一条记录的【编辑】按钮，即跳转到 ViewArticle.aspx 页面，显示此条记录的详细内容，如图 9.28 所示。

图 9.28 显示记录的详细内容

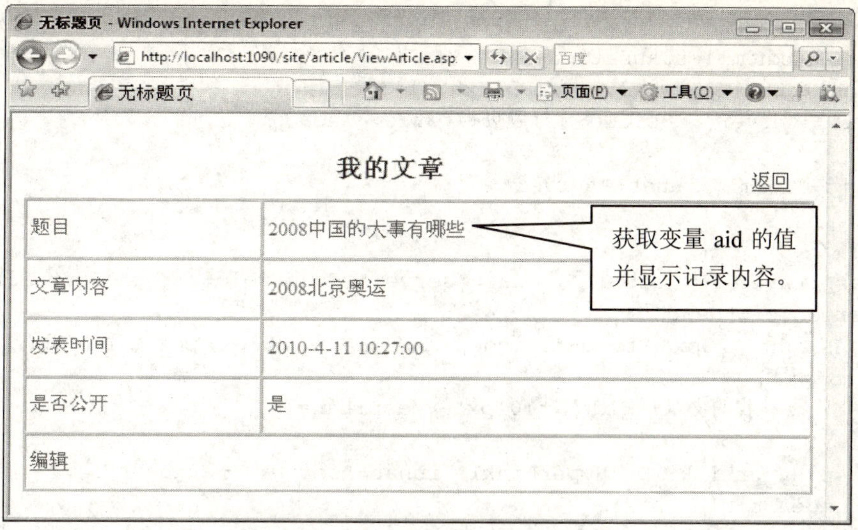

图 9.28　显示记录的详细内容(续)

至此，完成显示文章详细内容的功能。

9.6.2　编辑文章

DetailsView 控件除了实现对记录浏览功能外，还可以对记录进行增加、删除与修改。根据人们的需求，要实现对所选择的文章记录的文章内容和是否公开两个属性进行修改。为此，必须为 DetailsView 控件添加【编辑】按钮，当单击【编辑】按钮后，可对数据进行编辑，修改完毕后，单击【更新】按钮完成修改。DetailsView 控件的编辑状态如图 9.29 所示。

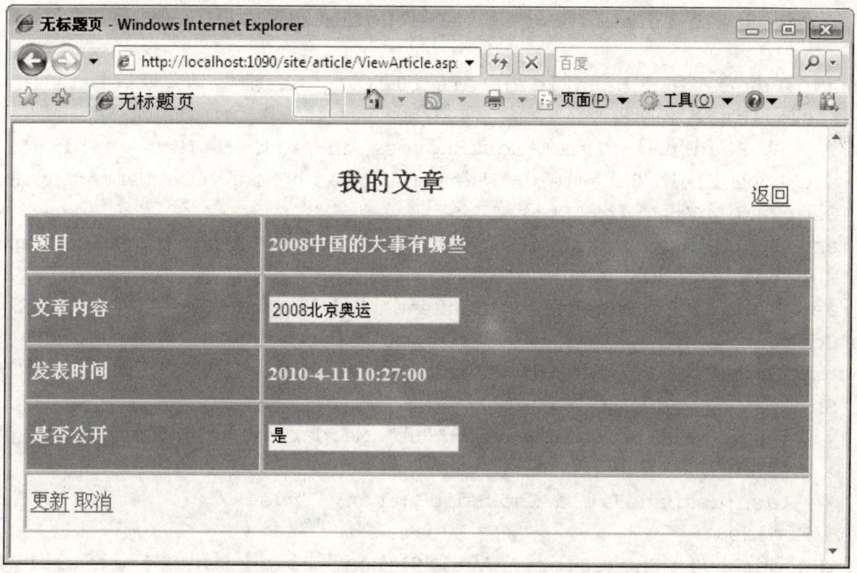

图 9.29　DetailsView 控件的编辑状态

此页面的程序源代码如下：

```
<%@ Page Language="C#" AutoEventWireup="true" CodeFile="ViewArticle.aspx.cs"
Inherits="article_ViewArticle" %>
```

```
<!DOCTYPE html PUBLIC "-//W3C//DTD XHTML 1.0 Transitional//EN" "http://www.w3.org/
TR/xhtml1/DTD/xhtml1-transitional.dtd">
<html xmlns="http://www.w3.org/1999/xhtml" >
<head runat="server"> <title>无标题页</title></head>
<body>
    <form id="form1" runat="server">
    <div>
        <br />
         <asp:Label ID="Label2" runat="server" Font-Bold="True" Font-Size="16pt"
         ForeColor="Maroon"
            Height="22px" Style="z-index: 100; left: 283px; position: absolute; top:
            35px"
            Text="我的文章" Width="101px"></asp:Label>
        <br />
         <asp:HyperLink ID="HyperLink1" runat="server" NavigateUrl="~/article/
         ManageArticle.aspx"
            Style="z-index: 102; left: 601px; position: absolute; top: 47px">返回
            </asp:HyperLink>
        <asp:DetailsView ID="devw1" runat="server" AutoGenerateRows="False"
        BackColor="#DEBA84"
           BorderColor="#DEBA84" BorderStyle="None" BorderWidth="1px" CellPadding=
           "3" CellSpacing="2"
            Height="253px" OnPageIndexChanging="devw1_PageIndexChanging" Width="642px"
            DataKeyNames="ArticleID" DataSourceID="SqlDataSource1" >
            <FooterStyle BackColor="#F7DFB5" ForeColor="#8C4510" />
            <EditRowStyle BackColor="#738A9C" Font-Bold="True" ForeColor="White"
            Font-Size="15px" />
            <RowStyle BackColor="#FFF7E7" ForeColor="#8C4510" />
            <PagerStyle ForeColor="#8C4510" HorizontalAlign="Center" />
            <Fields>
           <asp:BoundField DataField="ArticleID" HeaderText="ArticleID"
            InsertVisible="False"
                   ReadOnly="True" SortExpression="ArticleID" Visible="False" />
           <asp:BoundField DataField="UserName" HeaderText="UserName" SortExpression=
           "UserName" Visible="False" />
           <asp:BoundField DataField="Subject" HeaderText="题目" SortExpression=
           "Subject" ReadOnly="True" />
           <asp:BoundField DataField="Content" HeaderText="文章内容" SortExpression=
           "Content" />
           <asp:BoundField DataField="ShiJian" HeaderText="发表时间" SortExpression=
           "ShiJian" ReadOnly="True" />
               <asp:BoundField DataField="Pub" HeaderText="是否公开" SortExpression=
               "Pub" />
               <asp:CommandField ShowEditButton="True" />
            </Fields>
            <HeaderStyle BackColor="#A55129" Font-Bold="True" ForeColor="White" />
        </asp:DetailsView>
         <asp:SqlDataSource ID="SqlDataSource1" runat="server"
             ConnectionString="Data Source=(local);Initial Catalog=BlogDb;Integrated
             Security=True;User ID=sa"   ProviderName="System.Data.SqlClient"
SelectCommand="SELECT * FROM [Article] WHERE ([ArticleID] = @ArticleID)"
UpdateCommand="UPDATE  Article  SET  [Content]  =  @Content,  Pub  =  @Pub   where
```

```
ArticleID=@ArticleID">
        <SelectParameters>
         <asp:QueryStringParameter DefaultValue="1" Name="ArticleID"
         QueryStringField="aid"
          Type="Int32" />
        </SelectParameters>
        <UpdateParameters>
           <asp:Parameter Name="Content"  Type="String"/>
           <asp:Parameter Name="Pub" Type="Char"/>
           <asp:QueryStringParameter DefaultValue="1" Name="ArticleID"
           QueryStringField="aid" />
        </UpdateParameters>
     </asp:SqlDataSource>
   </div>
   </form></body>
</html>
```

9.7　任务七：发表文章页的实现

【任务目标】

- 掌握发表文章页的界面设计
- 掌握插入记录的代码实现方法

此页面是文章管理页【发表文章】按钮的链接，在 article 目录下的 NewArticle.aspx 文件主要实现开博用户发表文章功能。

9.7.1　界面设计

此页面设计主要由 Table 控件、TextBox 控件等组成，其设计源代码如下：

```
<%@  Page  Language="C#"  AutoEventWireup="true"  CodeFile="NewArticle.aspx.cs"
Inherits="article_PingLun" %>
<!DOCTYPE html PUBLIC "-//W3C//DTD XHTML 1.0 Transitional//EN" "http://www.w3.org/
TR/xhtml1/DTD/xhtml1-transitional.dtd">
<html xmlns="http://www.w3.org/1999/xhtml" >
<head runat="server"> <title>无标题页</title>
</head>
<body> <form id="form1" runat="server">
   <div>
     <asp:Label ID="Label1" runat="server" Font-Bold="True" Font-Size="16pt"
     ForeColor="Maroon"
          Height="22px" Style="z-index: 100; left: 275px; position: absolute; top:
          27px"
          Text="发表新文章" Width="120px"></asp:Label> <br />
     <asp:LinkButton ID="LinkButton1" runat="server" PostBackUrl="~/article/
     ManageArticle.aspx"
          Style="z-index: 102; left: 655px; position: absolute; top: 33px">返回
          </asp:LinkButton>
      <br />
       <table border="1" style="font-weight: bold; font-size: 14px; width: 692px;
```

```
    color: #990000;
       height: 243px; background-color: #ffcc66">
     <tr> <td style="width: 67px"> 标题: </td>
     <td style="width: 367px">
     <asp:TextBox ID="tsubject" runat="server" TextMode="MultiLine" Width=
     "470px"></asp:TextBox>
          </td></tr>
       <tr> <td style="width: 67px; height: 285px"> 内容</td>
        <td style="width: 367px; height: 285px">
 <asp:TextBox ID="tcontent" runat="server" Height="220px" TextMode="MultiLine"
 Width="474px"></asp:TextBox></td>
       </tr> <tr>
          <td style="width: 67px; height: 22px">是否公开</td>
          <td style="width: 367px; height: 22px">
  <asp:RadioButtonList ID="btpub" runat="server" RepeatDirection="Horizontal"
  Width="122px">
                 <asp:ListItem Selected="True">是</asp:ListItem>
                 <asp:ListItem>否</asp:ListItem>
             </asp:RadioButtonList></td>
       </tr>
       <tr><td style="width: 67px; height: 22px"> </td>
       <td style="width: 367px; height: 22px">
       <asp:Button ID="btok" runat="server" OnClick="btok_Click" Text="保存"
       Width="73px" />
       <asp:Button ID="btno" runat="server" OnClick="btno_Click" Text="取消"
       Width="63px" /></td>
       </tr>
    </table></div>
  </form></body>
</html>
```

界面的效果如图 9.30 所示。

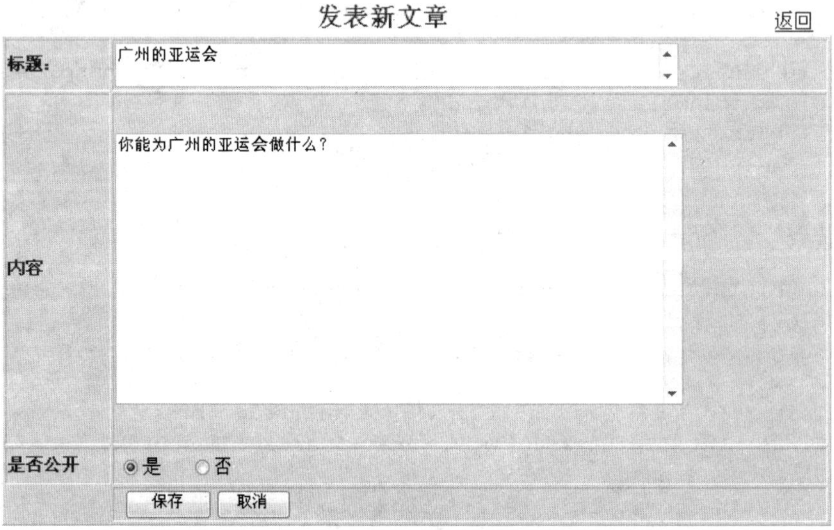

图 9.30 发表文章页的界面

9.7.2　程序代码

```
protected void btok_Click(object sender, EventArgs e)  //【保存】按钮
  {   //定义连接
      String connstr = ConfigurationManager.ConnectionStrings["blogcon"]
      .ConnectionString;
      SqlConnection con = new SqlConnection(connstr);

      //执行 INSERT INTO 语句
      string mysql = "insert into article(UserName,Subject,Content,Shijian,Pub)
      values(";
      mysql += "'" + Session["loginname"].ToString() + "',";
      mysql += "'" + tsubject.Text + "',";
      mysql += "'" + tcontent.Text + "',";
      mysql += "'" + DateTime.Now.AddDays(0).ToString() + "',";
      mysql += "'" + btpub.SelectedItem.Text + "'" + ")";
      SqlCommand cmd = new SqlCommand(mysql, con);
      con.Open();
      int k=cmd.ExecuteNonQuery();
      if (k==1) {
         Response.Write("<script>alert('发表成功')</script>");
      }
      else
         Response.Write("<script>alert('出错，请重新编辑！')</script>");
      }

  protected void btno_Click(object sender, EventArgs e)//【取消】按钮
  {  tsubject.Text = "";  tcontent.Text = "";
     tsubject.Focus();
   }
```

本 章 小 结

本章介绍了利用 ADO.NET 技术进行博客系统的设计与开发，包括 ADO.NET 数据库的访问技术、系统设计与网站规划，以及开博用户的主要功能(用户的登录、新用户的注册、博客用户对自己文章的浏览、编辑和删除，以及文章详细信息的浏览等具有代表性的功能)。此系统功能还不完善，读者可根据系统的功能模块图，把还没完成的功能模块进行完善。

博客系统设计贯穿全书，到本章为止，读者应该可以从此例中掌握一系列的知识技能，包括数据库的构建、SQL 语句的运用、索引与视图、触发器、存储过程等知识，希望通过此例，能帮助读者深刻、综合地掌握数据库的知识。

巩 固 练 习

1．根据开博用户的功能页面表，将未实现的功能页面进行完善。

名称	功能说明	是否完成
index.aspx	首页，实现开博用户列表及实现用户登录	是
user/register.aspx	用户注册	是
user/changeinfo.aspx	修改用户信息	否
user/exit.aspx	退出系统	否
article/ManageArticle.aspx	文章管理页，对自己的文章进行管理	是
article/ViewArticle.aspx	浏览文章，对自己的文章进行浏览及编辑	是
article/NewArticle.aspx	博客发表文章	是
article/ShowComment.aspx	评论文章的管理	否

2．根据博客系统的功能模块图(图 9.2)，继续完善未完成的功能模块。

3．根据实际的应用情况扩充功能。

第 10 章 Web 应用程序开发实例

10.1 任务一：需求分析

【任务目标】

- 了解获取数据分析的方式方法
- 了解软件需求模型
- 获取情景的实际需求

10.1.1 项目背景

“20 世纪末，随着计算机科学的发展，网络技术和数据库技术在 Internet 中的应用越来越广泛，为广大网络用户提供了更加周到和以人为本的服务。网上书店借助于连接全球的因特网开展业务，在网络发达的当今社会有着传统书店无法比拟的优点。

(1) 读者面广，图书品种多。

(2) 检索方式多，快捷方便。

(3) 中间环节少，营业时间长。

(4) 服务形式多元，管理模式灵活。

网上书城的 24 小时服务、送货上门、无店铺销售、检索图书快捷方便、分类浏览人性化、管理模式灵活等优点，弥补了传统出版发行业的不足，为读者提供了极大的方便。随着人们购物观念、购物习惯的改变以及网上购物质量、信誉的提升，出版物在线销售将有更大的市场空间。

10.1.2 总体业务需求概述

(1) 客户信息管理：新客户进行注册用户操作，经注册成功才能登录系统在网上购买商品，已注册并登录成功的客户可更新客户的基本信息。

(2) 用户登录：实现用户登录系统。

(3) 网上购书：给客户提供浏览图书、查询图书信息、选购图书、下订单、管理订单功能。

(4) 维护库存：为仓管人员提供查询库存、入库的功能。

(5) 查看订单：为销售人员提供查看订单信息的功能。

(6) 系统管理：为系统管理员提供用户角色设置、用户授权、账号信息管理功能。

总体业务需求如图 10.1 所示。

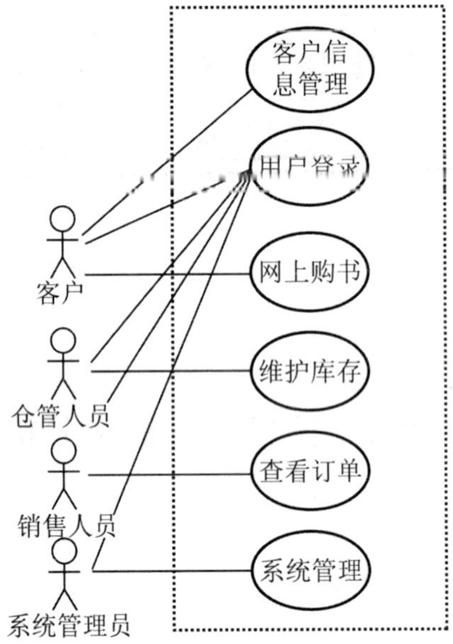

图 10.1　总体业务需求

10.1.3　业务领域模型

业务领域模型如图 10.2 所示。

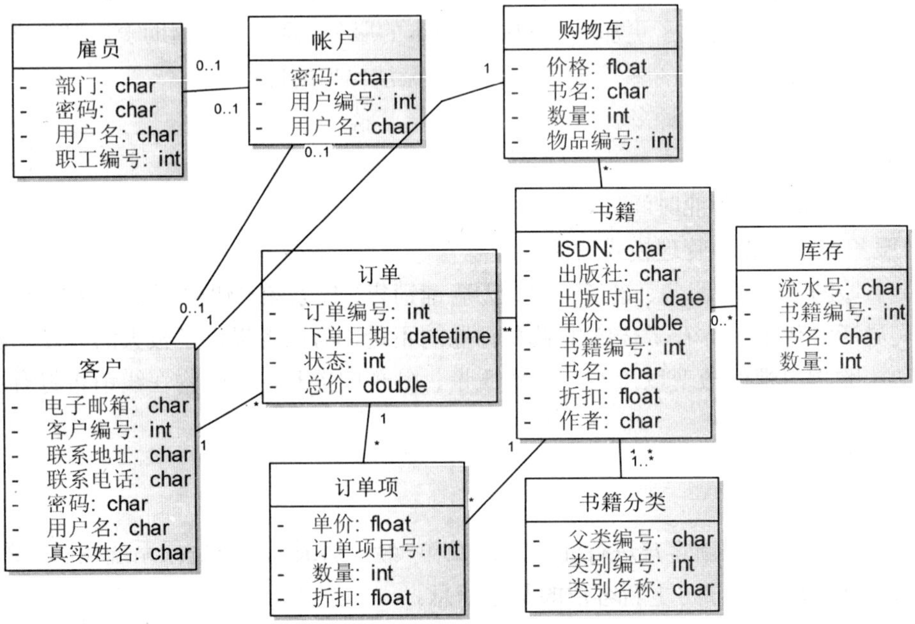

图 10.2　业务领域模型

10.2　任务二：系统功能模块设计

【任务目标】

- 确定系统技术结构
- 确定系统功能模块

10.2.1　B/S 结构模式的确定

在线书城采用 Browser/Server(B/S)结构设计，能够实现在线图书查询、下订单、购物车管理、书评、用户管理等功能。系统原理图如图 10.3 所示。

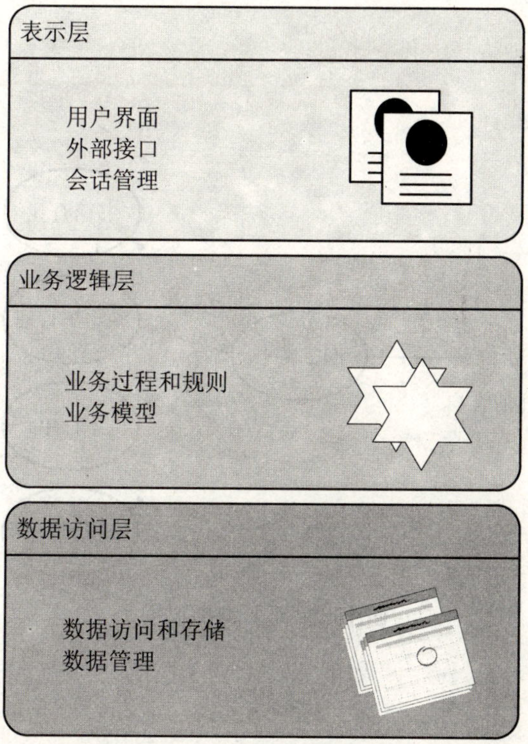

图 10.3　系统结构

10.2.2　功能目标设计

从目标设计的角度来看，在线书城主要实现的功能包括下面几个方面，如图 10.4 所示。

1. 系统管理

(1) 角色管理。

(2) 用户授权。

(3) 账户管理。

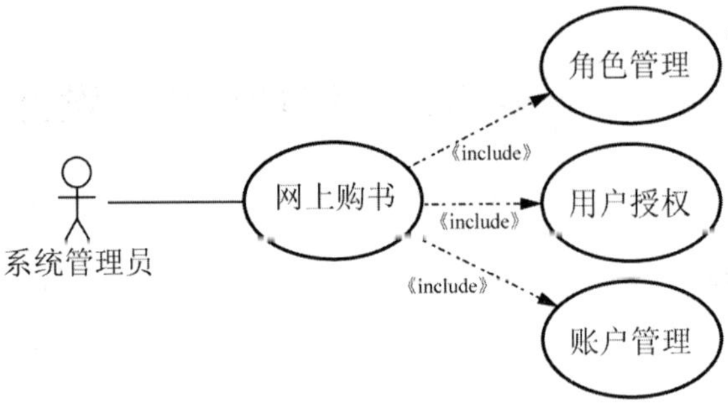

图 10.4　系统管理例图

2. 网上购书

网上购书图如图 10.5 所示。

(1) 书籍查找。

(2) 购物车管理。

(3) 下订单。

(4) 订单管理。

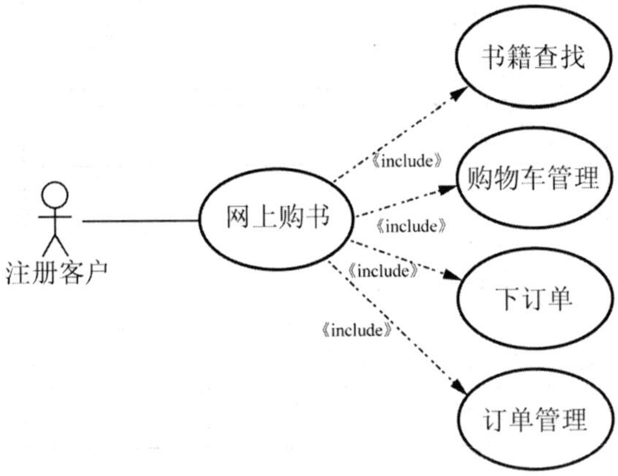

图 10.5　网上购书例图

3. 订单管理

(1) 订单查询。

(2) 订单状态管理。

4. 库存管理

(1) 库存信息查询。

(2) 书籍信息管理。

10.3　任务三：数据库设计

【任务目标】

- 确定系统数据字典
- 设计系统数据库结构

10.3.1 业务需求分析

根据业务需求，在线购书系统的数据库主要由下面各表组成，见表 10-1。

表 10-1 在线购书系统的数据库的构成表

表名	描述	类型
Book	书籍表，用于记录书的基本信息	
BookType	图书类型表，用于记录图书类型(分类)	
OrderDetails	详细订单表，用于记录每一个订单的详细内容	
Orders	订单表，用于记录会员递交的订单	公共用表
TempStore	暂存架表，用于记录会员购书时将图书添加到暂存架	
UserInfo	会员表，用于记录会员的信息	
Admin	管理员表，用于记录管理员的信息	

10.3.2 数据表结构

1. Book 表

本表用于记录书的基本信息，见表 10-2。

表 10-2 Book 表

序号	字段	名称	数据类型	P	U	F	I	C	N	备注
1	Id	书表号	int	*	*					
2	Type	书编号	int			*				引用 BookType 表 Id
3	Name	书名	varchar(100)							
4	Author	作者	varchar(30)							
5	Translator	译者	varchar(30)						*	
6	Publisher	出版社	varchar(100)							
7	Price	价格	decimal(18, 2)							
8	Discount	折扣	decimal(18, 2)						*	
9	Cover	封面	image						*	图书的封面图片
10	Description	简介	text							
11	Hits	点击次数	int						*	
12	Sales	购买次数	int						*	
13	Status	图书状态	bit							True/False

2. BookType 表

本表用于记录图书类型(分类)，见表 10-3。

表 10-3　BookType 表

序号	字段	名称	数据类型	P	U	F	I	C	N	备注
1	Id	书类型表号	int	*	*					
2	Name	分类名	varchar(50)							
3	Memo	分类注释	varchar(200)						*	分类注释，即备注

3. OrderDetails 表

本表用于记录每一个订单的详细内容，见表 10-4。

表 10-4　OrderDetails 表

序号	字段	名称	数据类型	P	U	F	I	C	N	备注
1	Id	详细订单号	int	*	*					
2	OrderId	订单号	int			*				引用 Orders 表 Id
3	BookId	书表号	int			*				引用 Book 表 Id
4	Quantity	数量	int							购买该书的数量

4. Orders 表

本表用于记录会员递交的订单，见表 10-5。

表 10-5　Orders 表

序号	字段	名称	数据类型	P	U	F	I	C	N	备注
1	Id	订单号	int	*	*					
2	UserId	会员号	int			*				引用 UserInfo 表 Id
3	OrderDate	订单日期	datetime							会员下订单的日期
4	Status	订单状态	bit							True/False

5. TempStore 表

本表用于记录会员购书时将图书添加到暂存架，见表 10-6。

表 10-6　TempStore 表

序号	字段	名称	数据类型	P	U	F	I	C	N	备注
1	BookId	入库项编号	int	*		*				引用 Book 表 Id
2	UserId	会员号	int	*		*				引用 UserInfo 表 Id

6. UserInfo 表

本表用于记录会员的信息，见表 10-7。

表 10-7　UserInfo 表

序号	字段	名称	数据类型	P	U	F	I	C	N	备注
1	Id	会员号	int	*	*					
2	Name	会员账号	varchar(30)							
3	Truename	真实姓名	varchar(30)							
	Sex	性别	varchar(10)							
3	Password	登录密码	varchar(32)							
	Address	联系地址	varchar(200)						*	
	Zipcode	邮政编码	varchar(10)						*	
	Phone	联系电话	varchar(30)						*	
	Mobile	手机	varchar(30)						*	
4	Mail	电子邮件	varchar(30)						*	

7. Admin 表

本表用于记录管理员的信息，见表 10-8。

表 10-8　Admin 表

序号	字段	名称	数据类型	P	U	F	I	C	N	备注
1	Id	管理员号	int	*	*					
2	Name	管理员账号	varchar(30)							
3	Password	管理员密码	varchar(32)							
4	Class	角色	int							1:系统管理员,2:销售管理员,3:仓库管理员

10.4　任务四：功能模块的实现

【任务目标】

- 实现网上购书系统的各功能模块
- 掌握网页模板的使用方法
- 掌握代码分离的结构

1. 网站配置文件

ASP.NET 的配置文件是基于 XML 格式的纯文本文件，位于应用的各个目录下，统一命名为 Web.config。它决定了所在目录及其子目录的配置信息，子目录下的配置文件信息覆盖其父目录的配置信息。

在线购书系统的配置文件的主要配置项如下：

```
  //配置连接字符串，连接到数据库服务器
<connectionStrings>
```

```
<add name="DDBookConnectionString" connectionString="Data Source=local;Initial
Catalog=DDBook;User ID=sa;Password=123" providerName="System.Data.SqlClient"/>
</connectionStrings>
```

2. 模板文件

使用 ASP.NET 母版页可以为应用程序中的页创建一致的布局。单个母版页可以为应用程序中的所有页(或一组页)定义所需的外观和标准行为。然后可以创建包含要显示的内容的各个内容页。当用户请求内容页时，这些内容页与母版页合并以将母版页的布局与内容页的内容组合在一起输出。

在线购书系统的模板页内容为：

```
<%@ Master Language="C#" AutoEventWireup="true" CodeFile="main.master.cs"
Inherits="_main" %>
<html xmlns="http://www.w3.org/1999/xhtml">
<head runat="server">
   <title>在线购书系统</title>
   <asp:ContentPlaceHolder id="head" runat="server">
   </asp:ContentPlaceHolder>
</head>
<body>
   <form id="form1" runat="server">
      <table border="0" width="100%" cellpadding="0" cellspacing="0">
         <tr>
            <td class="TitleBar" style="width: 210px" align="center" valign="middle">
            <h3 style="margin-bottom: 0px">网上书城</h3>www.dingding.com</td>
            <td class="TitleBar" align="right" valign="bottom">
            <img alt="" src="images/li2.gif" /> <a href="SearchBook.aspx">首页
            </a> | 
              <asp:LoginStatus ID="LoginStatus1" runat="server" />
              <asp:HyperLink ID="HyperLink1" runat="server" NavigateUrl=
            "~/ViewOrder.aspx">|  订单查询|</asp:HyperLink>
 <a href="ChangePassWord.aspx">修改密码</a> |  <a href="Register.aspx">
注册</a> | <a href="SearchBook.aspx">图书查询</a> |
               <a href="User_Edit.aspx">修改用户信息</a> | 帮助中心 |
               <img alt="" src="images/cart3.gif" /><a href="BookCart.aspx">我
               的购物车</a>
               <img alt="" src="images/li1.gif" /> </td>
         </tr>
      </table>
   <div>
      <asp:ContentPlaceHolder id="ContentPlaceHolder1" runat="server">
      </asp:ContentPlaceHolder>
   </div>
   </form>
   <hr style="background-color: #0000FF; line-height: 2px; height: 2px;"/>
   <div class="FooterBar">Copyright© 2010 未经授权，严禁使用。</div>
</body>
</html>
```

3. 登录页面设计

登录页面主要是对用户的身份进行认证，用户成功登录后，将用户信息保存在 Cookie 中，用户就可以进行下订单、购物车管理、历史信息查询等操作。页面主要控件及代码如下：

(1) txtName 文本框控件，输入登录名：

```
<asp:TextBox ID="txtName" runat="server" Width="150px"></asp:TextBox>
```

(2) txtPwd 文本框控件，输入密码：

```
<asp:TextBox  ID="txtPwd"  runat="server"  TextMode="Password"  Width="150px">
</asp:TextBox>
```

后台代码：

```
public partial class Login : System.Web.UI.Page
{
  protected void btLogin_Click(object sender, EventArgs e)
  {
     string username;//用户名
     string password;//密码
     username = txtName.Text.Trim ();
     password = txtPwd.Text;
     if (username.Equals("") || password.Equals(""))
     {
        Response.Write("<script language='JavaScript'>");
        Response.Write("alert('用户名和密码不能为空！')");
        Response.Write("</script>"); ;
        return;
     }
     if (Membership.ValidateUser(username, password))
     {
        if (Roles.IsUserInRole(username, "customers"))
        {
           DataOperateClass kk;
           kk = new DataOperateClass();
           SqlDataReader objDataReader = kk.getread("select * from Customers
           where CustomerName='" + username + "'");
           if (objDataReader.Read())
           {
              Session["customerId"] = objDataReader["customerId"].ToString ();
              Session["username"] = username;
           }
           FormsAuthentication.RedirectFromLoginPage(username, true);
        }
        else
        {
           Response.Write("<script language='JavaScript'>");
           Response.Write("alert('你不是客户账户！')");
           Response.Write("</script>");
        }
     }
     else
```

```
        {
            Response.Write("<script language='JavaScript'>");
            Response.Write("alert('您输入的用户名或密码有错! 请重新输入! ')");
            Response.Write("</script>");
        }
    }
```

4. 首页

首页套用模板页的格式，采用典型布局，主要提供网站的功能链接、图书搜索、销售排行TOP10、图书基本信息显示等功能，首页源代码为.

(1) ddlCondition 下拉列表控件，选择查看方式：

```
<asp:DropDownList ID="ddlCondition" runat="server">
    <asp:ListItem Value="BookName">书籍名称</asp:ListItem>
    <asp:ListItem>ISBN</asp:ListItem>
    <asp:ListItem Value="AuthorName">作者</asp:ListItem>
    <asp:ListItem Value="PublisherName">出版社</asp:ListItem>
</asp:DropDownList>
```

(2) gvBooks 数据列表控件，显示图书详细信息：

```
<asp:DataList ID="gvBooks" runat="server" DataKeyField="BookID" >
     <ItemTemplate>
         <table class="style1">
         <tr><td>
         <asp:Image ID="Image1" runat="server" AlternateText='<%# Bind("BookName") %>'
         Height="144px" ImageUrl='<%# Bind("Picture") %>' Width="141px" /></td>
          <td class="style3" valign="top">书籍书号:
              <asp:Label ID="BookIDLabel" runat="server" Text='<%# Eval("BookID") %>' />
              <br /> 书籍名称:
           <asp:Label ID="BookNameLabel" runat="server" Text='<%# Eval("BookName") %>' />
               <br /> 作者:
           <asp:Label ID="AuthorNameLabel" runat="server"Text='<%# Eval("AuthorName")
           %>'/>
                <br /> 出版社:
           <asp:Label ID="PublisherNameLabel" runat="server" Text='<%# Eval
           ("PublisherName") %>' />     <br />  出版日期:
           <asp:Label ID="PublishDateLabel" runat="server"  Text='<%# Eval
           ("PublishDate") %>' /> <br />     ISBN:
           <asp:Label ID="ISBNLabel" runat="server" Text='<%# Eval("ISBN") %>' />
          <br />   单价:
           <asp:Label ID="PriceLabel" runat="server" Text='<%# Eval("Price") %>' />
          <br />
           <asp:Button ID="btnAddToBookCart" runat="server" Text="放入购物车"
           CommandArgument='<%# Bind("BookID") %>' oncommand=
           "btnAddToBookCart_Command" />
          </td></tr></table>
        </ItemTemplate>
</asp:DataList>

}
```

5. 系统管理

后台管理模块主要为系统管理员或者服务商提供权限配置、用户管理、订单管理、配送管理、系统维护等功能接口。后台管理模块同样采用网页模板设计，以便于设计与维护操作。

1) 系统管理模板页

模板页主要提供各页面的功能菜单和当前登录账户信息，根据登录账户的权限不同，功能菜单显示的项目也不相同，网页主要控件及配置如下：

```
<%@ Master Language="C#" AutoEventWireup="true" CodeFile="main.master.cs"
Inherits="_main" EnableTheming="True" %>
<html xmlns="http://www.w3.org/1999/xhtml">
<head runat="server">
    <asp:ContentPlaceHolder ID="headcontent" runat="server">
    </asp:ContentPlaceHolder>
    <link type="text/css" href="App_Themes/style.css" rel="Stylesheet" />
</head>
<body>
<div id="logo"></div>
      <form id="form1" runat="server">
      <asp:ScriptManager ID="ScriptManager2" runat="server" />
      <div id="top">
                  <h3 style="margin-bottom: 0px">网上购书系统</h3>
                系统管理 
      </div>
      <div id="left" class="left">
        <div>
         <asp:Panel ID="panelUserInfo" runat="server" CssClass="userInfo" >
                编号:<asp:Label ID="lblRole" runat="server"></asp:Label>
                姓名<asp:Label ID="lblUserName" runat="server"></asp:Label>
                性别:<asp:Label ID="lblSex" runat="server"></asp:Label>
               <asp:LoginStatus  ID="LoginStatus1" runat="server" onloggedout=
               "LoginStatus1_LoggedOut" />
        </div>
     <ajaxToolkit:RoundedCornersExtender ID="RoundedCornersExtender1" runat=
     "server">
         </ajaxToolkit:RoundedCornersExtender>
       <div id="func" class="func">
           <asp:Panel ID="panelSystem" runat="server">
           <asp:HyperLink ID="HyperLink1" runat="server" NavigateUrl="~/
           AddUser.aspx" Target="_self">  ◆添加雇员账户</asp:HyperLink>
           <asp:HyperLink ID="HyperLink2" runat="server" NavigateUrl=
           "EditUserInfo.aspx" Target="_self">  ◆修改账户信息
           </asp:HyperLink>
           <asp:HyperLink ID="HyperLink3" runat="server" NavigateUrl=
           "DeleteUser.aspx" Target="_self">  ◆删除账户
           </asp:HyperLink>
            <asp:HyperLink ID="HyperLink4" runat="server" Target="_self"
            NavigateUrl="ManagerRole.aspx">  ◆角色初始化</asp:HyperLink>
            <asp:HyperLink ID="HyperLink5" runat="server" Target="_self"
            NavigateUrl="Grand.aspx">  ◆权限管理</asp:HyperLink>
            <asp:HyperLink ID="HyperLink6" runat="server" Target="_self"
```

```
            NavigateUrl="ListUserInfo.aspx">  ◆查看账户信息
            </asp:HyperLink>
          <asp:Panel ID="panelSale" runat="server">
          <asp:HyperLink ID="HyperLink7" runat="server" Target="_self" NavigateUrl=
          "QueryOrder.aspx">  ◆订单查询</asp:HyperLink></asp:Panel>
          <asp:Panel ID="panelCangku" runat="server">
          <asp:HyperLink ID="HyperLink8" runat="server" Target="_self" NavigateUrl=
          "Warehouse/BookWarehouse.aspx">  ◆入库管理</asp:HyperLink>
          </asp:Panel>
      </div>
      </div>
        <div id="mid" class="mid">
         <asp:ContentPlaceHolder id="ContentPlaceHolder1" runat="server">
         </asp:ContentPlaceHolder>
         <div id="bottom" class="bottom">
         <hr style="background-color: #0000FF; line-height: 2px; height: 2px;"/>
          Copyright© 2010 未经授权，严禁使用。
      </div>
        </div>
         <div id="right" class="right"></div>
    </div>
      </form>
</body>
</html>
```

2) 添加用户页面

添加用户页面主要功能是添加后台用户；界面上提供系列的文本框和列表框，供输入用户的详细信息，部分文本框具有格式控制，输入不符合要求的数据时，不能提交。主要代码如下：

(1) tbUserName 文本框，输入登录名：

```
<asp:TextBox ID="tbUserName" runat="server" ></asp:TextBox>
```

(2) 必须验证控件，验证用户名是否空：

```
<asp:RequiredFieldValidator ID="RequiredFieldValidator1" runat="server"
ControlToValidate="tbUserNmae" ErrorMessage="RequiredFieldValidator">*
</asp:RequiredFieldValidator>
```

(3) tbPassword 文本框，用于输入用户密码：

```
<asp:TextBox ID="tbPassword" runat="server">123</asp:TextBox>
```

(4) 正则表达式验证控件，验证密码是否符合要求：

```
<asp:RegularExpressionValidator ID="RegularExpressionValidator1" runat="server"
ControlToValidate="tbPassword" ErrorMessage="RegularExpressionValidator"
ValidationExpression=".{3,128}">密码长度大于 3 小于 128</asp:RegularExpressionValidator>
```

(5) tbEmployeeID 文本框控件，输入用户编号：

```
<asp:TextBox ID="tbEmployeeID" runat="server" Width="127px"></asp:TextBox>
```

(6) 必须验证控件，验证用户编号是否空：

```
<asp:RequiredFieldValidator ID="RequiredFieldValidator3" runat="server"
```

```
ControlToValidate="tbEmployeeID" ErrorMessage="RequiredFieldValidator">*</asp:
RequiredFieldValidator>
```

(7) 正则表达式验证控件，验证用户编号是否符合要求：

```
<asp:RegularExpressionValidator ID="RegularExpressionValidator5" runat="server"
ControlToValidate="tbEmployeeID" ErrorMessage="RegularExpressionValidator"
ValidationExpression="\d{4}">雇员编号是 4 位</asp:RegularExpressionValidator>
```

(8) tbEmployeeName 文本框控件，输入用户名：

```
<asp:TextBox ID="tbEmployeeName" runat="server"></asp:TextBox>
```

(9) 必须验证控件，验证用户名是否空：

```
<asp:RequiredFieldValidator ID="RequiredFieldValidator2" runat="server"
ControlToValidate="tbEmployeeName" ErrorMessage="RequiredFieldValidator">*
</asp:RequiredFieldValidator>
```

(10) ddSex 下拉列表控件，选择用户性别：

```
<asp:DropDownList ID="ddSex" runat="server">
   <asp:ListItem>男</asp:ListItem>
   <asp:ListItem>女</asp:ListItem>
</asp:DropDownList>
```

(11) ddDuty 下拉列表控件，选择用户身份：

```
<asp:DropDownList ID="ddDuty" runat="server">
   <asp:ListItem>部门经理</asp:ListItem>
   <asp:ListItem>文员</asp:ListItem>
   <asp:ListItem>销售员</asp:ListItem>
   <asp:ListItem>仓库管理员</asp:ListItem>
</asp:DropDownList>
```

(12) 正则表达式验证控件，验证用户邮箱是否符合要求：

```
<asp:RegularExpressionValidator ID="RegularExpressionValidator2" runat="server"
ControlToValidate="tbEmail" ErrorMessage="RegularExpressionValidator"
ValidationExpression="\w+([-+.']\w+)*@\w+([-.]\w+)*\.\w+([-.]\w+)*">邮箱地址不正
确</asp:RegularExpressionValidator>
```

后台主要代码：

```
public partial class AddUserajax : System.Web.UI.Page
{
   protected void Page_Load(object sender, EventArgs e)
   {
        lblEmployeeID.Text = "";
   }
   protected void btnAdduser_Click(object sender, EventArgs e)
   {
      //添加雇员账户信息
      string username = tbUserNmae.Text;
      string password = tbPassword.Text;
      string email = tbEmail.Text;
      string employeeid = tbEmployeeID.Text;
```

```
        string employeename = tbEmployeeName.Text;
        Boolean sex = ddSex.Text == "男" ? true : false;
        DateTime birthday ;
        if (tbBirthday.Text == "")
            birthday = DateTime.Parse("1900-01-01");
        else
            birthday = DateTime.Parse(tbBirthday.Text);
        string idcard = tbIDcard.Text;
        string duty = ddDuty.Text;
        Guid userid;
        string phone = tbPhone.Text;
        string address = tbAddress.Text;
        try
        {
            Msg.Text = "";
            MembershipUser newuser = Membership.CreateUser(username, password, email);
            userid = (Guid)newuser.ProviderUserKey;
            try
            {
                SystemMange DDBook = new SystemMange();
                DDBook.AddEmployee(employeeid, employeename, sex, birthday, idcard,
                duty, userid, username, phone, address, email);
                panelAddUser.Visible = false;
                PanelContinue.Visible = true;
            }
            catch
            {
                Membership.DeleteUser(username, true);
                lblEmployeeID.Text = "编号已存在，请检查！";
            }
        }
        catch (MembershipCreateUserException mye)
        {
            Msg.Text = mye.Message;
        }
    }
```

3) 删除用户

删除用户界面通过 DataGrid 控件显示每一个用户的详细信息，提供删除按钮，供管理员删除选中的账户。删除之前，提供确认按钮，以避免误操作。界面主要代码设计如下：

(1) 下拉列表控件，选择用户类型：

```
<asp:DropDownList ID="ddUserType" runat="server" AutoPostBack="True"
onselectedindexchanged="ddUserType_SelectedIndexChanged">
    <asp:ListItem>雇员</asp:ListItem>
    <asp:ListItem>客户</asp:ListItem>
</asp:DropDownList>
```

(2) GridView 控件，显示用户详细信息：

```
<asp:GridView ID="gvEmployee" runat="server" AutoGenerateColumns="False">
   <Columns>
```

```
        <asp:BoundField DataField="EmployeeID" HeaderText="雇员编号" />
        <asp:BoundField DataField="EmployeeName" HeaderText="雇员姓名" />
        <asp:BoundField DataField="UserName" HeaderText="登录账户" />
        <asp:TemplateField HeaderText="性别">
            <EditItemTemplate>
            <asp:TextBox ID="TextBox1" runat="server" Text='<%# Bind("Sex") %>'>
            </asp:TextBox>
            </EditItemTemplate>
            <ItemTemplate>
            <asp:CheckBox ID="CheckBox1" runat="server"  Checked='<%#
            DataBinder.Eval (Container.DataItem, "Sex") %>' />
             </ItemTemplate>
             </asp:TemplateField>
         <asp:BoundField DataField="Phone" HeaderText="联系电话" />
         <asp:BoundField DataField="Address" HeaderText="联系地址" />
         <asp:BoundField DataField="Email" HeaderText="Email" />
           <asp:CommandField ShowDeleteButton="True" />
           </Columns>
</asp:GridView>
```

(3) GridView 控件，显示客户信息：

```
<asp:GridView ID="gvCustomer" runat="server" AutoGenerateColumns="False"
onrowdeleting="gvCustomer_RowDeleting">
       <Columns>
       <asp:BoundField DataField="CustomerID" HeaderText="客户编号" />
       <asp:BoundField DataField="RealName" HeaderText="客户姓名" />
       <asp:BoundField DataField="CustomerName" HeaderText="客户账号" />
       <asp:BoundField DataField="Phone" HeaderText="联系电话" />
       <asp:BoundField DataField="Address" HeaderText="联系地址" />
       <asp:BoundField DataField="Email" HeaderText="Email" />
       <asp:CommandField ShowDeleteButton="True" />
       </Columns>
</asp:GridView>
```

后台主要代码：

```
public partial class ListUserInfo : System.Web.UI.Page
{
    SystemMange ddbook;
    protected void Page_Load(object sender, EventArgs e)
    {
        ddbook = new SystemMange();
        if (!IsPostBack)
        {
            gvEmployee.DataSource = ddbook.ListUserInfo(ddUserType.Text);
            gvEmployee.DataKeyNames=new string[]{"UserID","UserName"};
            gvEmployee.DataBind();
        }
    }
    protected void ddUserType_SelectedIndexChanged(object sender, EventArgs e)
    {
        if (ddUserType.Text == "雇员")
```

```
        {
            gvEmployee.DataSource = ddbook.ListUserInfo(ddUserType.Text);
            gvEmployee.DataKeyNames = new string[] { "UserID","UserName" };
            gvEmployee.DataBind();
            gvEmployee.Visible = true;
            gvCustomer.Visible = false;
        }
        else
        {
            gvCustomer.DataSource = ddbook.ListUserInfo(ddUserType.Text);
            gvCustomer.DataKeyNames = new string[] { "UserID", "CustomerName"};
            gvCustomer.DataBind();
            gvCustomer.Visible = true;
            gvEmployee.Visible = false;
        }
    }
    protected void gvEmployee_RowDeleting(object sender, GridViewDeleteEventArgs e)
    {
        Guid UserId = (Guid)this.gvEmployee.DataKeys[e.RowIndex].Value;
        ddbook.DeleteUser(UserId);
        string username = this.gvEmployee.DataKeys[e.RowIndex].Values[1].ToString();
        Membership.DeleteUser(username, true);
            gvEmployee.DataSource = ddbook.ListUserInfo(ddUserType.Text);
            gvEmployee.DataKeyNames = new string[] { "UserID","UserName" };
            gvEmployee.DataBind();
    }
    protected void gvCustomer_RowDeleting(object sender, GridViewDeleteEventArgs e)
    {
        Guid UserId = (Guid)this.gvCustomer.DataKeys[e.RowIndex].Value;
        ddbook.DeleteUser(UserId);
        string username = this.gvEmployee.DataKeys[e.RowIndex].Values[1].ToString();
        Membership.DeleteUser(username, true);
        gvCustomer.DataSource = ddbook.ListUserInfo(ddUserType.Text);
        gvCustomer.DataKeyNames = new string[] { "UserID" ,"CustomerName"};
        gvCustomer.DataBind();
    }
}
```

4) 订单管理

后台中订单管理主要为销售人员提供订单查询、配送等操作。页面中主要用 DataGrid 控件显示所有订单，并提供订单操作的功能按钮。界面设计代码如下：

(1) Query_Droplist 下拉列表控件，显示查询方式：

```
<asp:DropDownList ID="Query_Droplist" runat="server" AutoPostBack="True"
    onselectedindexchanged="DropDownList1_SelectedIndexChanged">
    <asp:ListItem Value="0">请选择查询方式</asp:ListItem>
    <asp:ListItem Value="GetAllOrder">查询所有订单</asp:ListItem>
    <asp:ListItem Value="QueryByOrderID">按订单号查询</asp:ListItem>
    <asp:ListItem Value="QueryByCustomID">按客户号查询</asp:ListItem>
    <asp:ListItem Value="QueryByDate">按时间查询</asp:ListItem>
    <asp:ListItem Value="QueryByState">按订单状态查询</asp:ListItem>
```

```
        <asp:ListItem Value="QueryByPrice">按价格查询</asp:ListItem>
</asp:DropDownList>
```

(2) GridView 控件，显示订单信息：

```
<asp:GridView ID="OrderList" runat="server" BackColor="White"   DataKeyNames=
"OrderID"
       onselectedindexchanging="OrderList_SelectedIndexChanging"  >
       <Columns>
          <asp:BoundField HeaderText="订单号" DataField="OrderID" SortExpression=
          "OrderID" >
          </asp:BoundField>
          <asp:BoundField DataField="CustomerID" HeaderText="客户号" >
          </asp:BoundField>
          <asp:BoundField DataField="OrderDate" HeaderText="订单日期" >
          </asp:BoundField>
          <asp:BoundField DataField="State" HeaderText="订单状态" >
          </asp:BoundField>
          <asp:BoundField DataField="TotalPrices" HeaderText="订单价格" >
          </asp:BoundField>
          <asp:TemplateField>
          <ItemTemplate>
          <asp:LinkButton ID="lbtnSelect" runat="server"   CausesValidation=
          "False" CommandName ="Select" Text ="查看订单"></asp:LinkButton>
          </ItemTemplate>
        </asp:TemplateField>
       </Columns>
</asp:GridView>
```

后台主要代码：

```
public partial class QueryOrder : System.Web.UI.Page
{
   private QueryOrderManager bb;
   private int ordernumber;
   public IQueryable DataBuffer;
   protected void Page_Load(object sender, EventArgs e)
   {
      bb = new QueryOrderManager();
   }
   protected void DropDownList1_SelectedIndexChanged(object sender, EventArgs e)
   {
      OrderList.Visible = false;
      Label3.Visible = false;
      Label4.Visible = false;
      switch (Query_Droplist.SelectedIndex)
      {
         case 1:
            OrderID.Visible = false;
            TextBox1.Visible = false;
            Query.Visible = false;
            Label3.Visible = true;
            DataBuffer = bb.GetAllOrder(out ordernumber);
```

```
            OrderList.DataSource = DataBuffer;
            OrderList.DataBind();
            if (ordernumber != 0)
               Label3.Text = "符合条件的订单有" + ordernumber.ToString() + "条";
            else
               Label3.Text = "没有符合条件的订单！";
            OrderList.Visible = true;
            break;
        case 2:
               Label4.Text = "请输入订单号：";
               Label4.Visible = true;
               OrderID.Visible = true;
               Query.Visible = true;
               TextBox1.Visible = false;
               break;
       case 3:
            Label4.Text = "请输入客户号：";
            Label4.Visible = true ;
            OrderID.Visible = true;
            Query.Visible = true;
            TextBox1.Visible = false;
            break;
        case 4:
            Label4.Text = "请输入订单时间范围：(如2008-08-08表示2008年8月8号)";
            Label4.Visible = true;
            OrderID.Visible = true;
            TextBox1.Visible = true;
            Query.Visible = true;
            break;
        case 5:
            Label4.Text = "请输入订单状态：";
            Label4.Visible = true;
            OrderID.Visible = true;
            Query.Visible = true;
            TextBox1.Visible = false;
            break;
        case 6:
            Label4.Text = "请输入价格范围：";
            Label4.Visible = true;
            OrderID.Visible = true;
            TextBox1.Visible = true;
            Query.Visible = true;
            break;
    }

}
protected void Query_Click(object sender, EventArgs e)
{
    OrderList.Visible = false;
    Label3.Visible = true;
    try
```

```
        {
            if (Query_Droplist.SelectedIndex == 2)
                OrderList.DataSource = bb.GetOrderByOrderID(int.Parse(OrderID.Text),
                out ordernumber);
            else if (Query_Droplist.SelectedIndex == 3)
                OrderList.DataSource = bb.GetOrderByCustomID(int.Parse(OrderID.Text),
                out ordernumber);
            else if (Query_Droplist.SelectedIndex == 4)
            {
                DateTime dt1 = Convert.ToDateTime(OrderID.Text);
                DateTime dt2 = Convert.ToDateTime(TextBox1.Text);
                OrderList.DataSource = bb.GetOrderByDate(dt1, dt2, out ordernumber);
            }
            else if (Query_Droplist.SelectedIndex == 5)
                OrderList.DataSource = bb.GetOrderByState(int.Parse(OrderID.Text),
                out ordernumber);
            else if (Query_Droplist.SelectedIndex == 6)
                OrderList.DataSource = bb.GetOrderByPrice(int.Parse(OrderID.Text),
                int.Parse(TextBox1.Text), out ordernumber);
            OrderList.DataBind();
            if (ordernumber != 0)
                Label3.Text = "符合条件的订单有" + ordernumber.ToString() + "条";
            else
                Label3.Text = "没有符合条件的订单！";
            OrderList.Visible = true;
        }
        catch (Exception e1)
        {
            Label3.Text = "输入的数据有错误："+e1.Message ;
        }
    }
    protected void OrderList_SelectedIndexChanging(object sender,
    GridViewSelectEventArgs e)
    {
        Session["id"] = OrderList.DataKeys[e.NewSelectedIndex].Value.ToString();
        Response.Redirect("QueryOrderDetails.aspx");
    }

}
```

10.5 任务五：网站发布

【任务目标】

学会发布网站的基本步骤

发布步骤如下。

(1) 在【Internet 信息服务(IIS)管理器】窗口中右击【网站】节点，选择【添加网站】命令，如图 10.6 所示。

图 10.6 【Internet 信息服务(IIS)管理器】窗口

(2) 打开【添加网站】对话框，在【网站名称】文本框中输入一段描述网站内容的文字信息，在【物理路径】文本框中输入网页所在的目录，在【IP 地址】文本框中输入 IIS 服务器所在的 IP 地址(本机测试保持为空)，【端口】一般采用默认的 80 端口；单击【确定】按钮，如图 10.7 所示。

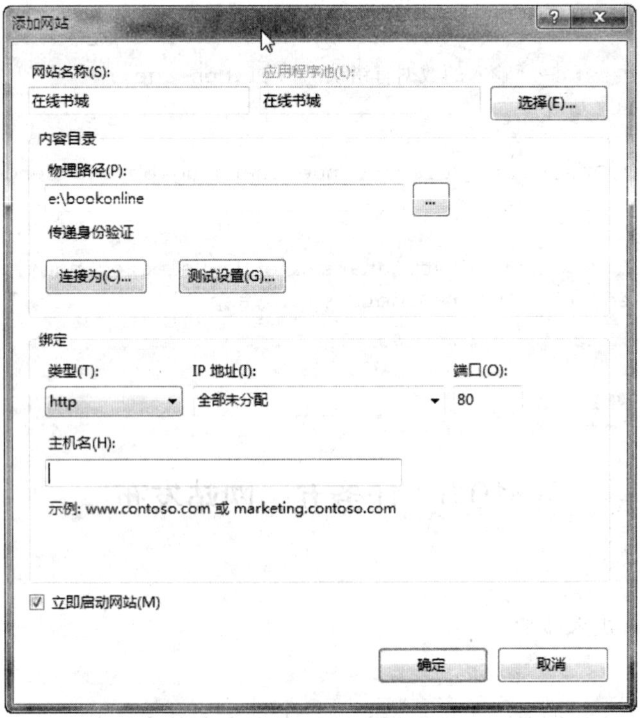

图 10.7 【添加网站】对话框

小提示： 80 端口是指派给 http 的标准端口，主要用于 Web 站点的发布。如果所创建的 Web 站点是一个公共站点，那么只需采用默认的 80 端口即可。这样用户在浏览器中输入网址或 IP 地址时，客户端浏览器会自动尝试在 80 端口上连接 Web 站点。如果该 Web 站点有特殊用途，需要增强其安全性，那么可以设置特定的端口号。

(3) 在右侧窗格中选择【默认文档】选项，双击进入网站默认文档设置窗口，如图 10.8 所示。

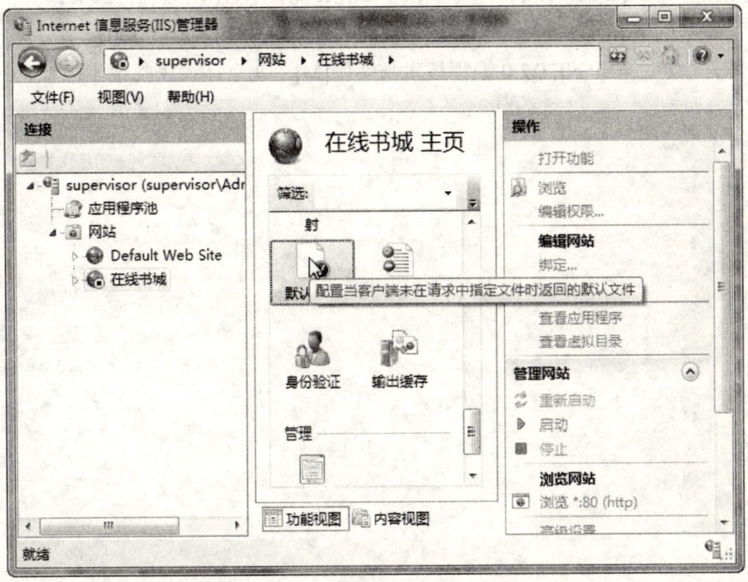

图 10.8 双击【默认文档】选项

(4) 至此，ASP.NET 动态网站的服务器端设置成功完成。用户需要将开发的 ASP.NET 网站源程序复制到网站主目录中，从而实现 ASP 动态网站的发布。

本章小结

本章介绍了如何构建一个图书的网络销售平台。使用 VS 2005 作为应用程序的界面开发工具，以 SQL Server 2005 作为应用程序的数据库管理工具。通过实例体现一个项目开发的整体过程、应用程序界面的开发过程，本章不详细说明，只给出源代码。

参 考 文 献

[1] [美]Mike Gunderloy, Joseph L.Jorden, David W.Tschanz. SQL Server 2005 从入门到精通(中文版)[M]. 曲丽君，李军田，毛选，等译．北京：电子工业出版社，2006．

[2] [美]希尔伯沙茨．数据库系统概念[M]．杨冬青，等译．北京：机械工业出版社，2008．

[3] 钱雪忠．数据库与 SQL Server 2005 教程[M]．北京：清华大学出版社，2007．

[4] 刘辉，等．零基础学 SQL Server 2005[M]．北京：机械工业出版社，2008．

[5] 郑霞，赵辉，徐慧．ASP.NET 2.0 编程技术与实例[M]．北京：人民邮电出版社，2007．

全国高职高专计算机、电子商务系列教材推荐书目

【语言编程与算法类】

序号	书号	书名	作者	定价	出版日期	配套情况
1	978-7-301-13632-4	单片机C语言程序设计教程与实训	张秀国	25	2012	课件
2	978-7-301-15476-2	C语言程序设计(第2版)(2010年度高职高专计算机类专业优秀教材)	刘迎春	32	2011	课件、代码
3	978-7-301-14463-3	C语言程序设计案例教程	徐翠霞	28	2008	课件、代码、答案
4	978-7-301-16878-3	C语言程序设计上机指导与同步训练(第2版)	刘迎春	30	2010	课件、代码
5	978-7-301-17337-4	C语言程序设计经典案例教程	韦良芬	28	2010	课件、代码、答案
6	978-7-301-09598-0	Java程序设计教程与实训	许文宪	23	2010	课件、答案
7	978-7-301-13570-9	Java程序设计案例教程	徐翠霞	33	2008	课件、代码、习题答案
8	978-7-301-13997-4	Java程序设计与应用开发案例教程	汪志达	28	2008	课件、代码、答案
9	978-7-301-10440-8	Visual Basic 程序设计教程与实训	康丽军	28	2010	课件、代码、答案
10	978-7-301-15618-6	Visual Basic 2005 程序设计案例教程	靳广斌	33	2009	课件、代码、答案
11	978-7-301-17437-1	Visual Basic 程序设计案例教程	严学道	27	2010	课件、代码、答案
12	978-7-301-09698-7	Visual C++ 6.0 程序设计教程与实训(第2版)	王　丰	23	2009	课件、代码、答案
13	978-7-301-15669-8	Visual C++程序设计技能教程与实训——OOP、GUI与Web开发	聂　明	36	2009	课件
14	978-7-301-13319-4	C#程序设计基础教程与实训	陈　广	36	2012年第7次印刷	课件、代码、视频、答案
15	978-7-301-14672-9	C#面向对象程序设计案例教程	陈向东	28	2012年第3次印刷	课件、代码、答案
16	978-7-301-16935-3	C#程序设计项目教程	宋桂岭	26	2010	课件
17	978-7-301-15519-6	软件工程与项目管理案例教程	刘新航	28	2011	课件、答案
18	978-7-301-12409-3	数据结构(C语言版)	夏　燕	28	2011	课件、代码、答案
19	978-7-301-14475-6	数据结构(C#语言描述)	陈　广	28	2012年第3次印刷	课件、代码、答案
20	978-7-301-14463-3	数据结构案例教程(C语言版)	徐翠霞	28	2009	课件、代码、答案
21	978-7-301-18800-2	Java面向对象项目化教程	张雪松	33	2011	课件、代码、答案
22	978-7-301-18947-4	JSP应用开发项目化教程	王志勃	26	2011	课件、代码、答案
23	978-7-301-19821-6	运用JSP开发Web系统	涂　刚	34	2012	课件、代码、答案
24	978-7-301-19890-2	嵌入式C程序设计	冯　刚	29	2012	课件、代码、答案
25	978-7-301-19801-8	数据结构及应用	朱　珍	28	2012	课件、代码、答案
26	978-7-301-19940-4	C#项目开发教程	徐　超	34	2012	课件
27	978-7-301-15232-4	Java基础案例教程	陈文兰	26	2009	课件、代码、答案
28	978-7-301-20542-6	基于项目开发的C#程序设计	李　娟	32	2012	课件、代码、答案

【网络技术与硬件及操作系统类】

序号	书号	书名	作者	定价	出版日期	配套情况
1	978-7-301-14084-0	计算机网络安全案例教程	陈　昶	30	2008	课件
2	978-7-301-16877-6	网络安全基础教程与实训(第2版)	尹少平	30	2012年第4次印刷	课件、素材、答案
3	978-7-301-13641-6	计算机网络技术案例教程	赵艳玲	28	2008	课件
4	978-7-301-18564-3	计算机网络技术案例教程	宁芳露	35	2011	课件、习题答案
5	978-7-301-10226-8	计算机网络技术基础	杨瑞良	28	2011	课件
6	978-7-301-10290-9	计算机网络技术基础教程与实训	桂海进	28	2010	课件、答案
7	978-7-301-10887-1	计算机网络安全技术	王其良	28	2011	课件、答案
8	978-7-301-12325-6	网络维护与安全技术教程与实训	韩最蛟	32	2010	课件、习题答案
9	978-7-301-09635-2	网络互联及路由器技术教程与实训(第2版)	宁芳露	27	2012	课件、答案
10	978-7-301-15466-3	综合布线技术教程与实训(第2版)	刘省贤	36	2012	课件、习题答案
11	978-7-301-15432-8	计算机组装与维护(第2版)	肖玉朝	26	2009	课件、习题答案
12	978-7-301-14673-6	计算机组装与维护案例教程	谭　宁	33	2012年第3次印刷	课件、习题答案
13	978-7-301-13320-0	计算机硬件组装和评测及数码产品评测教程	周　奇	36	2008	课件
14	978-7-301-12345-4	微型计算机组成原理教程与实训	刘辉珞	22	2010	课件、习题答案
15	978-7-301-16736-6	Linux系统管理与维护(江苏省省级精品课程)	王秀平	29	2010	课件、习题答案
16	978-7-301-10175-9	计算机操作系统原理教程与实训	周　峰	22	2010	课件、答案
17	978-7-301-16047-3	Windows 服务器维护与管理教程与实训(第2版)	鞠光明	33	2010	课件、答案
18	978-7-301-14476-3	Windows2003 维护与管理技能教程	王　伟	29	2009	课件、习题答案
19	978-7-301-18472-1	Windows Server 2003 服务器配置与管理情境教程	顾红燕	24	2012年第2次印刷	课件、习题答案

【网页设计与网站建设类】

序号	书号	书名	作者	定价	出版日期	配套情况
1	978-7-301-15725-1	网页设计与制作案例教程	杨森香	34	2011	课件、素材、答案
2	978-7-301-15086-3	网页设计与制作教程与实训(第2版)	于巧娥	30	2011	课件、素材、答案

序号	书号	书名	作者	定价	出版日期	配套情况
3	978-7-301-13472-0	网页设计案例教程	张兴科	30	2009	课件
4	978-7-301-17091-5	网页设计与制作综合实例教程	姜春莲	38	2010	课件、素材、答案
5	978-7-301-16854-7	Dreamweaver 网页设计与制作案例教程(2010 年度高职高专计算机类专业优秀教材)	吴 鹏	41	2012	课件、素材、答案
6	978-7-301-11522-0	ASP .NET 程序设计教程与实训(C#版)	方明清	29	2009	课件、素材、答案
7	978-7-301-13679-9	ASP .NET 动态网页设计案例教程(C#版)	冯 涛	30	2010	课件、素材、答案
8	978-7-301-10226-8	ASP 程序设计教程与实训	吴 鹏	27	2011	课件、素材、答案
9	978-7-301-13571-6	网站色彩与构图案例教程	唐一鹏	40	2008	课件、素材、答案
10	978-7-301-16706-9	网站规划建设与管理维护教程与实训(第 2 版)	王春红	32	2011	课件、答案
11	978-7-301-17175-2	网站建设与管理案例教程(山东省精品课程)	徐洪祥	28	2010	课件、素材、答案
12	978-7-301-17736-5	.NET 桌面应用程序开发教程	黄 河	30	2010	课件、素材、答案
13	978-7-301-19846-9	ASP .NET Web 应用案例教程	于 洋	26	2010	课件、素材
14	978-7-301-20565-5	ASP.NET 动态网站开发	崔 宁	30	2012	课件、素材、答案
15	978-7-301-20634-8	网页设计与制作基础	徐文平	28	2012	课件、素材、答案
16	978-7-301-20659-1	人机界面设计	张 丽	25	2012	课件、素材、答案

【图形图像与多媒体类】

序号	书号	书名	作者	定价	出版日期	配套情况
1	978-7-301-09592-8	图像处理技术教程与实训(Photoshop 版)	夏 燕	28	2010	课件、素材、答案
2	978-7-301-14670-5	Photoshop CS3 图形图像处理案例教程	洪 光	32	2010	课件、素材、答案
3	978-7-301-12589-2	Flash 8.0 动画设计案例教程	伍福军	29	2009	课件
4	978-7-301-13119-0	Flash CS 3 平面动画案例教程与实训	田启明	36	2008	课件
5	978-7-301-13568-6	Flash CS3 动画制作案例教程	俞 欣	25	2012 年第 4 次印刷	课件、素材、答案
6	978-7-301-15368-0	3ds max 三维动画设计技能教程	王艳芳	28	2009	课件
7	978-7-301-18946-7	多媒体技术与应用教程与实训(第 2 版)	钱 民	33	2012	课件、素材、答案
8	978-7-301-17136-3	Photoshop 案例教程	沈道云	25	2011	课件、素材、视频
9	978-7-301-19304-4	多媒体技术与应用案例教程	刘辉珞	34	2011	课件、素材、答案
10	978-7-301-20685-0	Photoshop CS5 项目教程	高晓黎	36	2012	课件、素材

【数据库类】

序号	书号	书名	作者	定价	出版日期	配套情况
1	978-7-301-10289-3	数据库原理与应用教程(Visual FoxPro 版)	罗 毅	30	2010	课件
2	978-7-301-13321-7	数据库原理及应用 SQL Server 版	武洪萍	30	2010	课件、素材、答案
3	978-7-301-13663-8	数据库原理及应用案例教程(SQL Server 版)	胡锦丽	40	2010	课件、素材、答案
4	978-7-301-16900-1	数据库原理及应用(SQL Server 2008 版)	马桂婷	31	2011	课件、素材、答案
5	978-7-301-15533-2	SQL Server 数据库管理与开发教程与实训(第 2 版)	杜兆将	32	2012	课件、素材、答案
6	978-7-301-13315-6	SQL Server 2005 数据库基础及应用技术教程与实训	周 奇	34	2011	课件
7	978-7-301-15588-2	SQL Server 2005 数据库原理与应用案例教程	李 军	27	2009	课件
8	978-7-301-16901-8	SQL Server 2005 数据库系统应用开发技能教程	王 伟	28	2010	课件
9	978-7-301-17174-5	SQL Server 数据库实例教程	汤承林	38	2010	课件、习题答案
10	978-7-301-17196-7	SQL Server 数据库基础与应用	贾艳宇	39	2010	课件、习题答案
11	978-7-301-17605-4	SQL Server 2005 应用教程	梁庆枫	25	2012 年第 2 次印刷	课件、习题答案

【电子商务类】

序号	书号	书名	作者	定价	出版日期	配套情况
1	978-7-301-10880-2	电子商务网站设计与管理	沈凤池	32	2011	课件
2	978-7-301-12344-7	电子商务物流基础与实务	邓之宏	38	2010	课件、习题答案
3	978-7-301-12474-1	电子商务原理	王 震	34	2008	课件
4	978-7-301-12346-1	电子商务案例教程	龚 民	24	2010	课件、习题答案
5	978-7-301-12320-1	网络营销基础与应用	张冠凤	28	2008	课件、习题答案
6	978-7-301-18604-6	电子商务概论（第 2 版）	于巧娥	33	2012	课件、习题答案

【专业基础课与应用技术类】

序号	书号	书名	作者	定价	出版日期	配套情况
1	978-7-301-13569-3	新编计算机应用基础案例教程	郭丽春	30	2009	课件、习题答案
2	978-7-301-18511-7	计算机应用基础案例教程(第 2 版)	孙文力	32	2012 年第 2 次印刷	课件、习题答案
3	978-7-301-16046-6	计算机专业英语教程(第 2 版)	李 莉	26	2010	课件、答案
4	978-7-301-19803-2	计算机专业英语	徐 娜	30	2012	课件、素材、答案
5	978-7-301-21004-8	常用工具软件实例教程	石朝晖	37	2012	课件

电子书(PDF 版)、电子课件和相关教学资源下载地址：http://www.pup6.cn，欢迎下载。

联系方式：010-62750667，liyanhong1999@126.com.，linzhangbo@126.com，欢迎来电来信。